Lioba Faust

Rhetorik und Gesprächstechnik für das Management

Olms Forum

6

Lioba Faust

Rhetorik und Gesprächstechnik für das Management

Georg Olms Verlag
Hildesheim · Zürich · New York
2005

Lioba Faust

Rhetorik und Gesprächstechnik für das Management

Georg Olms Verlag
Hildesheim · Zürich · New York
2005

Die Deutsche Bibliothek verzeichnet diese Publikation in der Deutschen Nationalbibliografie; detaillierte bibliografische Daten sind im Internet über *http://dnb.ddb.de* abrufbar.

ISO 9706
Gedruckt auf säurefreiem und alterungsbeständigem Papier
Umschlaggestaltung: Prof. Paul König, Hildesheim, fortgeführt von Inga Günther, Hildesheim
Herstellung: Druck Partner Rübelmann, 69502 Hemsbach

Printed in Germany

www.olms.de
ISBN 3-487-08459-7 ISSN 1612-4162

Inhalt

Einleitung

Viele Menschen müssen an ihrem Arbeitsplatz nicht nur den täglichen Informationsfluss bewältigen, sondern auch Entscheidungen treffen und gleichzeitig untereinander kooperieren. Viele sehen sich unter chronischem Zeitmangel bei gleichzeitig geforderter optimaler Leistung. Wie schaffen wir es angesichts dessen, uns zu verständigen? Dem spontanen Austausch von Informationen bei Besprechungen, alltäglichen Begegnungen oder am Telefon steht die geplante und vorbereitete Form der Präsentation von Sachverhalten gegenüber.

Vor anderen zu sprechen war lange Zeit nur bedeutenden Persönlichkeiten vorbehalten und für offizielle Anlässe und Feierlichkeiten vorgesehen. Inzwischen sind Reden nicht nur „gesellschaftsfähig" geworden, sondern werden in allen Formen und Ausprägungen zur Information anderer eingesetzt. Der früher noch meinungsbildende oder manipulative Charakter einer Rede ist längst dem Anspruch gewichen, in und mit der Rede seine Sache und auch sich selbst optimal zu präsentieren. Das Forum für eine Rede ist längst nicht mehr nur politisch. Je mehr Möglichkeiten es gibt, Informationen zu beschaffen, desto mehr Gewicht hat die persönliche Ansprache. Ob bei Reden, Vorträgen oder Präsentationen, immer haben wir es mit einer Person zu tun, die zu uns spricht. Somit haben Reden nicht nur informativen, sondern auch werbenden Charakter. Jeder, der seine Ideen, Produkte oder Forschungsergebnisse präsentiert, hat den Wunsch, bei seinem Publikum „anzukommen". Und jeder weiß, je schneller Informationen zur Hand sind, desto flüchtiger sind sie, und umso kostbarer ist die Beziehung zu ihren Benutzern.

Genauso verhält es sich in Gesprächen des beruflichen und privaten Alltags. Wo wir über eine Fülle von Medien mit Informationen überhäuft werden, spielen persönliche Beziehungen eine wichtige Rolle. Kontakte entstehen – wörtlich genommen – über eine taktile Verbindung. Diese lässt sich nur herstellen, wenn wir anderen auch persönlich begegnen. Ohne das gesprochene Wort entsteht weder Kommunikation noch wirklicher Kontakt.

Es geht in der Kommunikation nicht darum, Inhalte erschöpfend zu behandeln, sondern Wissen vielgestaltig und ansprechend weiterzugeben. Was originell ist, weckt Interesse und prägt sich ein. Originalität heißt Ursprünglichkeit. Einer Person, die wir erleben, wie sie wirklich ist, schenken wir Aufmerksamkeit. Mutige Präsentationen unter Wissenschaftlern, Gespräche ohne emotionales Gefälle bei Unternehmern schaffen Erfolge durch Glaubwürdigkeit und persönliche Überzeugungskraft, ohne einem gängigen Muster genügen zu müssen. Dieser Blickwinkel macht das Buch zu einem Leitfaden für moderne Wissenschaftler, Unternehmer und Mitarbeiter.

1. Reden – Zwischen Bedürfnis und Forderung

Wenn wir einmal berechnen würden, wie viele Minuten oder Stunden wir täglich reden, kämen wir auf einen beträchtlichen Zeitraum. Je nach persönlicher und beruflicher Situation kommen manche auf ein bis zwei, viele von uns aber leicht auf fünf bis sechs Stunden. Nicht wenig, wenn wir bedenken, dass das wenigste davon geplant und gut vorbereitet ist, sondern viel eher spontan. Auch wenn die Aktualität einer Situation spontanes Reden und Reagieren erfordert, so wünschen wir uns doch, uns „richtig" geäußert zu haben, nämlich so, dass wir mit unserem jeweiligen Gesprächspartner weiterhin gut auskommen.

„Sprich, damit ich dich sehe." (Sokrates, 5. Jh. v. Chr.)

Eine Person sehen wir mit anderen Augen, sobald sie zu uns spricht. Stellen Sie sich vor, Sie sitzen im Zug oder in der Straßenbahn. Sie haben eine Weile Gelegenheit, die um Sie herum sitzenden Personen zu begutachten und haben sich vielleicht eine Meinung über den einen oder anderen gebildet. Sie wissen aber nichts von ihnen. Ein Telefon klingelt, und dessen Besitzer beginnt ein Gespräch. Die Stimme, die Person und mit ihr das Gesprächsverhalten sind Ihnen sympathisch. Genauso können Sie es umgekehrt erleben, dass die Person für alle Anwesenden laut und vernehmlich spricht und die Gesprächsfragmente, die Sie mitbekommen, Sie unangenehm berühren. Was in beiden Fällen viel interessanter ist: Sie haben plötzlich das Gefühl, die Person ein wenig besser zu kennen als vorher. Alleine dadurch, dass sie etwas gesagt hat, ist sie uns vertrauter geworden und ist damit aus der Anonymität herausgetreten.

Auch folgende, ganz andere Situation werden Sie schon einmal erlebt haben. Sie telefonieren an Ihrem Arbeitsplatz häufiger mit einem Kunden oder Mitarbeiter, den Sie aber noch nicht gesehen haben. Bald haben Sie das Gefühl, die Person zu kennen. Nach einiger Zeit stehen Sie ihr plötzlich gegenüber und sind überrascht: Die Person hatten Sie sich ganz anders vorgestellt. Vielleicht jünger, älter, größer oder schlanker.

Eine Person, die spricht, teilt automatisch etwas von sich selbst mit. Was also erfahren wir über jemanden, der redet, und wodurch kommt es zum Ausdruck?

Einerseits ist Reden ein grundlegendes Bedürfnis, um den Kontakt zu unseren Mitmenschen aufrechtzuerhalten. Wenn mehrere Menschen an einem Ort versammelt sind, werden sie irgendwann beginnen, miteinander zu sprechen. Gleichzeitig sind wir gefordert, uns mitzuteilen, um Kontakt herzustellen und uns zu verständigen. Andererseits würden wir uns der Forderung, über etwas zu reden, was wir nicht spontan äußern, gerne entziehen. Weil uns daran liegt, von unserem Gegenüber anerkannt zu werden, ist uns nicht gleichgültig, was wir sagen und wie wir es sagen. Ob es uns leicht fällt, über etwas zu reden – ob es uns ein Bedürfnis ist, uns mitzuteilen oder ob es zur Forderung wird, hängt auch von der Beziehung zum Gesprächspartner oder Zuhörer ab. Somit bewegt sich Sprechen als Bedürfnis und Forderung in einem Spannungsfeld, das davon bestimmt wird, in welchem Kontakt wir zueinander stehen.

2. Sprechen im Alltag

Folgender Gesprächsablauf, hier verkürzt, erlaubt interessante Beobachtungen, die auf unser Kommunikationsverhalten allgemein schließen lassen. Herr K. und Herr N., beide im Rentenalter, kennen sich seit vielen Jahren und begegnen sich zufällig in der Innenstadt.

Herr N.: Oh, guten Tag, Herr K., wir haben uns ja schon lange nicht mehr gesehen. Wie geht es Ihnen?
Herr K.: Gut, gut, vielen Dank. Und Ihnen?
Herr N.: Ach ja, nach meiner Operation und dem Klinikaufenthalt habe ich jetzt aufgehört. Wie lange machen Sie denn noch?
Herr K.: Ja, solange ich darf. Ich will ja nicht leugnen, dass mir die Arbeit Spaß macht. Und da einfach aufhören und zu Hause bleiben? Also ich würde da nur versumpfen.
Herr N.: (lacht) Ja, glauben Sie wirklich?
Herr K.: Ja, so habe ich wenigstens das Gefühl, noch etwas zu bewegen, wenn ich schon die größeren Entscheidungen nicht mit beeinflussen kann.
Herr N.: Also mir macht das nichts aus. Ich bin froh, dass ich mich damit nicht mehr belasten muss.
Herr K.: Wenn man sich jetzt wieder anschaut, was da für eine Hochschulpolitik gemacht wird. Jetzt werden ganze Fächer zusammengelegt. Das kann man doch nicht einfach über einen Kamm scheren. Also ich sehe schwarz für die nächste Generation. Wo soll das denn hinführen?
Herr N.: Hm, hm.
Herr K.: Schauen Sie sich die Entwicklung doch einmal an. Als ich im letzten Jahr in Asien war, konnte ich nur staunen, was sich da alles getan hat. Die Koreaner und die Chinesen überholen uns ja bald in der Entwicklung. Gehen Sie da mal auf die Straße. Da sieht es mancherorts besser aus als hier.
Herr N.: Ja, tatsächlich?
Herr K.: Natürlich. …

Gegenstand des Gesprächs ist zunächst das gegenseitige Befinden, verbunden mit der Frage nach der Beendigung des Arbeitslebens. Beide reden von sich, ohne jedoch größere private Details preiszugeben. Durch ihre längere Bekanntschaft teilen sie gemeinsame, ähnliche Erfahrungen und Hintergründe zu ihrem Thema. Eine Gemeinsamkeit im Gespräch stellt sich auch her, indem der Gesprächsinhalt geteilt wird, aber jeder seine eigene Perspektive dazu einbringt. „Gut" geht dies, weil die Gesprächspartner keine Erwartungen oder Ansprüche aneinander stellen. Das Gespräch hat ausschließlich soziale Funktion und dient der Kontaktpflege. Die Möglichkeit, aus der eigenen Perspektive oder, noch intensiver, eigenen emotionalen Betroffenheit heraus über etwas reden zu können, bedeutet Wertschätzung des anderen und ist vielleicht am wichtigsten für die Beziehung.

Dennoch setzt auch ein zwangloses Gespräch ein bestimmtes Kommunikationsverhalten voraus. Während in der Anfangsphase die beiden Herren zu etwa gleichen Teilen von sich reden, übernimmt im weiteren Verlauf Herr N. die defensivere Position. Dabei ist nicht klar, ob er aus teilnehmendem Interesse „nur" zuhört, ob er zuhört, weil er gleicher Meinung ist, weil er seine vielleicht andere Meinung nicht äußern will oder weil er vielleicht zu dem speziellen Aspekt, den Herr K. anspricht, nichts sagen kann. Das „hm, hm" sowie „ja, tatsächlich?" nimmt Herr K. als Zustimmung auf. Es bedeutet eine Einladung und Ermutigung, weiterzusprechen. Würde Herr N. seinem Gesprächspartner widersprechen (z.B. „Na, so wie jetzt kann es ja nun auch nicht mehr weitergehen", „Also ich bitte Sie, wir sind doch nicht rückständiger als die Asiaten."), könnte sich der Dialog stärker emotional färben und sich durch die konträre Meinung auch eine emotionale Distanz zwischen den Partnern ergeben. Was Herr N. aufbringt, ist die Bereitschaft, zuzuhören. Herr K. hat über das gesprochen, was ihn gerade bewegt. Beides sind Elemente, die eine positive Beziehung fördern. Eine zugewandte Haltung und Blickkontakt von beiden ist vorausgesetzt. Welchen Standpunkt die Gesprächspartner vertreten, ist zunächst zweitrangig.

Derlei Gespräche finden im Alltag häufig statt. Wenn es aber scheinbar nicht um eine Sache geht, oder darum, den anderen vom eigenen Standpunkt zu überzeugen, könnten wir dann nicht darauf verzichten? Die Antwort lautet nein, denn soziale Kontakte zu anderen Menschen leben von der Kommunikation. Oft nehmen wir unbewusst Gelegenheiten wahr, mit anderen zu plaudern. Von der Kaffeepause am Arbeitsplatz bis zum Plausch im Treppenhaus gehört das miteinander Reden zu unserem Alltag. Sich zwanglos zu unterhalten bedeutet, weder zeitlich noch inhaltlich bestimmten Zwängen zu unterliegen. „Smalltalk" – Plaudern – ist so charakterisiert.

Ein anderes Beispiel beschreibt folgende Situation am Arbeitsplatz. Herr A. begegnet seinem Mitarbeiter, Herrn S., im Flur.

Herr A.: Guten Tag, Herr S.
Herr S.: Guten Tag. Haben Sie meine E-Mail bekommen?
Herr A.: Ja, Sie wollten mich wegen Ihrer Planung sprechen.
Herr S.: Ja, es ist dringend.
Herr A.: Ja, machen Sie doch mit Frau M., der Sekretärin, einen Termin aus.
Jetzt muss ich leider schnell weg; ich habe einen Termin.

Hier bestimmt die Rolle und Funktion der Personen den Ablauf. Herr S. hätte seinen Vorgesetzten nicht auf sein Anliegen ansprechen können ohne die Erfahrung, dass dieser auch bei einer zufälligen Begegnung auf bestimmte Sachverhalte eingeht. Herr A. bestätigt dies, indem er das Thema anspricht („... wegen Ihrer Planung...“). Dieses hat für die beiden Personen unterschiedliches Gewicht. Herr A. signalisiert, dass es nicht sofort an Ort und Stelle geklärt werden kann. Gemäß seiner Rolle als Vorgesetzter macht er eine Vorgabe. Mit dem Hinweis auf eine Verpflichtung kann er die Bedeutung seiner Person herausstellen.
Gespräche gestalten sich auch abhängig von der Rolle und Funktion der beteiligten Personen. Ein zwangloses Gespräch über Themen, die sich gleichsam von selbst ergeben, findet in formellem Rahmen seltener statt.
Voraussetzungen für Alltagsgespräche sind zwei Dinge: 1. das Bedürfnis, sich mitzuteilen, 2. die Bereitschaft, zuzuhören. Beides setzt einen Sprecher und einen Hörer voraus. Sie müssen etwas über die andere Person wissen. Je besser dies der Fall ist, desto leichter sind angemessene Reaktionen und gegenseitige Akzeptanz und damit eine gelingende Kommunikation möglich. Eine weitere grundlegende Bedingung lautet daher: Die Gesprächspartner müssen sich der sozialen Anerkennung des anderen bewusst sein – nur dann teilen sie sich mit, nur dann hören sie einander zu.

2.1 Das Bedürfnis, sich mitzuteilen

Vordergründig enthält Kommunikation nur drei Komponenten: einen Sprecher, einen Hörer und ein Thema oder einen Sachverhalt. Sprache – Kommunikation – wurde in der ersten Hälfte des 20. Jahrhunderts als Werkzeug verstanden, mit Hilfe dessen wir uns verständigen (Bühler 1965). Diese Grundlagen gelten nach wie vor. Buchstaben, Wörter und Sätze sind Zeichen, die für etwas stehen, die Sachverhalte symbolisieren. Sie benutzen wir als Werkzeuge. Aus Wörtern und Sätzen werden Informationen und Botschaften, die für Sprecher und Hörer Bedeutung haben. Welche Bedeutung, ist auch abhängig von der Beziehung, in der beide zueinander stehen. Auch wenn Sprecher und Hörer einander nicht kennen, besteht über die Sache eine Beziehung zwischen beiden. Außerdem besteht ein emotionaler Bezug zur Sache. Die emotionale Ebene hat einen viel mächtigeren, wenn nicht entscheidenden Einfluss auf den Kommunikationsprozess. Es liegt also auf der Hand, dass noch mehr Komponenten Einfluss darauf haben, Kommunikation zu einem gelingenden Prozess zu machen. Indem wir über etwas sprechen, wollen wir dem anderen etwas mitteilen, haben also eine Erwartung oder Forderung an den Hörer. Jede Äußerung, die wir machen, beinhaltet demnach neben dem Sachverhalt diese drei weiteren Dimensionen: die (versteckte) Mitteilung des Sprechers über sich selbst, seinen Appell an den Hörer und die Beziehung, in der beide zueinander stehen (Schulz von Thun 1990, vgl. Kap. 4.1).

Die vier Seiten einer Nachricht

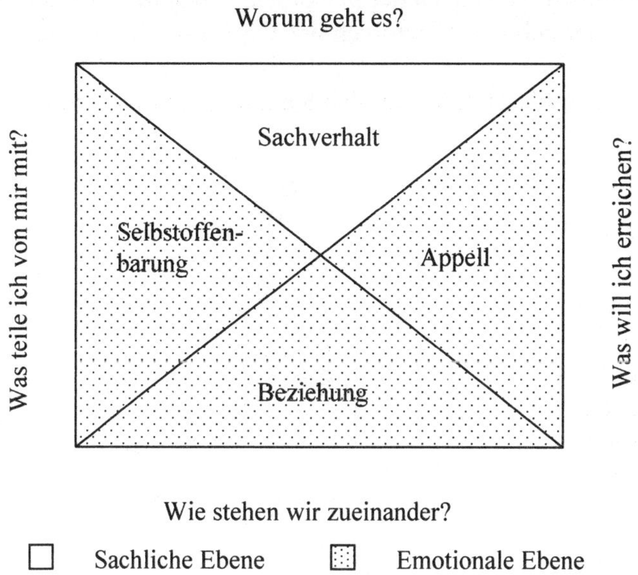

Kommunikationsmodell nach Friedemann Schulz von Thun

Stellen wir nicht mehr die Äußerung ins Zentrum des Geschehens, sondern den Sprecher selbst, so können wir diese Dimensionen als Einflussfaktoren auf den Kommunikationsprozess darstellen (s.u.). Keiner davon lässt sich bei Gesprächen ausblenden.

Würden wir danach gefragt, warum wir mit einer anderen Person sprechen, würden die meisten von uns spontan das Thema nennen. Wir verbinden mit einem Gespräch aber auch ein Ziel, z.B. den anderen zu überzeugen, ihn zum Handeln zu bewegen usw. Indem wir bestimmte Themen nur mit bestimmten Personen besprechen, das gleiche Thema mit verschiedenen Personen auf unterschiedliche Weise, verhalten wir uns gemäß der Beziehung, die wir zueinander haben. Wer spricht, verweist den anderen in die Rolle des Zuhörenden. Mit der Haltung zuzuhören respektiert der Gesprächspartner die kurzfristige Dominanz des Sprechers hinsichtlich des Themas und der Redeanteile. Wie wir uns ausdrücken, bestimmt unser Kommunikationsverhalten. Dies bedeutet: Was meint der Sprecher und wie reagiert der

Hörer? Grundsätzlich kann jeder Aspekt dominieren. Was wir von uns selbst mitteilen, kann auch der persönliche Anspruch genannt werden. Bewusst oder unbewusst befolgen wir Regeln der Kommunikation.

Einflussfaktoren auf den Kommunikationsprozess

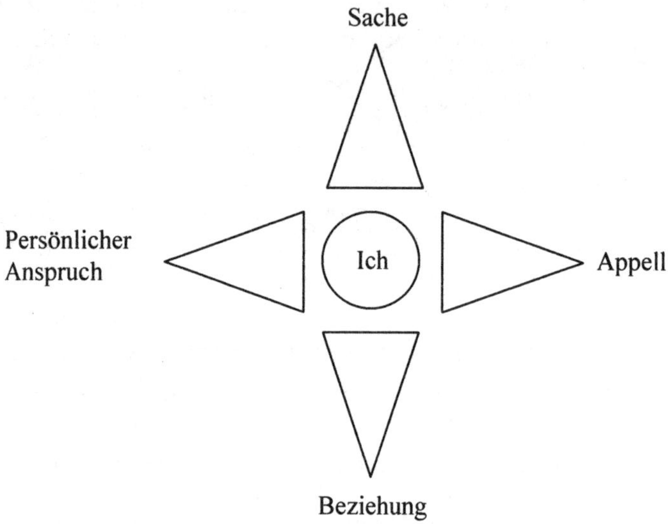

Folgendes Beispiel, verkürzt wiedergegeben, zeigt, wie ein Thema von der Beziehung bestimmt wird. Die Gesprächspartner kennen einander und greifen völlig unvermittelt ein Thema auf. Herr S. und Herr H., beide leidenschaftliche Fußballanhänger, begegnen sich montags an ihrem Arbeitsplatz.

Herr S.: Was sagst du denn zu dem Elfmeter?
Herr H.: (lacht) Völlig verrückt. Schießt der den Ball über das Tor.
Herr S.: Vor allem, die hätten das Spiel ja noch gewinnen können.
Herr H.: Natürlich. Da siehst du mal, wenn eine Mannschaft einmal unter Druck ist, dann geht so was auch noch schief. Dabei standen die Freiburger in der zweiten Halbzeit gut da. Aber dann fehlt die Kraft und das Selbstvertrauen, und die anderen haben dann auch noch das Glück.

Herr S.: Freiburg hatte ja sogar mehr Torszenen. Wenn der Elfmeter reingegangen wäre, hätten die vielleicht das Spiel gewonnen.
Herr H.: Ja, ich hätte es ihnen gegönnt.

Das Gespräch beginnt ohne eine Einleitung, nicht einmal eine Begrüssung der beiden. Für Außenstehende ist, außer dass es um ein Fußballspiel geht, nicht klar erkennbar, worüber die beiden sprechen. Sehr wohl wird jeder Außenstehende aber sofort begreifen, dass Herr S. und Herr H. eine persönliche Beziehung pflegen, gemeinsames Wissen haben und möglicherweise auch die gleiche Meinung. Die beiden müssen nicht erwähnen, dass sie über den Ablauf und Ausgang bestimmter Fußballspiele informiert sind. Jeder kann ohne genauere Erklärung seinen Eindruck von einer bestimmten Szene geben. Die analytische Bemerkung von Herrn S. („Die hätten das Spiel gewinnen können.") bestätigt Herr H. Als Herr S. dies ein zweites Mal erwähnt, greift Herr H. die Bemerkung als emotionale Botschaft auf und unterstützt Herrn S. („Ja, ich hätte es ihnen gegönnt.") Das Gespräch dient der Pflege der Beziehung, obgleich die Sachlichkeit des Themas dominiert. Der Anspruch von Herrn S. könnte umschrieben werden mit „Ich möchte dir mitteilen, was ich von dieser Spielszene halte." Der Appell an Herrn H. könnte lauten: „Du bist mein Kumpel, ich weiß, dass du das genau so siehst. Bitte bestätige mir, dass ich recht habe." Eine Botschaft auf der Beziehungsebene könnte lauten: „Ich finde es wunderbar, mich mit dir darüber austauschen zu können."
Je sicherer wir sind, dass wir mit dem Gesprächspartner eine Übereinkunft im Denken teilen, desto mehr sind wir bereit, unsere Gedanken, unsere Einstellung und Meinung über etwas mitzuteilen. Dies setzt voraus, dass wir Erfahrung und Wissen über die andere Person haben und uns Persönliches verbindet. Dieses Persönliche ist immer eine emotionale Erfahrung. Die Beziehung speist sich aus gemeinsamen Erfahrungen oder einem gemeinsamen Denken und Empfinden einer Sache gegenüber. Dies setzt Vertrauen voraus, schafft aber auch Vertrauen zum anderen. Damit verbunden ist die Erwartung oder der Appell, vom anderen anerkannt zu werden. Bei neuen Bekanntschaften sind wir bestrebt, Gemeinsamkeiten zu suchen und herzustellen. Permanent signalisieren wir – schon durch nonverbale Reaktionen – Akzeptanz oder Desinteresse und geben so dem anderen zu verstehen, ob

wir mit ihm zu tun haben wollen. Erst wenn wir uns der sozialen Anerkennung des anderen sicher sind, sind wir bereit, uns und etwas von uns mitzuteilen.
Folgendes Beispiel (verkürzt) zeigt, wie ein Gespräch unter unbekannten Personen entstehen kann, wo Gemeinsamkeiten auf der persönlichen Ebene noch nicht vorhanden sind. Herr J. unternimmt eine mehrstündige Flugreise über Nacht. Kurz vor der Landung entsteht ein Gespräch mit dem Sitznachbarn, Herrn D.

Herr D.: Es ist ja doch sehr eng.
Herr J.: Ja, ich habe ja noch Glück, wenn ich hier am Gang sitze.
Herr D.: Jetzt beim Essen macht sich das besonders bemerkbar. Man weiß ja gar nicht, wie man sich bewegen soll.
Herr J.: Ja, ich habe mittlerweile schon eine richtige Strategie dafür entwickelt.
Herr D.: Dann fliegen Sie wohl öfter.
Herr J.: Ja, und immer lange Strecken, wo es auch etwas zu essen gibt.
Herr D.: Für welches Unternehmen sind Sie denn tätig?
Herr J.: Für XY.
Herr D.: Ach, ich war früher bei XYZ.
Herr J.: Ah, tatsächlich?
Herr D.: Ich bin jetzt seit sechs Jahren in Rente. Ich glaube, das nimmt immer mehr zu mit den Auslandsreisen.
Herr J.: Das sehe ich genauso. In den Jahren, die ich dabei bin, ist es fast zu einer Selbstverständlichkeit geworden, dass man alle paar Wochen unterwegs ist.

Interessant ist, wie das Gespräch aufgenommen wird. Das Gemeinsame, das die beiden Personen teilen, ist ihre Situation, der Bezug zu einer Sache. Sie müssen sich mit ihren Platzverhältnissen arrangieren. Trotzdem findet die einleitende Bemerkung durch Herrn D. auf der Beziehungsebene statt. Die Umstände begünstigen dies: Man isst gemeinsam, man hat die lange Reise bald hinter sich gebracht. Schließlich ist es auch Neugier, zu erfahren, wer einen so lange begleitet hat. Der persönliche Anspruch, das Gespräch zu beginnen, könnte eine Entschuldigung gewesen sein (z.B. „Ich würde Sie gerne weniger beim Essen belästigen, als ich es tue, aber es ist bei den Platzverhältnissen leider nicht möglich.“ Oder, ablehnend: „Wenn Sie sich nicht so breit machen würden, hätte ich ja Platz genug zum Essen.“). Der

Appell könnte Neugier (z.B. „So wie Sie gekleidet sind, kommen Sie aber nicht vom Urlaub zurück.“) oder die Forderung nach mehr Platz sein (z.B. „Tun Sie mal Ihre Ellbogen weg.“). Der Gesprächsgegenstand auf der Sachebene hätte die Reise selbst sein können („Was führte Sie denn in das Land, aus dem wir gerade kommen?“). Herr J. fördert durch die freundliche Rückmeldung zu Beginn das Gespräch. Mit einer Reaktion wie „Aber wieso? In einem Flugzeug dieses Typs ist das doch kein Problem“ hätte er Ablehnung hervorrufen können.
Je mehr wir voneinander wissen, desto leichter fällt es, auch etwas von uns selbst mitzuteilen. Es entsteht umso mehr Vertrautheit, je mehr wir das Gefühl haben, die andere Person zu kennen. Eine anfängliche Frage regt zum Reden an und signalisiert Neugier und Interesse. In unserem Beispiel ist durch das Thema sogar eine Gemeinsamkeit entstanden, denn beide stellen fest, dass sie mit ähnlichen Branchen zu tun haben. Trotz völlig unterschiedlicher Erfahrungswelten (ihr Alter, ihre Tätigkeit), fällt es nicht schwer, diese Gemeinsamkeit als Gesprächsbasis beizubehalten. Ebenso wäre ein Gespräch über das Reiseziel oder individuelle Erfahrungen bei Flugreisen möglich gewesen, um eine Gemeinsamkeit herzustellen.
Auch bei Gesprächen im Alltag bemühen wir uns um eine positive Beziehung. Unbewusst stellen wir eine „Denk- und Fühlgemeinschaft“ her, weil wir uns die Anerkennung des anderen sichern und Akzeptanz auf der persönlichen Ebene erreichen wollen. Prinzipiell können wir uns damit auch der Bereitschaft des anderen sicher ein, uns zuzuhören. Was wir mitzuteilen haben, muss vom anderen verstanden werden; es muss einen Wert und eine Bedeutung haben. Mit der Absicht, die wir mit dem Sprechen verknüpfen, ist es möglich, den anderen zu überzeugen, ihn zu beeinflussen, zum Handeln zu bewegen. Immer ist die Anregung auf der persönlichen Ebene der Impuls, durch den wir beim anderen etwas bewegen.

2.2 Gesprächssituationen und ihre Bedingungen

Die Bedeutung, die wir einer persönlichen Begegnung beimessen, lässt ahnen, dass wir uns selten nur auf der Sachebene überzeugen lassen. Neben unserem persönlichen Anspruch und dem Appell an den

Hörer sind vor allem die Persönlichkeit und emotionale Befindlichkeit prinzipiell unberechenbare Faktoren. Daneben machen die jeweilige Erfahrungswelt des Sprechers und Hörers und ihre Art, sich auszudrücken eine Gesprächssituation zu einem komplexen Gebilde.
Die Einflussfaktoren auf den Kommunikationsprozess sind stets vorhanden. Oft ist es, gerade weil es keine Sachzwänge gibt, so, dass durch freundliche Bemerkungen gegenseitige Wertschätzung signalisiert und die Beziehungsebene in den Vordergrund gestellt wird. Folgendes Beispiel zeigt, wie die beiden Gesprächspartner trotz der Dominanz der Sache, um die es geht, ihr kollegiales Verhältnis betonen. Frau N., Sekretärin, begegnet einem Mitarbeiter, Herrn H.

Herr H.: Ah, da sind Sie ja. Guten Tag, Frau N., wir haben Sie schon gesucht.
Frau N.: Guten Tag, Herr H., ich musste mich nur kurz um eine Angelegenheit kümmern. Aber jetzt bin ich wieder da. Was kann ich denn für Sie tun?
Herr H.: Ich bräuchte die Adresse von … Ich will Sie gar nicht lange stören. Sagen Sie mir einfach Bescheid, wenn Sie sie gefunden haben.
Frau N.: Aber das mache ich doch gleich für Sie. Kommen Sie doch herein.

Das freundliche „Ah, da sind Sie ja“ von Herrn H., verbunden mit einer Begrüßung zu Beginn des Gesprächs lässt auf eine gute Beziehung schließen. Des weiteren bietet Herr H. der Kollegin zeitlichen Spielraum für die Erledigung der Aufgabe an und bringt ihr damit Wertschätzung entgegen. Frau N. erwidert zu Beginn die freundliche Begrüßung und signalisiert ihrerseits Wertschätzung durch ihr Angebot („Aber jetzt bin ich wieder da. Was kann ich denn für Sie tun?“). Auch sie bestätigt durch ihre Formulierung die positive Beziehung („Aber das mache ich doch gleich für Sie.“). Wortwahl und Formulierungen der beiden Personen, nicht zuletzt vermutlich die Körpersprache, spielen hier eine große Rolle, um die persönliche Beziehung positiv zu gestalten.
Steht der persönliche Austausch im Vordergrund, erleben wir es manchmal, dass auch unter einander bekannten Personen Gespräche dann als besonders befriedigend oder produktiv empfunden werden, wenn sie ungeplant stattfinden. Was sich aus der Situation heraus ergibt, ist spontan und von der Persönlichkeit und ihrer momentanen

Befindlichkeit bestimmt. So kann sich maximale Glaubwürdigkeit entfalten und wir erleben jemanden so, wie er wirklich ist.
In diesem Zusammenhang ist es interessant zu beobachten, dass unter Bekannten Telefongespräche oftmals als intensiver erlebt werden als direkte Begegnungen. Wenn es um eine Sache geht, die einen persönlich betrifft und mit einem großen emotionalen Wert verbunden ist, können wir uns am Telefon mehr auf die Sache konzentrieren als wenn der Gesprächspartner uns gegenüber sitzt. Signalisiert er Zuhören und bestätigt seine Aufmerksamkeit, kann der Sprecher sich emotional entlasten, indem er sich mitteilt. Räumliche und persönliche Nähe zum Gesprächspartner muss nicht die Bedingung dafür sein, ein Gespräch im Dienste einer guten Beziehung zu führen.
Je mehr uns an der Beziehung zu unserem Gesprächspartner liegt, desto weniger können wir auf den persönlichen Kontakt verzichten und desto größere Bedeutung hat auch die Emotion. Die emotionale Nähe zu einer Sache wird besonders gut durch die Mimik und Gestik erkennbar. Die emotionale Befindlichkeit machen wir dagegen eher an der Haltung fest. Für den Inhalt und Verlauf von Gesprächen spielt die Wahrnehmung des emotionalen Ausdrucks einer Person eine große Rolle, denn dadurch erleben wir ihre Glaubwürdigkeit. Wie wir schließlich auf andere zugehen und miteinander kommunizieren, wird durch unsere Charaktereigenschaften, Erziehung, Erfahrungen und das persönliche Umfeld geprägt und drückt sich in der Persönlichkeit aus.
Die vielschichtigen Elemente stehen in stetiger Wechselwirkung, bedingen und beeinflussen einander. Sprecher und Hörer haben einen Bezug zur Sache oder zum Inhalt, um den es geht. Durch die Selbstoffenbarung (bzw. ihre Intention an sich selbst oder den Anspruch, über sich etwas mitzuteilen) erfahren sie etwas voneinander, beide stehen in einer bestimmten Beziehung zueinander, beide haben einen Appell (bzw. ein Ziel), den sie mit ihrer Äußerung verbinden. Beide bringen durch ihre Körpersprache vieles davon zum Ausdruck: Mimik, Gestik, Blickkontakt und die Haltung sagen etwas über ihre Beziehung zueinander, zur Sache sowie zu ihrem eigenen Anspruch aus. Über die Sprache wird die Botschaft konkret und fassbar. Auch hier gibt es Elemente, die etwas über den Sprecher selbst, seinen Appell, die Beziehung und den Bezug zur Sache versteckt zum Ausdruck bringen, z.B. Stimmführung und Lautstärke, aber auch die Wortwahl, Formu-

lierungen, und damit das Sprachniveau. Sprecher wie Hörer sind sachlich, situativ und emotional gebunden. Die Grafik zeigt, dass in jeder Kommunikationssituation die einzelnen Elemente in steter Wechselwirkung und Abhängigkeit zueinander bestehen (vgl. Kap. 4.1).

Bedingungen in ihrer Wechselwirkung auf die Kommunikation

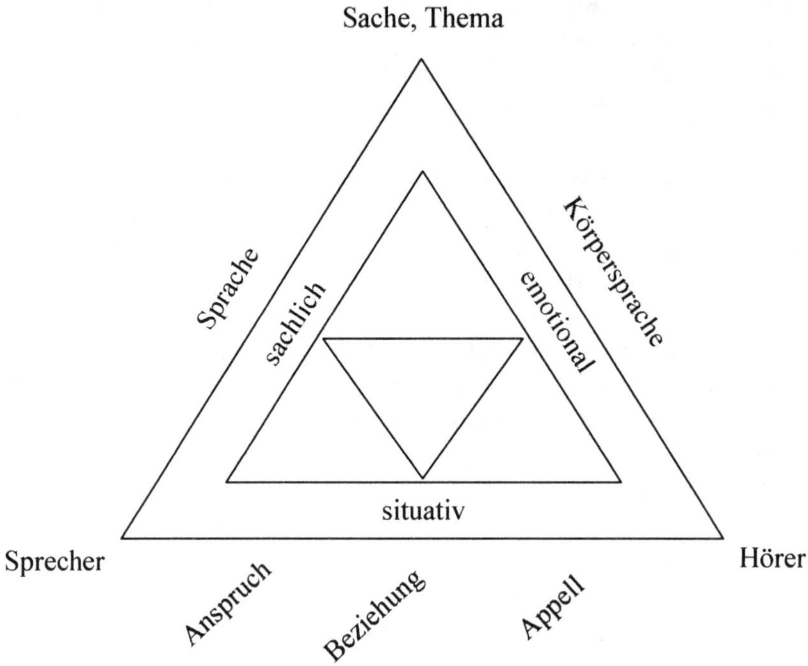

Einer besonderen Gesprächssituation vergleichbar sind Vorträge. Ein Sprecher hat für längere Zeit das Rederecht. Das Auditorium ist für eine Weile ausschließlich in der Rolle des Zuhörers, was jedoch nicht heißt, dass die Hörer an dem Sachverhalt nicht beteiligt und situativ und emotional nicht eingebunden wären. Auch wenn Vorträge und geplante Gespräche einer festen Form und einem festgelegten Rahmen genügen, die Einflüsse und Wechselwirkungen in der Kommunikation bleiben erhalten.

Wo weder ein offizieller Rahmen noch Sachzwänge ein bestimmtes Verhalten fordern, teilt sich die Natürlichkeit und Glaubwürdigkeit einer Person am selbstverständlichsten mit. Situationen, in denen wir ungezwungen miteinander sprechen können, vermitteln am ehrlichsten, wie die Personen zueinander stehen. Selbst wenn wir noch so sicher sind, sachlich zu formulieren – dass der andere etwas so versteht, wie der Sprecher es gemeint hat, lässt sich nicht garantieren. Auch wenn wir bestrebt sind, uns so eindeutig wie möglich auszudrücken, sind wir stets herausgefordert, uns um Verständigung zu bemühen. Das Wissen um die vielschichtigen Dimensionen macht Kommunikation zu einem interessanten und spannenden Prozess. Indem wir unser eigenes Verhalten und Handeln reflektieren, können wir zu einem befriedigenden Umgang miteinander und einer gelingenden Kommunikation beitragen.

Für Sprechsituationen im Alltag gelten folgende Gesetzmäßigkeiten:

- Sprechen ist eine Form des *sozialen Kontakts*, sich mitzuteilen ein *grundlegendes Bedürfnis*.
- Sprechen ist abhängig von der Beziehung, vom Bezug zur Sache und davon, wie Sprecher und Hörer sachlich, situativ und emotional eingebunden sind. Dies bestimmt unser *Kommunikationsverhalten*.
- *Zuhören* ist einerseits Selbstverständlichkeit, wenn wir bereit sind, Aufmerksamkeit zu schenken, andererseits eine Forderung, wenn wir uns auf ein Gespräch einlassen.
- Durch unsere *Körpersprache* signalisieren wir Interesse und Akzeptanz oder Desinteresse und Ablehnung mit entsprechenden Konsequenzen.
- Die *emotionale Befindlichkeit* teilt sich dem Gesprächspartner durch Mimik und Gestik mit. Damit drücken wir auch persönliche Transparenz und Glaubwürdigkeit aus.
- Auf die *Hörerwirkung* und das Gesprächsverhalten unseres Gegenübers können wir nur mittelbar Einfluss nehmen, und zwar, indem wir unser eigenes Sprechen reflektieren.

3. Reden, Vorträge und Präsentationen

Wie ergeht es Ihnen in folgender Situation? Sie halten einen 20-minütigen Vortrag, dem fünf Minuten Diskussion angeschlossen sind. Sie haben sich Mühe gegeben, alles optimal vorzutragen, aber niemand stellt eine Frage. Vermutlich sind Sie zunächst erleichtert, dass Sie es hinter sich gebracht haben. Vielleicht verwirrt es Sie aber auch und Sie sind sogar enttäuscht, denn Sie haben sich auch auf Fragen vorbereitet und eingestellt.

Auch wenn Sie alleine vor Ihrem Publikum stehen, befinden Sie sich mit ihm im Austausch. Sprechen ist nicht Selbstzweck, sondern wir tun es, um etwas mitzuteilen. Gehen wir an den Ursprung dieses Wortes, finden wir „miteinander teilen". Eine andere Person erfährt das Gleiche wie wir, indem wir es mit ihr teilen. Im Lateinischen gibt es den Ausdruck „communicare est participare". Dies bedeutet, etwas miteinander tun und teilen heißt gleichzeitig daran teilhaben. Kommunikation findet nur statt, wenn sowohl der Sprecher als auch der Hörer an der Sache beteiligt sind.

Ein bevorstehender Vortrag oder eine wichtige Präsentation bereitet vielen von uns Kopfzerbrechen, oft schon Wochen vorher. Anders als in Alltagsgesprächen entsteht kein Wechselspiel zwischen Sprecher und Hörer, bei dem beide gleichermaßen etwas voneinander erfahren. Wir haben das Gefühl, uns durch unsere hervorgehobene Position mehr einzubringen und automatisch mehr mitzuteilen. Das in Gesprächen so selbstverständliche Bedürfnis, sich mitzuteilen, kehrt sich um in die Forderung, zu sprechen. Wir dürfen scheinbar nicht mehr sagen, was uns am Herzen liegt, sondern, was von uns erwartet wird. Die eben noch vorhandene Motivation, eigene Ideen und Leistungen mitzuteilen, tritt in den Hintergrund und schiebt Fragen in unser Bewusstsein: Welche Informationen haben für das Publikum Wert und Bedeutung? Wie erhalten wir die gewünschte Anerkennung?

Es ist unbestritten, dass wir unser Thema beherrschen und eine Sache kompetent vortragen sollten. In Wirklichkeit geht es uns aber darum, mit unseren Gesprächspartnern weiterhin auf der gewohnten Ebene zu kommunizieren oder den Kontakt und die Zusammenarbeit zu optimieren. Auch wenn es uns nicht bewusst ist: Nicht nur bei privaten Kontakten, sondern auch im beruflichen Alltag ist uns die Beziehung

wichtig. Präsentieren wir vor unbekanntem Publikum, wollen wir über die Anerkennung unserer Leistung neue Kontakte und Beziehungen herstellen. Betrachten wir den Kommunikationsprozess, entsteht dennoch ein Ungleichgewicht: Die Zuhörer erfahren sehr viel mehr über uns als wir über sie.
Das Wechselspiel zwischen den Einflussfaktoren in der Kommunikation ist bei jedem Vortrag ebenso ungebrochen vorhanden wie in Gesprächen. Wir als Sprecher stehen zunächst im Zentrum. Wir haben ein Thema oder einen Sachverhalt, um den es geht. Der persönliche Anspruch bedeutet, die Informationen interessant, lebendig und anschaulich vorzutragen. Vom Publikum fordern wir, zuzuhören, unsere Aussage wahrzunehmen und vielleicht sogar danach zu handeln. Auf der Beziehungsebene wird immer der Wunsch nach Akzeptanz ausgedrückt. Bei der Vorbereitung eines Vortrags denken wir jedoch vor allem an eines: Dass wir reden müssen. Dies klingt trivial, doch selten ist uns wirklich bewusst, dass auf der anderen Seite die Zuhörer an der Kommunikation teilhaben und in den Kommunikationsprozess eingebunden sind. Als Sprecher müssen wir uns deshalb für unser Gegenüber interessieren. Wir müssen wissen, wer es ist und uns in seine Situation als Hörer versetzen.

3.1 Präsentationen und Referate

Präsentationen können sehr vielgestaltig sein, weil sie in so zahlreichen Situationen des Berufsalltags und Geschäftslebens vorkommen. Überall, wo wir etwas präsentieren, entsteht eine Art Vortragssituation: Eine Person ist für eine bestimmte Zeit in der Rolle des Redners, während andere Personen die Rolle der Zuhörer einnehmen. Einige Beispiele für Vortragssituationen lassen erkennen, wie unterschiedlich sie sich gestalten: Öffentliche Vorträge mit Diskussion, Ansprachen bei offiziellen Anlässen und Feierlichkeiten (Reden im strengen Sinne), Referate zu einem Fachthema, Ergebnispräsentationen in Arbeitsprozessen (z.B. in Projektgruppen), Firmenporträts und Produktpräsentationen (z.B. auf Messen), Vorstellen einer Person, sogenannte Toasts (z.B. bei Stehempfängen), bis zu Stegreifreden (z.B. Glückwünsche) bei privaten Anlässen. Je mehr sachliche Informationen zu

einem fachlichen Thema vermittelt werden, desto mehr sprechen wir von Präsentationen. Sie sind fast immer visuell unterstützt durch unterschiedliche Medien und bedienen sich zunehmend ausgefeilter technischer Hilfsmittel.
Eine gute Vorbereitung muss sich immer zuerst dem Publikum widmen. Es ist Adressat und fungiert als Kommunikationspartner. Der Aufbau des Vortrags und die Kernaussage richten sich nach dem jeweiligen Anlass. Hat der Vortrag informativen oder überzeugenden Charakter oder dient er der Unterhaltung? Welche Aussagen gehören in welche Reihenfolge, müssen stichhaltige Argumente überlegt werden? Räumen Sie hierfür bei der Vorbereitung genügend Zeit ein. Sich kurz vor Vortragsbeginn „alte“ Unterlagen auszuwählen, die zum Thema passen könnten, kann zu keinem souveränen Vortrag führen. Ihrer mangelnden Wertschätzung der Thematik gegenüber wird das Publikum mit Verstimmung begegnen. Auf den spontanen Einfall zu vertrauen setzt Routine voraus. Ein solcher Vortrag kann gelingen; entwickelt er sich jedoch nicht so, wie Sie selbst es erwartet haben, werden Sie ihn nicht als Erfolgserlebnis verbuchen. Die Zeit der Vorbereitung kann bei kürzeren Vorträgen leicht ein Vielfaches der Vortragsdauer in Anspruch nehmen und muss großzügig bemessen sein. Die richtige Zeitplanung lässt sich am besten durch Üben kontrollieren. Je nach Anlass sind zur visuellen Unterstützung Medien erforderlich.

Eine Person vorstellen

Welchen Zweck verfolgt die Präsentation einer Person? Sie kommt häufiger vor, als vielen bewusst ist, und ihre Wirkung ist nicht minder eindrucksvoll als bei Sachinhalten. Stellt jemand sich selbst vor, erfährt das Publikum viel mehr über die Person als nur die Dinge, von denen sie berichtet. Körpersprache, Gestus wie überhaupt der gesamte nonverbale und verbale Ausdruck vermitteln den viel beschriebenen ersten Eindruck, der fast immer schon vor dem ersten gesprochenen Wort entsteht. In diesem Sinne erfahren wir auch, wenn eine Person jemand anderen vorstellt, nicht nur etwas über die präsentierte Person, sondern auch über denjenigen, der spricht. Vielen Menschen fällt es leichter, jemanden vorzustellen als über ein Sachthema zu referieren, weil sie sich nicht nur auf ein Thema, sondern auf eine konkrete Person konzentrieren, die mit ihnen anwesend ist. Weil es sich um unverrückbare Tatsachen handelt, fühlen sie sich weniger verantwortlich als wenn sie über ein eigens erarbeitetes Thema referieren. Sie treten mit einer größeren Natürlichkeit auf als bei der Präsentation eines Fachthemas.

Wie sieht es auf der Seite der Zuhörer aus? Sie sollen erfahren, „mit wem sie es zu tun haben". Ein Stück weit entsteht Identifikation mit der Person oder dem Gesagten, das sie für den Menschen einnimmt, der vor ihnen steht. Weil die vorgestellte Person nur die Ankündigung für etwas anderes ist, das die Zuhörer vielleicht ohnehin schon mit Spannung erwarten, wird mit der Präsentation Interesse, Neugier und Aufmerksamkeit geweckt. Hat das Publikum den Eindruck, es mit einer interessanten Persönlichkeit zu tun zu haben, wird es auch der Sache viel bereitwilliger folgen. Das Vorstellen einer Person hat damit außerordentlich werbenden Charakter.

Der Eindruck, etwas von sich preiszugeben, ohne sich der Anerkennung des Publikums versichern zu können, ist beim Vorstellen der eigenen Person besonders intensiv. Heben Sie daher schon zu Beginn die persönliche Beziehung hervor. Thematisieren Sie, warum Sie hier sind und warum Sie sich für dieses Forum interessieren. Mit der Einleitung sollte es gelingen, das Publikum mit seiner Aufmerksamkeit an sich zu binden. Im besten Sinne suchen Sie das Wohlwollen Ihrer Zuhörer zu erlangen, gemäß dem lateinischen „captatio benevolentiae" (das Erlangen des guten Willens).

Besonders originell sind Einleitungen, die etwas Persönliches mit der Sache verknüpfen. In ihrer Wirkung wenig einladend sind Formulierungen wie: „Ich darf mich Ihnen kurz vorstellen" oder: „Lassen Sie mich Ihnen Herrn A. vorstellen". Wenn eine Reihenfolge von Personen präsentiert wird (z.B. bei mehreren Vorträgen hintereinander), schafft eine Ankündigung wie: „Als nächstes sehen Sie ... " wenig Neugier und Spannung. Ein Moderator, der bei einer Vortragsreihe lediglich den Namen des Redners und den Vortragstitel ankündigt, ist für das Publikum verzichtbar. Mit der üblicherweise darauf folgenden Inhaltsangabe oder Übersicht sind viele Redner selbst unglücklich. Warum also nicht mit einer mutigen Frage, die ins Thema führt, Inte-

resse wecken? Frau N. gelang es, mit ihrer Ankündigung nicht nur Aufmerksamkeit, sondern auch Spannung zu erzeugen: „Wissen Sie eigentlich, wie Autos rot lackiert sein können? – Der Grund liegt an diesem Molekül: (gezeigt). Ich bin … und forsche am Institut für Physikalische Chemie der Universität N.“ Sich von gängigen Standards abzuheben kann nur durch eine originelle Einleitung gelingen.
Sprechtechnisch erleben wir oft schon im ersten Einleitungssatz eine Falle: Gerade wenn wir uns selbst vorstellen, beginnen wir mit einem langen, unüberschaubaren Satz, der mit dem eigenen Namen beginnt und oft erst im aktuellen Teil der eigenen Biographie endet, z.B. „Ich heiße ..., wohne hier in R., habe nach meinem Jurastudium eine Stelle bei ... angetreten, und dort hat es mir auch sehr gut gefallen, bin dann aber ... usw.“ Die Gefahr einer solchen Einleitung besteht darin, mehrere Informationen, die inhaltlich nichts miteinander zu tun haben, wie etwa Privates mit dem beruflichen Werdegang, in einem einzigen Satz unterzubringen. Vermutlich um es kurz zu machen oder sich selbst nicht so wichtig zu nehmen, wählen viele unbewusst diese Art, sich vorzustellen. Schon hier besteht das Gebot kurzer Sätze. Der erste Satz darf sich auf die Namensnennung beschränken, z.B. „Ich heisse/bin ...“ oder „Mein Name ist ...“ Setzen Sie dann fort mit den Inhalten, die Sie persönlich betreffen. Der Biographie gemäß machen wir Abschnitte. Diese müssen aber auch gesprochen hörbar sein.
Einen originellen Einstieg, der auf witzige Weise in ein kontroverses Thema einführt, wählte Frau M.: „Ein Liter Milch für 49 Cent. – Für den Verbraucher ein Traum, für den Bauern ein Alptraum. Im Zentrum für ... beschäftigen wir uns mit diesem Thema. – Mein Name ist I.M. und von mir erfahren Sie, was die Kühe dazu sagen würden.“
Besonders gut lassen sich originelle Einleitungen realisieren, wenn eine andere Person vorgestellt wird. Stellen Sie eine besondere Fähigkeit oder Eigenschaft, die die Person mitbringt, heraus, oder stellen Sie eine Errungenschaft in den Vordergrund, bevor Sie den Namen nennen. Wenn Sie Ihren Gesprächspartner jedoch allzu großartig darstellen, könnte ihm oder ihr dies auch unangenehm sein. Hier einige Beispiele, die Seminarteilnehmer wählten:

„Ich komme aus einem Ort, den man die Stadt der Kirschen nennt. Auch mir war dies nicht bekannt, bis ich vor einem Jahr dorthin gezogen bin. Ich bin Renate S., und mit dieser Stadt werden Sie auch etwas über mich erfahren."

„Zwei Seelen wohnen in meiner Brust, so hören wir es bei Goethe. Was das mit mir zu tun hat? Ich habe zwei große Leidenschaften, die mein Leben geprägt und ausgefüllt haben: Den Fußball und die Literatur. Ich heiße ..."

„Vor Ihnen steht eine beeindruckende Persönlichkeit. Sie ist seit Jahren im Bundeskanzleramt tätig und tut täglich das, was wir uns so gerne einmal wünschten, nämlich hinter die Kulissen der Politik schauen. Frau S."

„Statik ist sicherlich nicht das, womit Sie sich täglich beschäftigen. Bei Herrn D. ist das anders. Er ist nämlich Bauingenieur."

„Die Dame, die vor Ihnen steht, beschäftigt sich täglich mit Dingen, die wir gerne weit von uns schieben. Ihr Charme und ihre sympathische Ausstrahlung werden Sie jedoch schnell für sie einnehmen. Vor Ihnen steht Frau F. Sie arbeitet in der Finanzverwaltung."

Mit der Schlussformulierung unterstreichen Sie die Verbindlichkeit, die Sie geschaffen haben. Viele Menschen beenden die Vorstellung ihrer Person, indem sie inhaltlich verebben. Ein Satz wird in der Schwebe gelassen und endet mit „und, ja ..." Oft wird dies sprecherisch wie auch nonverbal unterstützt, indem die Stimme leiser, die Aussprache undeutlicher wird und vielleicht ein begleitendes Lachen oder Schulterzucken hinzutritt (vgl. Eckert 1994). Diese Mechanismen laufen unbewusst ab und wirken wenig souverän. Wenig eindrucksvoll sind etwa folgende Formulierungen, weil sie das Gesagte schwächen: „Ja, und das war's, was ich sagen wollte", „Das war's eigentlich", „Und das ist alles." Ähnlich wie bei Fachthemen kann der letzte Satz gleichzeitig der Schlusssatz sein, ohne dass eine besondere Abschlussformel gewählt wird.
Im oben genannten Beispiel beendete Frau S. ihre Präsentation mit dem in ihrem Fall passenden, originellen Ausspruch: „Nun habe ich Ihnen gewiss den Mund wässrig gemacht. Bei uns ist gut Kirschen essen."
Frau B., Physikerin in der Grundlagenforschung, stellte sich mit folgendem Schlusssatz vor: „Sie wundern sich vielleicht, warum ich

mich damit beschäftige. Wie Goethes Faust bin ich neugierig: Ich will erkennen, was die Welt im innersten zusammenhält."

Worauf Sie beim Vorstellen einer Person besonders achten sollten:

- Ist die Person vor dem Publikum mit Ihnen anwesend, steht oder sitzt sie neben Ihnen. Ist die Person (noch) nicht anwesend und wird angekündigt, gelten die Regeln für nonverbales Auftreten (s. Kap. 3.3).
- Ihr Publikum bleibt immer Ihr Adressat. Drehen Sie sich nur wenig zu der Person, die Sie vorstellen. Achten Sie darauf, dass Sie dem Publikum nicht den Rücken zuwenden.
- Stellen Sie den Kontakt zum Publikum durch Blickkontakt sicher. Wenn Sie an die vorgestellte Person das Wort richten, behalten Sie trotzdem auch die Zuhörer im Blick.
- Wenn Sie auf die Person zeigen, tun Sie dies mit der offenen Handfläche in einer angemessenen Geste.
- Überlegen Sie sich vorher eine Struktur und reden Sie nicht einfach „drauf los". Mit dem Einstieg stellen Sie die Bedeutsamkeit der Person heraus und machen es für den Zuhörer attraktiv, sich auf sie einzulassen. Wählen Sie eine verbindliche Abschlussformulierung.
- Eine bescheidene Einstellung zur Präsentation der eigenen Person mag ihren Stellenwert im Vergleich zu inhaltlich gewichtigeren Dingen geringer erscheinen lassen. Stehen Sie jedoch zu dem, was Sie vortragen. Deshalb: Machen Sie es kurz, aber souverän.

Referate

Alle Formen von Vorträgen zu einem bestimmten Sachthema sind im strengen Sinne Referate. Sie finden sich überall da, wo es darum geht, einem überschaubaren Publikum detaillierte Informationen zu vermitteln und Sachverhalte zu erläutern und werden vielfach in einer Lehrsituation eingesetzt. Aber auch innerhalb von Projekten wird referiert, um das Publikum möglichst auf den gleichen Wissensstand zu bringen. Je mehr visuelle und technische Hilfsmittel eingesetzt werden, desto fließender sind die Grenzen zur Präsentation. Bei einem Referat bestehen oft klare Vorgaben hinsichtlich des Inhalts und der Dauer. Bereiten Sie sich gut vor, indem Sie mit dem Projekt- oder Veranstaltungsleiter abstimmen, was von Ihnen erwartet wird. Ein hoher Stellenwert kommt bei Referaten der Interaktion zu. Wenn es um ein für Redner und Zuhörer vertrautes Sachgebiet geht, sind die Zuhörer nicht nur Adressaten – und damit ohnehin am Verstehensprozess beteiligt, sondern umso mehr am Sinn beteiligt, da sie Wissen haben und dieses Wissen erweitern wollen. Um Verständnis sicherzustellen, sind Zwischenfragen oft notwendig und wünschenswert.

Herr T. leitet sein Referat folgendermaßen ein: „Ich kenne Ihre Frage: Anderthalb Stunden Vortrag über Stühle?“ Auch wenn die Einleitung sehr suggestiv gewählt war, so war sie im vorliegenden Fall passend. Der Referent kannte sein Publikum gut und konnte sich in dessen unterschwellige Skepsis hineinversetzen. Somit konnte er das Publikum genau da abholen, wo es in seinem Bewusstsein war, nämlich bei den Zweifeln, mit dem Programm für die nächsten 90 Minuten das richtige gewählt zu haben. Mit seiner Körpersprache, dem verbalen Ausdruck und seiner Begeisterungsfähigkeit schuf er jedoch eine Idealform, gleichsam jeden Zuhörer für sein Thema zu interessieren. Entsprechend fuhr er fort: „Ich versichere Ihnen: Sie werden sich keine Minute langweilen, und Sie werden ab heute jeden Stuhl mit anderen Augen sehen.“

Herr K. referiert vor Unternehmern des handwerklichen Mittelstands zum Thema Zahlungsverzug. Er beginnt seinen Vortrag mit einer soliden Einleitung. „Für die meisten von Ihnen ist das Thema Zahlungsverzug unangenehm und mit Unannehmlichkeiten verbunden. Sie haben es ja nicht nur mit Firmen, sondern auch mit privaten Kunden zu tun.“ Die Zuhörer werden abgeholt und darin bestätigt, mit ihrer Anwesenheit die richtige Entscheidung getroffen zu haben. Durch zahlreiche Beispiele aus seiner Anwaltskanzlei kann Herr K. seinem Publikum anschaulich vermitteln, welche Möglichkeiten der einzelne Unternehmer hat, zu seinem Recht zu kommen. Durch Zwischenfragen der Anwesenden, die sich auf aktuelle Aufträge beziehen, wird auch die Gesetzeslage verständlich.

Die Beispiele zeigen, wie bedeutsam auch bei Referaten die Einleitung ist. Gelingt es hier nicht schon, die Aufmerksamkeit der Zuhörer an sich zu ziehen, müssen Sie dies im Laufe des Vortrags mühevoll nachholen. Ein Einleitungssatz vom Format eines „Ja, also, unser Thema ist ja ... Sie haben sich da sicherlich schon einige Gedanken dazu gemacht. Ich beginne mal mit ...“ ist wenig spannend. Auch wenn Sie den Eindruck haben, alle wissen Bescheid, worüber Sie sprechen, wählen Sie Ihren Einstieg so attraktiv wie möglich. Wenn Sie nach einem guten Einstieg einen durchschnittlichen Vortrag halten, wird man Sie vielleicht dennoch als interessant in Erinnerung behalten. Ist der Einstieg langweilig, haben Sie die Hälfte Ihrer Zuhörer schon verloren oder noch gar nicht gewonnen.

Referate scheinen gegenüber andersartigen Vorträgen von Vorteil zu sein, was die Zusammensetzung des Publikums angeht. Meist ist es homogener und hat einen vergleichbaren Wissensstand. So ist es leichter möglich, mit dem Publikum in Interaktion zu treten. Behalten Sie während des Vortrags trotzdem den Ablauf im Auge und lassen Sie sich die Führung nicht entgleiten. Bereiten Sie ein Referat wie jeden Vortrag sorgfältig vor (s. Kap. 3.2).

Worauf Sie bei Referaten besonders achten sollten:

- Klären Sie mit der verantwortlichen Person den *organisatorischen Rahmen* und legen Sie die inhaltlichen Schwerpunkte fest. Klären Sie ebenfalls, wie viel Zeit Ihnen zur Verfügung steht. Sind Sie selbst in der Rolle des Moderators oder gibt es keine Vorgaben, legen Sie dies bei Ihrer Vorbereitung selbst fest. Sie sind dafür verantwortlich, dass dieser Rahmen auch eingehalten wird.
- Überlegen Sie, wie viel *Wissen* Sie *voraussetzen* können. Auch wenn Ihre Zuhörer sich mit dem Thema beschäftigen, ist das, was Sie herausgearbeitet haben, neu oder unbekannt und wichtig zu erfahren. Vermeiden Sie Bemerkungen wie „Sie wissen ja alle, worum es geht“ oder „Das brauche ich ja nicht mehr zu erklären.“ Geben Sie besser einen kurzen Überblick, wenn Sie unsicher sind bzgl. des bereits vorhandenen Wissens.
- Klären Sie vorher ab, ob und in welcher Form *Interaktion mit dem Publikum* erwünscht ist. Planen Sie bei einer strengen Zeitvorgabe Ihr Referat kürzer, um Spielraum für etwaige Zwischenfragen zu haben. Ist eine Diskussionsrunde im Anschluss an den Vortrag vorgesehen, planen Sie einen angemessenen Zeitrahmen dafür ein.

Gestalten Sie Ihr Konzept umso flexibler, je offener der Vortrag ablaufen soll.

- Überlegen Sie, ob der *Einsatz von Medien* sinnvoll ist und klären Sie ab, inwieweit Sie diese zur Verfügung haben. Je längere Zeit für Ihr Referat vorgesehen ist, desto vorteilhafter sind Medien für die Aufmerksamkeit des Publikums. Beschränken Sie sich jedoch auf einen überschaubaren Einsatz.
- Ob Sie dem Publikum Unterlagen aushändigen (*Arbeitspapier, Skript*), hängt vom Thema ab. Für besonders aussagekräftige Details können Unterlagen sinnvoll sein. Verzichten Sie darauf, wenn Sie während des Referats die uneingeschränkte Aufmerksamkeit wünschen. Die Wahrscheinlichkeit, sich aufgrund der Vorlagen mit der Thematik zu beschäftigen, ist geringer als die Aufmerksamkeit während des Vortrags.

Präsentationen

Anders als bei Referaten sind es bei Präsentationen vor allem die Rahmenbedingungen, denen wir bei der Vorbereitung Rechnung tragen müssen. Bei Firmenporträts oder Produktpräsentationen geht es weniger um Fachwissen, sondern Kunden oder Auftraggeber sollen an das Unternehmen und die Person, die es vertritt, gebunden oder ihr Interesse für eine Sache geweckt werden. Im Vordergrund steht die persönliche Beziehung. Der Stellenwert des äußeren Rahmens einer Präsentation ist deshalb außerordentlich hoch. Selbst wenn der Vortragende hinter seinem Produkt anonym bleibt, wird der Kunde doch über die Person an das Produkt herangeführt. In der Rolle des Vortragenden können Sie deshalb gar nicht genug Wert darauf legen, Ihr Publikum „abzuholen“ und kunden- oder publikumsorientiert aufzutreten. Neben der Vermittlung von Wissen geht es darum, den Zuhörer zu überzeugen und zu einer Entscheidung zu bewegen, im günstigen Fall *für* das vorgestellte Projekt oder Produkt. Stellen Sie zu Beginn eine positive Beziehung her, die es den Zuhörern leicht macht, sich auf das von Ihnen vorgestellte Produkt einzulassen. Anhand von Fragen, die ein Zuhörer stellt oder Einwänden, die er vorbringt, erfahren

Sie mehr über seine Wünsche und Vorstellungen und können Ihre Basis für gemeinsame Interessen ausdehnen.
Frau K. präsentiert vor Ausstellern, bei denen es um das Thema Holz geht. Sie tritt vor das Publikum und zeigt einen hölzernen Kochlöffel, den sie in den Händen hält. Sie leitet ihren Vortrag ein mit den Worten: „Was ist das, was ich hier habe?“ Vielleicht gerade weil die Antwort ebenso einfach wie evident ist, antworten einige Zuhörer erwartungsgemäß mit „Ein Kochlöffel.“ Einige reagieren erheitert und lachen, das Interesse ist geweckt, man ist gespannt, wie es weitergehen wird. Die weitere Frage von Frau K. „Und woraus besteht der?“ wird beantwortet mit „Aus Holz.“ Frau K. setzt ihre Präsentation fort: „Für die einen ist es nur ein Kochlöffel, für die anderen ein hochinteressanter Werkstoff, aus dem man einen solchen Gegenstand fertigen kann. Welches Holz können wir für welchen Zweck benutzen? Wie muss es beschaffen sein?“ Mit einer solchen Einleitung gelingt es auf hervorragende Weise, die Zuhörer für sich einzunehmen, ihr Interesse zu wecken und sie ins Thema einzuführen. In diesem Fall war das Zeigen eines einfachen Gegenstands ein einfaches Mittel dafür. Mit den einleitenden Fragen schafft Frau K. von Anfang an die Möglichkeit zur Interaktion. Die Bereitschaft der Zuhörer steigt, sich auch weiterhin an der Präsentation zu beteiligen und garantiert einen lebhaften Vortrag.
Generell ist es bei einer Präsentation von Vorteil, konkrete Gegenstände oder Modelle zur Verfügung zu haben, denn sie sprechen neben dem optischen auch den haptischen Sinn an. Die Zuhörer haben nicht nur das Gefühl, sondern auch die Möglichkeit, etwas anzufassen und dadurch noch besser zu begreifen. Dem Konkreten haftet etwas Körperliches an, das andere Systeme im Zuhörer wachruft als nur den optischen und den auditiven Sinn. Fehlen solche Möglichkeiten, ist es umso wichtiger, die Phantasie anzuregen und Bilder in die Vorstellungswelt der Zuhörer zu transportieren.
Achten Sie bei einer Präsentation besonders auf Details und scheinbare Nebensächlichkeiten, die Ihrem Auftreten förderlich sind.

Hinweise für eine gute Vorbereitung von Präsentationen:

- *Materialien und Ausstattung:* Überlegen Sie genau, welche Gegebenheiten Sie an Ort und Stelle vorfinden und was Sie an Ausstattung brauchen: Welche technischen Geräte benötigen Sie oder stellen Sie zur Verfügung? Wer ist Ihr Ansprechpartner in Bezug auf die räumliche und technische Disposition und wie erreichen Sie ihn? Stellen Sie dem Publikum Broschüren, Kostproben, Produktproben zur Verfügung? Führen Sie etwas vor und benötigen Sie dazu eine bestimmte Versuchsanordnung?

- *Ihre Position:* Wählen Sie eine günstige Position, tragen Sie möglichst im Stehen vor und sorgen Sie dafür, dass Sie sich von da, wo Sie präsentieren, wohlfühlen. Machen Sie sich frühzeitig genug mit den Gegebenheiten vertraut: Haben Sie genügend Platz; wo befinden sich Leinwand oder Stellwand? Bleiben Sie vorwiegend bei Ihrem „Ausgangspunkt"; zu viel Bewegung wirkt unruhig. Achten Sie auf die Lichtverhältnisse; sowohl Sie selbst als auch das Publikum müssen gute Sicht haben.
- *Ihr Konzept:* Gestalten Sie Ihr Konzept flexibel genug, um auf kleinere Pannen oder etwas Unvorhergesehenes reagieren zu können, z.B. fehlende Stifte, um etwas anzuzeichnen. Je besser Sie vorbereitet sind, desto leichter können Sie improvisieren und Sie können dafür sorgen, einzelne Bausteine im zeitlichen Ablauf umzugestalten.
- *Vortragsstil:* Orientieren Sie sich mit Ihrem Vortragsstil am Publikum, aber auch an Ihrem Thema. Weder ein saloppes Erscheinungsbild noch ein jugendliches Vokabular, um modern zu wirken, sind der Garant für allgemeine Sympathien. Achten Sie deshalb besonders auf die Glaubwürdigkeit Ihrer eigenen Person. Eine sensible Balance zwischen Seriosität und legerem Auftreten kommt zwar einem Ideal nahe, gestattet aber die notwendige Flexibilität, um sich auf unterschiedliches Publikum einzustellen.

3.2 Fachvorträge und wissenschaftliche Vorträge

Die meisten fachspezifischen und wissenschaftlichen Vorträge zielen darauf ab, Informationen und neueste Ergebnisse mitzuteilen. Viele Forscher sind auf Resonanz und den Austausch angewiesen, um sich einordnen zu können und zu profilieren. Immer wünschen sich Vortragende, bei ihren Zuhörern gut anzukommen; viele hinterfragen selbstkritisch ihren Vortragsstil. Was in der Wissenschaft mehr fehlt als in anderen Arbeitsgebieten, sind Rückmeldungen, mit denen die Person etwas anfangen kann. Bei wissenschaftlichen Vorträgen erleben wir häufiger als sonst den auf das Sprechen übertragenen Schreibstil: Um der Korrektheit und Präzision willen werden komplexe Formulierungen, komplizierte und lange Sätze in Kauf genommen – mit fatalen Konsequenzen für den Vortrag. Ein distanzierter Redner, der am Pult einen Monolog hält, wird vom Publikum kaum akzeptiert. Diese Vortragsweise passt am ehesten zu offiziellen Anlässen wie etwa Festreden.

Für eine positive Wirkung stellen Sie sich daher neben der inhaltlichen Konzeption folgende Fragen:

1. Welches Publikum sprechen Sie an?
2. Wie gestalten Sie Ihr Manuskript sinnvoll?
3. Welche Medien unterstützen Ihre Informationen?
4. Wie bauen Sie Ihren Vortrag am besten auf?
5. Wie nutzen Sie Ihre Zeit optimal?

Publikumsanalyse

„Das sind ja alles Fachleute", „Die stecken alle in der Materie drin." So oder ähnlich beschreiben Redner vor einer Präsentation ihr Publikum. Entsprechend sorgen hohe Erwartungen und vermeintlich hohe Ansprüche für Lampenfieber.

In kaum einer Vortragssituation haben wir es scheinbar mit einem so homogenen Publikum zu tun wie in der Wissenschaft. Auch wenn die Anwesenden unterschiedliche Positionen erfüllen, beschäftigen sie sich doch alle mit der Thematik. Wie versiert das Publikum auch sein mag, vergessen Sie beim Vortrag nie: Die Aufnahmekapazität der Zuhörer ist begrenzt. Details können überhört oder für unwichtig gehalten werden, eigene Erfahrungen und Beobachtungen werden assoziiert und überlagern das Gehörte. Die eigene Wahrnehmung wirkt wie ein Filter, durch das Sachverhalte anders gesehen werden als von Ihnen dargestellt. Genau das ist aber der Grund, warum Sie referieren: Sachverhalte werden aus Ihrer Sicht dargestellt. Was beim Zuhörer an Assoziationen entsteht, beruht auf dem Austausch auf geistiger Ebene. Wenn Zuhörer sich scheinbar unzufrieden zeigen,

liegt dies seltener daran, dass ihnen Inhalte schon bekannt sind, sondern vielmehr daran, dass sie sich nicht „gefesselt“ fühlen.
Nicht immer ist beim Publikum das Wissen vorhanden, das wir als selbstverständlich voraussetzen. Die Folgen davon sind: Es wird Fachjargon benutzt, auf für das Verständnis wichtige Zusammenhänge mit der Begründung verzichtet, man wolle niemanden langweilen und selbst nicht für anspruchslos gehalten werden. Manchmal wird explizit formuliert: „Ich hoffe, ich langweile Sie nicht, wenn ich zuerst ein paar Grundlagen erläutere.“ Viele Vortragende werden geradezu panisch von der Sorge geplagt, ein schon einmal genannter Begriff würde sie sofort als langweilig abqualifizieren oder dem Publikum Unvermögen unterstellen.
Dies stimmt so nicht. Wenn Sie Ihre Ausgangsbasis definieren und wichtige Begriffe erläutern, bevor Sie damit hantieren, stellen Sie sicher, dass Sie und Ihr Publikum auf dem gleichen Wissensstand sind. Auch unter Fachleuten ist kaum jemand erfreut, wenn der Vortragende allzu viel mehr weiß als er selbst. Zum eigenen Wissen etwas anderes zu erfahren, oder etwas aus einer anderen Perspektive zu sehen, dürfte für die meisten Fachleute interessant sein. Vermeiden Sie jedoch das andere Extrem, indem Sie besonders weit ausholen. Sie sehen an der Reaktion Ihres Publikums, ob es noch fähig und bereit ist, Ihnen Aufmerksamkeit zu schenken. Werden Zuhörer zunehmend unruhig, ist es an der Zeit, ein Thema zu wechseln oder den Gedankengang zu beenden.
Herr S. informiert vor Fachpublikum über eine neue Entwicklung im medizintechnischen Bereich. Lange Sätze, Fachausdrücke und komplizierte Formulierungen lassen den Redner sehr kompetent wirken. Es fehlen jedoch Gliederungselemente, die den Zuhörer durch das Konzept führen (z.B. Pausen, rhetorische Fragen). Am Ende weiß niemand genau, wie er Vorteile und Nutzen einschätzen soll, und ob eine Markteinführung des Produktes zu begrüßen wäre. Um Fragen zu stellen, fehlen die richtigen Anknüpfungspunkte.
Worum es geht, ist: Ihr Konzept so aufzubereiten, dass der rote Faden transparent ist und Ihre Botschaften nachvollziehbar sind. Dazu müssen Sie wissen, wie das Publikum zusammengesetzt ist.
Besteht Ihr Publikum ausschließlich aus Fachkollegen: Wenn Sie besonders Eindruck machen wollen oder es für Sie um einen persönli-

chen Erfolg geht, setzen Sie das Niveau Ihres Vortrags ruhig hoch an. Mit Fachwissen zu kokettieren kann angebracht sein, kann aber auch Ablehnung hervorrufen und beispielsweise Einwände provozieren. Vermeiden Sie Formulierungen wie „Dass Sie XY kennen, setze ich voraus, darauf werde ich nicht näher eingehen." Jeder, der es nicht kennt, wird sich unzureichend informiert fühlen und Sie könnten leicht arrogant wirken. Wenn Sie zu Ihrem Thema Diskussion erwarten, nennen Sie Grundlagen und Hintergründe für Ihren Standpunkt und bereiten Sie sich auch auf kontroverse Meinungen vor. Behalten Sie bei der Publikumsanalyse immer auch Ihr eigenes Ziel im Auge.

Besteht Ihr Publikum aus Fachleuten und interessierten Laien: Die Zuhörer verlangen keinen perfekten Vortrag, sondern wollen gefordert werden, sich mit Ihrem Thema auseinanderzusetzen, sonst wären sie nicht erschienen. Oder sie wollen Informationen, die ihnen eine Entscheidung erleichtern. Hier muss so viel an Voraussetzungen für Zusammenhänge erläutert und Transparenz geschaffen werden, dass das Verstehen ermöglicht wird. Neben Fakten sind es die persönliche Erfahrung, Beispiele und Vergleiche, die eine Sache anschaulich machen und jedem Zuhörer helfen, sich das Gesagte vorzustellen und Assoziationen zu wecken.

Besteht Ihr Publikum aus Studenten, Kunden, Sponsoren: Hier sollte immer die Möglichkeit eingeräumt werden, Fragen zu stellen. Bei einer guten Vorbereitung brauchen Sie nicht zu befürchten, davon aus dem Konzept gebracht zu werden. Konzentrieren Sie sich auf den Überblick. Machen Sie sich bewusst, ob es Ihnen darum geht, zu informieren oder zu überzeugen. Geben Sie nicht von vornherein jedes Detail preis. Mit einem lebendigen Austausch lassen Sie andere Perspektiven zu. Regen Sie selbst die Interaktion an, indem Sie durch Fragen Impulse geben. Gerade durch die Beantwortung der Fragen können Sie Ihre Fachkompetenz unter Beweis stellen oder Ihre Absicht deutlich machen. Dies muss selbstverständlich je nach Zeitplan und Überschaubarkeit des Auditoriums geschehen.

Unterstützen Sie Ihr Fachwissen durch einen ansprechenden Vortragsstil. Niemand will nur mit Wissen überhäuft werden, sondern auch neugierig gemacht und in seiner Phantasie angeregt werden.

Machen Sie sich bei besonderen Anlässen vorher die Redeform bewusst. Diese kann beispielsweise sein: Ansprache, Empfangsrede,

Verabschiedung, Ehrung, Laudatio, Jubiläum, Gedenkrede. Hier ist im Allgemeinen eine Begrüßung erforderlich. Wichtige Persönlichkeiten oder Ehrengäste werden zuerst begrüßt, dann die Gäste und Zuhörer.

Zur Analyse Ihres Publikums fragen Sie sich vor einem Vortrag:

- Welchen Wissensstand haben die Zuhörer?
- Welchen Bildungsstand haben die Zuhörer? Welche Begriffe und Formulierungen kann ich verwenden?
- Welche Altersstruktur hat das Publikum? Ist es eher konservativ oder modern und innovativ eingestellt? Welche Medien sind angebracht?
- Mit welchen Fragen muss ich rechnen?
- Wie muss ich das Publikum anreden? Sind bedeutende Persönlichkeiten anwesend?
- Ist das Publikum oder sind einzelne von der Thematik persönlich betroffen?

Begrüßung und Abschlussformeln

Wenn Sie einen Fachvortrag halten, können Sie auf eine Begrüßung verzichten, zumal wenn er in den Ablauf einer Reihe von Vorträgen integriert ist. Ein markanter „Aufhänger" ist in diesem Fall wirkungsvoller. Sind Sie jedoch der Meinung, explizit begrüßen zu müssen, tun Sie dies verbindlich, indem Sie das Publikum dabei anschauen. Ein stereotypes „Guten Tag, meine sehr verehrten Damen und Herren, ich begrüße Sie herzlich zu meinem Vortrag mit dem Thema ..." nimmt kaum jemanden für den Redner ein. Anrede und Thema verschmelzen, das Publikum kann weder das eine noch das andere bewusst wahrnehmen. Lassen Sie eine Begrüßung oder Anrede immer für sich stehen.

Für eine Schlussformel oder Verabschiedung gilt ebenso die Verbindlichkeit. Wörtlich genommen wird eine Verbindung zwischen Ihnen und dem Publikum hergestellt. Auch hier können Sie die Wirkung des Schlusssatzes für sich stehen lassen. Alternativ dazu wählen Sie nach einer Gedankenpause ein freundliches „Ich danke Ihnen für Ihre Aufmerksamkeit.".

Das Manuskript

Über kaum ein Thema herrschen so viele irreführende Meinungen wie in Bezug auf das Manuskript, das beim Vortragen die Gedächtnisstütze bieten soll. Das Wort Manuskript bedeutet ursprünglich etwas mit der Hand Geschriebenes. Nun ist heutzutage niemand mehr darauf angewiesen, Vortragsnotizen von Hand aufzuschreiben, wenn genügend Zeit zur Vorbereitung ist.

Es ist nach wie vor erstaunlich, wie viele Redner der Überzeugung sind, sich wortwörtlich ausformulieren zu müssen, was sie vortragen wollen. Einige machen sich sogar die unendliche Mühe, ihr Manuskript auswendig zu lernen. Etwas Mutigere stützen ihre Formulierungen auf die Stichpunkte, die ihnen ihre gezeigten Vorlagen liefern. Beneidet werden diejenigen, die ohne Manuskript frei sprechen können. Diesen Personen scheint es keine Mühe zu machen, den roten Faden zu behalten, alle Stichpunkte im richtigen Moment abrufbar zu haben und dabei noch Zwischenfragen und Einwände zu parieren.

Nicht umsonst gibt es aber – so alt die Rhetorik ist – Strategien, das Konzept „im Kopf behalten" zu können. Ein hilfreiches Manuskript basiert auf Stichpunkten und einer übersichtlichen Struktur.

Frau H. berichtet in ihrem Vortrag vor ihren Kollegen von der gelungenen Umsetzung eines durchgeführten Projektes – es geht um die Ergebnisse, die ihr Arbeitskreis erwirkt hat, erzielte Erfolge sowie die erfolgreiche Auslandsexkursion. Sie ist sehr engagiert und erhält grossen Beifall. Alle zollen ihr Respekt und Anerkennung für ihren Einsatz. Am nächsten Tag hält sie diesen Vortrag vor den Verantwortlichen im Gremium. Aus Furcht, etwas durcheinanderzubringen, zu salopp zu formulieren und zu emotional zu sein, schreibt sie ihren zehnminütigen Vortrag wortwörtlich auf. Sie spricht leiser, hat Mühe, die Zeilen zu verfolgen, und versucht, das Erlebte zu kommentieren. Ihre überzeugende Ausstrahlung, die vor allem von ihrer natürlichen und spontanen Art geprägt ist, geht völlig verloren.

Bevor wir entscheiden, welche Art der Manuskriptgestaltung für einen Vortrag hilfreich ist, lohnt es sich zu fragen:

1. Welche Vorteile bietet Ihnen das wortwörtlich Ausformulierte? Für Sie als Redner, für Sie als Zuhörer?
2. Was verbinden Sie mit Stichpunkten, auf einem Satz Karteikarten notiert?

Auf die erste Frage werden Sie vermutlich antworten, mit einem ausformulierten Manuskript seien Sie als Redner „auf der sicheren Seite". Die Gefahr, sich zu verhaspeln, ist sehr gering, der Gedankengang ist logisch, weil vorbereitet, die Formulierungen sind schlüssig, die Sätze sind grammatisch korrekt, die Reihenfolge der Argumente ist sinnvoll, Sie behalten den roten Faden, Sie vergessen nichts, kurz, es kann nichts schief gehen. Und als Zuhörer? Das Vorgetragene hört sich abgelesen an, der Redner schaut vorwiegend in sein Manuskript, er wirkt nicht sehr lebendig, die Sätze sind lang und fordern die Konzentration, die Betonung ist gleichförmig und es fällt schwer, Kerngedanken herauszufiltern. Mit der Zeit können Sie schwer folgen und ermüden. Die für den Redner augenscheinlichen Vorteile gereichen dem Zuhörer zum Nachteil.

Auf die zweite Frage geraten Sie vermutlich in Sorge, aus Stichwörtern keine „vernünftigen" Sätze formulieren zu können. Die Wahrscheinlichkeit, sich zu verhaspeln, scheint sehr groß, Sie sagen vielleicht etwas anderes als Sie sich vorgenommen haben, Sie vergessen Details, vertauschen Argumente. Der einzige Vorteil scheint: Sie können mehr Blickkontakt zum Publikum herstellen. Als Zuhörer ist dies jedoch ein Element, auf das Sie keinesfalls verzichten möchten. Nur wenn Sie vom Redner auch angesehen werden, sind Sie wirklich bereit, ihm über den gesamten Zeitraum seines Vortrags zuzuhören.

Von Stichpunkten aus zu reden hat für das Sprechen – und damit auch für das Zuhören – einen unschätzbaren Vorteil. Stichwörter regen dazu an, Gedanken zu formulieren. Diese Gedanken lassen sich meistens „rund", „in einem Guss" als Hauptsatz formulieren, nicht etwa als geschachtelter Satz mit verschiedenen Nebensätzen und Einschüben. Der Gedanke entspricht geistig einem Ganzen, mit einem definierten Anfang und Ende. Es entsteht ein geistiger Bogen, der „in einem Atemzug" gesprochen wird und eine Pause an dessen Ende begünstigt. Es entsteht nicht nur ein günstiges Sprechtempo, sondern auch ein flüssiger Sprechrhythmus mit Pausen an der richtigen Stelle. Ein Gedanke, der formuliert wird, enthält automatisch einen inhaltlichen Kern. Dieser legt uns nicht auf einen bestimmten Satzbau oder eine Formulierung fest. Beim Ablesen vom Manuskript können wir nicht zwangsläufig den gesamten Gedanken überblicken. Der Redefluss kann dadurch viel leichter ins Stocken geraten, vor allem, wenn wir einmal anders fortsetzen als wir es notiert haben.

Fragen Sie sich bei der Gestaltung Ihres Manuskripts immer: Worum geht es? Je knapper Sie dies beschreiben können, desto klarer wird auch für Sie selbst die Struktur des Vortrags. Fällt Ihre Formulierung in diesem Moment komplex aus, lösen Sie den Satz auf, indem Sie zunächst die einzelnen Hauptwörter zu Stichwörtern machen. Die Klarheit eines Gedankens liefert dann oftmals das Verb dazu. Sie werden staunen, wie viele Informationen bereits in einer Überschrift stecken können. Machen Sie es sich zur Gewohnheit, zunächst in Schlagzeilen zu denken (vgl. Kap. 3.4). Kehren Sie für Ihr Redemanuskript wieder zur eigentlichen Bedeutung des Wortes zurück, indem Sie Stichpunkte auf Karteikarten notieren.

Für Redner, die eine Lesebrille benötigen, bieten Stichwortkarten einen praktischen Vorteil gegenüber einem ausformulierten Manuskript, von dem der Redner das Hochschauen als lästig empfinden mag. Sicher wird von einem verständnisvollen Publikum akzeptiert, wenn aus diesem Grund der Blick mehr auf das Manuskript gerichtet ist. Mitteilen ist durch die uneingeschränkte Möglichkeit des Blickkontakts jedoch *unmittelbarer* und macht den wirklichen Kontakt zum Publikum leichter.

Wenn Sie Ihr Manuskript vorläufig noch ausformulieren wollen, schreiben Sie gut leserlich mit größerer Schrifttype. Lassen Sie einen breiten Rand, auf dem Sie Stichpunkte notieren, die Ihnen die Übersicht in der Gliederung gewährleisten. Üben Sie den Vortrag, indem Sie sich von Ihren Stichpunkten leiten lassen, bis Sie schließlich nicht mehr ablesen müssen.
Im Abschnitt Sprechtechnik finden sich weitere Hinweise zum Freien Sprechen; im Anhang zur Manuskriptgestaltung.

Checkliste zur Manuskriptgestaltung:

- Benutzen Sie *Karteikarten* (stabiles Papier) im Format DIN A6 oder A7.
- Beschriften Sie die Karten *einseitig* und *nummerieren* Sie sie. Dies erleichtert Ihnen das Auffinden eines Stichpunkts bei Nachfragen oder spontanen Veränderungen.
- *Heben* Sie entscheidende Wörter *hervor* (z.B. farbig, unterstrichen, kursiv)
- Verwenden Sie je Karte nur einen *Hauptstichpunkt* mit dem aussagekräftigen Verb. Wählen Sie eine übersichtliche Anordnung (z.B. durch Einrücken) und verzichten Sie auf Sätze.

Medieneinsatz

Die heutige Zeit hat den modernen Menschen so geprägt, dass wir schon einen Zeitraum von zehn Minuten, die wir zuhören, als lang empfinden können, wenn uns nicht noch mehr dazu geboten wird.

Mit einer Arbeitsgruppe nahm ich an einem Museumsbesuch teil. Die Museumsdirektorin machte uns bei ihrer Führung durch das Haus bewusst, wie stark wir visuell geprägt sind. Mit Bildern etwas zu vermitteln, anschaulich zu machen und darzustellen sei ein tiefes Bedürfnis der Menschen. Trotzdem sei es noch vor hundert Jahren für jedes Kind normal gewesen, der Großmutter eine Stunde lang zuzuhören, wenn diese Geschichten erzählte.

Zum einen ist der Mensch offenbar so eingerichtet, dass er auf visuelle Eindrücke schneller reagiert als auf akustische. „Ein Bild sagt mehr als tausend Worte", so eine bekannte Redensart. Zum anderen sind die Möglichkeiten der letzten Jahrzehnte, mit Bildern umzugehen, so vielseitig geworden, dass es uns besonders leicht gemacht wird, über Bilder Informationen zu erhalten. Die Medienwelt hat ein Übriges dazu getan, indem immer mehr Bilder in schnellerer Abfolge gezeigt werden, Nachrichtenblöcke immer kürzer geworden sind, nur Gesprochenes ohne Bilder oder Ton im Hintergrund kaum noch existiert, z.B. im Radio und Fernsehen. Was bedeutet dies für wissenschaftliche Vorträge? Wo Bilder nicht einfach Notwendigkeit sind, ist es einerseits eine große Bereicherung, einen Vortrag entsprechend auszustatten, andererseits auch eine Verpflichtung. Wenn klar ist, dass wir visuell geprägt sind, sind Bilder eine Unterstützung zu dem, was vorgetragen wird. Wir sollten uns aber stets von dem Grundsatz leiten lassen „Weniger ist mehr", und nicht um jeden Preis Bilder zeigen oder Skizzen, die witzig wirken sollen.
Was ist der Vorteil von Bildern? Unsere Vorstellungskraft wird angeregt, wir können uns buchstäblich ein Bild machen von dem Gesagten, wir gewinnen leichter Einsicht und hören bereitwilliger zu. Was wir nicht nur hören, sondern auch sehen, behalten wir leichter. Ohne Bilder müssen wir das Gesagte erst zu einer Vorstellung formen.
Die Naturwissenschaften arbeiten fast stets mit Bildern irgendeiner Art. Objekte und Gegenstände, mikroskopische Abbildungen, Darstel-

lungen von Zyklen, Ablaufdiagramme, Grafiken oder Skizzen sind oft sogar Hauptgegenstand eines Vortrags. Was gesagt wird, kommt ohne das Bild nicht aus. Andere Disziplinen haben es schwerer. Grafiken oder Abbildungen können den Vortrag bereichern, doch wo es keine Bilder zu zeigen gibt, bleibt scheinbar nur die schriftliche Unterstützung des Gesagten: In Stichpunkten wird auf der Präsentationsfläche (z.B. Folie oder Computerbildschirm) das Wesentliche notiert. Wenn der Zuhörer das Gehörte nachlesen oder einen Stichpunkt auch einmal vorauslesen kann, wird ihm das Verständnis erleichtert.

Soll man nun exakt das auf die Folie schreiben, was man auch sagt, bzw. die notierten Stichpunkte wörtlich ablesen? Viele sind der Meinung, ein sinnloses Vorlesen dessen, was das Publikum ohnehin selbst lesen kann, würde das Niveau des Vortrags mindern und die Zuhörer unterfordern. Diese Wirkung können Sie jedoch verhindern:

1. Notieren Sie kurze und überschaubare Stichpunkte und keine ausformulierten Sätze. Dies erleichtert Ihnen spontane Ergänzungen und publikumsbezogene Reaktionen.
2. Nehmen Sie mit Ihren Zuhörern Blickkontakt auf, wenn Sie die notierten Stichpunkte vortragen. Manchmal ist es notwendig oder sinnvoll, einen Stichpunkt mit eigenen Worten zu erläutern oder zu ergänzen. Registrieren Sie bewusst den Gedanken, der im Stichpunkt enthalten ist; dadurch nehmen Sie das Gelesene wahr und transportieren es mit mehr Überzeugungskraft.
3. Haben Sie nur Schlagwörter oder Stichwörter notiert, die aufgezählt werden müssen, dürfen diese ruhig vom Publikum gehört *und* gelesen werden im Sinne eines „Doppelt hält besser“. Es versteht sich, dass auf diese Weise keine längere Passage oder der gesamte Vortrag gestaltet werden sollte.
4. Vermeiden Sie ein „Vorlesen“ mit der inneren Haltung „Eigentlich können Sie dies ja selbst lesen und ich könnte mir die Mühe sparen.“ Unterschätzen Sie nicht die Wirkung der Wiederholung oder Redundanz. Solange Sie mit Interesse und Begeisterung vortragen, erhöht sich die Wahrscheinlichkeit, dass es im Gedächtnis haften bleibt.
5. Wenn Sie bei der Vorbereitung in Zeitnot sind, konzentrieren Sie sich auf aussagekräftige Vorlagen, z.B. Tabellen, Diagramme etc.

Verzichten Sie darauf, Stichpunkte und Schlagwörter zu notieren und konzentrieren Sie sich auf Ihre persönliche Präsentation.

Grundsätzlich ist die Art der Präsentation mindestens ebenso wichtig wie eine gezeigte Vorlage (Bild, Abbildung, Grafik etc.), denn durch sie wird immer Ihre Haltung vermittelt. Jede Vorlage ist nur und ausschließlich Unterstützung zu Ihnen als Vortragender. Selbst wenn Sie noch so stolz sind auf die technischen Novitäten, mit denen Sie etwas zeigen, stehen Sie niemals dahinter zurück. Immer wieder werden Vorlagen als Ersatzmanuskript benutzt, um den Faden nicht zu verlieren. Heißt das nun, Sie brauchen sowohl ein Manuskript als auch einen Satz Vorlagen? Das Manuskript soll Ihnen nützlich sein, die Vorlagen sollen dem Publikum dienen. Wechseln Sie Ihre Vorlagen in Ruhe und lassen Sie jede erst einmal einen Moment lang wirken, ohne dabei zu sprechen. Damit machen Sie einen souveräneren Eindruck als durch ein hektisches Aneinanderreihen von Folien und Abbildungen mit dem Ziel, so viel wie möglich zu zeigen.

Stellen Sie immer das Publikum ins Zentrum Ihres Interesses und lassen Sie sich durch Medien nicht ablenken. Anderenfalls schaut man Ihnen bestenfalls bei Ihren Aktionen zu. Besonders wenn die Projektionsfläche (Wand oder Leinwand) hinter ihnen liegt, werden viele dazu verleitet, sich mit der Abbildung zu beschäftigen und sich zur Wand zu drehen. Dies kann kurzzeitig notwendig sein, um Sachverhalte zu erläutern; sorgen Sie jedoch dafür, sich wieder Ihrem Publikum zuzuwenden, während Sie sprechen, um seine Aufmerksamkeit zu behalten. Der Kontakt zwischen Vortragendem und Publikum hat immer Priorität, nur dann erreichen Sie die Wirkung, zu dem, worüber Sie sprechen, auch zu stehen.

Eine äußerst vorteilhafte Methode, Informationen visuell festzuhalten, bietet die Moderations- oder Stellwand (auch Pinnwand). Sie bietet sich immer dann an, wenn das Publikum überschaubar ist und zur Mitarbeit gefordert wird. Ein Vortrag wird lebendiger, wenn Sie eine eben genannte Information auf einer Karte anheften und die Karten grafisch übersichtlich und logisch anordnen. Alternativ lassen sich die erarbeiteten Stichpunkte an der Tafel oder am Flip-Chart festhalten. Beide Methoden fördern die gemeinsame Aktivität und bringen eine lebendige Gestaltung hervor. Sie eignen sich am besten für moderierte

Arbeitsbesprechungen und werden im strengen Sinne nicht einer Vortragssituation zugeordnet.
Letztlich sollte auch der Einsatz von Medien weniger einer Selbstinszenierung dienen als vielmehr der Vermittlung von Informationen und der Überzeugung Ihrer Zuhörer.

Überprüfen Sie vor einem Vortrag den Einsatz von Medien:

- Welche Ausstattung brauchen Sie oder wünschen Sie unbedingt? Steht diese zur Verfügung?
- Machen Sie sich mit den Gegebenheiten an Ort und Stelle vertraut. Sind Steckdosen in Reichweite, Verlängerungskabel, voll geladene Akkus vorhanden? Wo ist die Projektionsfläche und wo ist Ihre Position? Wo befindet sich der Computer oder Beamer? Hat das Publikum gute Sicht?
- Vergewissern Sie sich (vorher), wer Ihr Ansprechpartner in Bezug auf die (technische) Ausstattung ist und stellen Sie sicher, dass Sie mit Ihren Medien souverän umgehen können.
- Schalten Sie die Geräte so ein, dass sie zum benötigten Zeitpunkt zur Verfügung stehen.
- Tragen Sie von einem günstigen Platz aus vor. Die Projektionsfläche sollte seitlich hinter Ihnen liegen, Pinnwände oder Flip-Chart seitlich von Ihnen gut erreichbar sein, der Computer seitlich vor Ihnen.
- Benutzen Sie nur Medien, die für alle Zuhörer gut einsehbar sind! Setzen Sie Moderationskarten, Pinnwand und Flip-Chart nur ein, wenn das Publikum überschaubar ist.
- Überladen Sie Ihre Präsentation nicht mit einer ausgefeilten Technik.

Vortragsaufbau I: Gliederung, Einstieg und Schluss

Die Stärke des wissenschaftlichen Arbeitens liegt darin, Sachverhalte in einer übersichtlichen und logischen Struktur und Reihenfolge darzustellen. Experimentelle Studien laufen oft nach dem Schema „Voraussetzungen – Ist-Zustand – Soll-Zustand“, oder „Ausgangsposition – Fallstudie – Ergebnisse“ ab. Diese Struktur bietet, weil sie so geradlinig ist, genau das, was wir zur Übersichtlichkeit brauchen: ein Drei-Schritt-Modell, auf dem sich ein Vortrag sehr gut aufbauen lässt. Die wesentlichen Aussagen des Vortrags werden auf diese Weise gegliedert und machen seinen Hauptteil aus.

Fügen wir diesem Modell noch eine fesselnde Einleitung und einen markanten Schluss hinzu, erhalten wir das Muster des klassischen rhetorischen Fünfsatzes. Es dient als Grundgerüst für alle Vorträge oder Präsentationen. Je klarer Sie es vor Augen haben, desto transparenter wird die Gliederung auch für das Publikum.

Der Fünfsatz folgt dem klassischen Muster der Rhetorik, bei der wir uns des einfachsten denkbaren Hilfsmittels bedienen: der fünf Finger einer Hand. Jeweils ein Finger repräsentiert einen „Satz", der fünfte Finger logischerweise die Schlussfolgerung, manchmal auch Quintessenz genannt (von lat. *quinta essentia* „das fünfte Seiende"). Wieder einmal finden wir in dem Wort die eigentliche Bedeutung: Eine Essenz beschreibt die wesentlichen, wirksamen Bestandteile eines Stoffes, die Quinte ist das aus der Musik bekannte fünfte Intervall in Bezug zu einem erklingenden Grundton.

Weil die Einleitung im Verhältnis zum Hauptteil relativ wenig Raum einnimmt, wird ihr von Seiten des Redners leider oft zu wenig Bedeutung beigemessen, ebenso dem Schluss.

Damit die Zuhörer aufnahmebereit sind, müssen sie „abgeholt" werden. Mit der Schlussfolgerung und vor allem Schlussformulierung werden die Zuhörer „nach Hause geleitet". Dies klingt trivial, doch was steckt dahinter? Zu Beginn eines Vortrags ist die Aufnahmebereitschaft besonders groß, denn jeder Zuhörer ist neugierig zu erfahren, wer vor ihm steht und was ihn erwartet. Manche sind gedanklich noch mit etwas ganz anderem beschäftigt und müssen geradezu „geweckt" werden. Wie beim ersten Eindruck einer Begegnung wirken vielerlei Faktoren zusammen, die für Sympathie und Aufmerksamkeit sorgen. Eine gute Einleitung unterstützen Sie demnach durch ein positives nonverbales Auftreten.

Auf der Sachebene geht es um die Formulierung des Themas. Wenn es mit der Einleitung nicht gelingt, Interesse zu wecken, wird dies später sehr schwer, wenn nicht gar unmöglich. Einleitungen wie „Experimentelle Untersuchungen zum Einfluss verklausulierter Formulierungen auf die Rezeption bei reduzierter Aufmerksamkeit" klingen zwar wissenschaftlich, sind jedoch nicht hörergerecht. Entzerren Sie Informationen, so dass sie beim Hören ohne weitere Analyseschritte verstanden werden. Ein Beispiel: Frau B. beginnt ihren äußerst informativen Vortrag folgendermaßen: „Die Bedeutung und Auswirkung von Stress und die Aktivierung der Selbstheilungskräfte sind Gegenstand der Vitametik.“ Als zu lesende Überschrift gang und gäbe, müssen wir beim Hören stets fragen: Was erfahren wir? – Die Antwort liefert eine ganze Reihe von Informationen, die auch noch kausal zusammenhängen: Stress ist bedeutsam und wirkt sich im Körper aus. Dieser verfügt jedoch über Vitalkräfte, um sich gesund zu erhalten. Diese Vitalkräfte nutzt die Vitametik. Ihr Ziel ist die Verbesserung des Wohlbefindens. – Ob die Einleitung tatsächlich so formuliert werden sollte, hängt von der Zielgruppe und der gesamten Situation ab. Informationen, die eine nach der anderen genannt werden, erleichtern es dem Hörer, zu folgen.

Rhetorische oder auch tatsächlich an das Publikum gerichtete Fragen wirken als Einleitung immer interessant. Auch Formulierungen, die einer Schlagzeile oder einem Slogan ähnlich sind, erregen Aufmerksamkeit. Je weniger geläufig etwas ist, desto offensiver erscheint es uns. Wenn der offensiven Einleitung ein kompetenter Vortrag mit Interesse für die Sache und das Publikum folgt, ist Ihnen die Aufmerksamkeit garantiert.

Die Schlussformulierung soll die Zuhörer anregen, sich weiter mit der Thematik auseinanderzusetzen. Ein guter Schlusssatz repräsentiert noch einmal die Botschaft, die Hauptaussage Ihres Vortrags. Sie kann auch ein Appell oder eine richtungsweisende Forderung sein. Vor diesem Hintergrund verlieren auch kritische Fragen ihren Schrecken, denn sie sind ein Indiz dafür, dass Sie Resonanz erzeugt haben und die Zuhörer sich gedanklich mit der Sache beschäftigen. Drücken Sie Verbindlichkeit aus, indem Sie Ihre Zuhörer an sich und Ihr Thema binden. Ähnlich wie bei einer persönlichen Begegnung spielt die Beziehungsebene eine wichtige Rolle. Wenn Ihnen an einer Person etwas liegt, möchten Sie die gute Beziehung zu ihr aufrechterhalten.

Wie wichtig im Schlusssatz die Formulierung ist, soll folgendes Beispiel eines Seminarteilnehmers verdeutlichen: „Wir brauchen eine solide Finanzpolitik auf der Basis eines modernen Haushaltsrechts.“ Schlusssätze dieser Art hören wir nicht selten. Sowohl der Vortragende als auch die Zuhörer waren der Meinung, der Satz repräsentierte eine durchaus kernige Botschaft. Was das Zuhören und Verstehen jedoch erschwert, ist die Häufung von Substantiven. Erst wenn wir uns etwas vorstellen, ein Bild machen können, gelingt es uns, dem Gedankengang zu folgen und zu verstehen. Fragen Sie sich also: Was genau bedeutet eine solide Finanzpolitik? Wie muss diese aussehen? Welche Voraussetzungen müssen dafür geschaffen werden? Welchen Bedingungen unterliegt sie?, und weiter: Was ist ein modernes Haushaltsrecht? Wie sieht dies aus? Dies ist schließlich die Basis für die geforderte solide Finanzpolitik. Nur wenn diese Grundlagen, Zusammenhänge und das notwendige Fachwissen im Hauptteil des Vortrags vermittelt wurden, kann eine solche Schlussbotschaft wirkungsvoll sein. Leider finden wir bei so gestalteten Vorträgen aber meist eine ähnlich verdichtete Informationskette, die sich durch den gesamten Vortrag zieht. Lösen Sie deshalb Substantive auf und fragen Sie sich schon bei der Planung: Was ist der Gedanke, der dahinter steht?

Vergleichen Sie einmal folgende Einleitungs- und Schlusssätze miteinander, die alle realen Vorträgen entstammen, und wählen Sie die Variante aus, die Sie eher anspricht:

So:	Oder so:
Welches Kürzel trägt Ihr Unternehmen hinter dem Namen? GmbH, GbR, oHG? Gesellschaftsrecht – dazu erfahren Sie jetzt mehr.	Das Gesellschaftsrecht ist ein Bereich, der sich mit den juristisch relevanten Details der Rechtsform eines Unternehmens beschäftigt.
Holland ist für die meisten von uns ein Land, das wir nur im Urlaub kennenlernen: Radfahren, Segeln, Shopping. Ich habe noch ganz andere Seiten erfahren, denn ich habe dort studiert. Als Schlusssatz: Passen Sie nur auf, dass Sie bei dem hohen Freizeitwert das Arbeiten nicht vergessen.	Ich möchte Ihnen von meinem Forschungsaufenthalt berichten, den ich in Holland verbracht habe, in Leiden, das ist eine relativ kleine Stadt und nicht so bekannt, und warum es sich lohnt, einmal ins Ausland zu gehen. Als Schlusssatz: Vielleicht konnte ich ein wenig dazu beitragen, dass auch jemand von Ihnen sich für … interessiert.
Die Natur kennt keine Katastrophen, nur der Mensch kennt welche.	Lassen Sie mich kurz zusammenfassen: Wir müssen die Natur dabei unterstützen, dass sie sich selbst regulieren kann.

Insolvenzen verhindern – dieses Ziel kann jeder unterstützen.	Ich hoffe, ich konnte Ihnen ein wenig deutlich machen, dass es sich lohnt, über die zahlreichen Insolvenzanträge nachzudenken.
Gute Weine, Kaffee, Tee, Schokolade – was nutzen Ihnen hochwertige Produkte, wenn Sie sie nicht kaufen können? Die Verdienste der Welthandelsorganisation.	Ich möchte Ihnen heute etwas über die Welthandelsorganisation erzählen.

Mit dem offensiven Auftreten durch eine aussagekräftige Anfangs- und Schlussformulierung ist nicht gemeint, die Zuhörer „einzuwickeln“ oder manipulieren zu wollen. Überdimensioniertes Auftreten wird vom Publikum übel genommen, zu wenig Engagement mindert die Überzeugungskraft. So gesehen wirken Einleitung und Schluss wie ein psychologischer Rahmen, vergleichbar einem Bild, das erst dann optimal zur Geltung kommt, wenn ihm der passende Rahmen verliehen wird. Der Sache, die Sie vermitteln, verleihen Sie erst dann optimale Glaubwürdigkeit und Überzeugungskraft, wenn Ihre innere Beteiligung für die Zuhörer spürbar ist.

Was können Sie tun, um Ihren Vortrag übersichtlich zu machen?

- Setzen Sie Folien, Bildmaterial, Modelle, generell *visuelle Unterstützung* ein.
- Beziehen Sie Ihr Publikum durch *direktes Ansprechen* ein, z.B. „Sie alle kennen...“, „Wer von Ihnen hat nicht schon...“, oder ein eingestreutes, jedoch sehr wohldosiertes „meine Damen und Herren“.
- Richten Sie *Fragen* an das Publikum. Bereiten Sie sich auf mögliche Reaktionen gut vor. Fragen – auch rhetorische – schaffen immer Aufmerksamkeit und Transparenz.
- Schaffen Sie gliedernde *Einschnitte*, indem Sie etwas schriftlich an der Tafel (Flip-Chart) festhalten oder Moderationskarten anheften.
- Sorgen Sie mit Ihrem Auftritt für einen *angemessenen Rahmen* Ihres Vortrags. Beginnen Sie nicht im „Salto mortale“, sondern bedacht und ruhig und enden Sie souverän, indem Sie „zu Ihrem Wort stehen“.

Vortragsaufbau		
Einleitung		
15% der Redezeit	•	Stellen Sie eine positive Beziehung zum Publikum her
	•	Wecken Sie Aufmerksamkeit und Interesse
	•	Führen Sie in Ihr Thema ein
Hauptteil		
75% der Redezeit	•	Bearbeiten Sie Ihre Thematik zielgerichtet
	•	Informieren Sie Ihre Zuhörer
	•	Argumentieren Sie; Begründen Sie Ihre Behauptungen
Schluss		
10% der Redezeit	•	Fassen Sie zusammen
	•	Ziehen Sie Konsequenzen
	•	Richten Sie einen Appell an Ihre Zuhörer

Einleitung und Schluss machen zusammen etwa ein Viertel der Redezeit aus. Qualitativ ist der Stellenwert jedoch enorm. Mit der Einleitung geht es darum, ob wir Aufmerksamkeit schaffen, mit dem Schluss darum, ob wir unser Ziel erreichen.

Goldene Regeln für den Schlusssatz:

- Eine kernige Botschaft steht für sich; die wichtigste Aussage darf nicht in einem Nebensatz stehen. Bsp.: „Ich hoffe, ich konnte Ihnen deutlich machen, wie wichtig es ist, die neue Strategie zu verfolgen." Besser: „Nur die neue Strategie hat Zukunft." Oder: „Es hat sich gezeigt, dass wir die Physik brauchen, um schon in jungen Jahren ein besseres Verständnis der Welt zu bekommen." Besser: „Physik muss Schulfach bleiben."
- In der Schlussbotschaft darf keine Begründung nachgeschoben werden. Diese gehört in den Hauptteil. Bsp.: „Deshalb ist es wichtig, beim Sonnenbaden maßvoll zu sein, weil nachgewiesen werden konnte, dass die Hautkrankheiten durch die Sonneneinstrahlung deutlich zunehmen und immer jüngere Menschen von Dermatosen betroffen sind."
- Die Schlussbotschaft nicht durch Hauptwörter (Substantive) verdichten. Der Zuhörer muss die Information dann erst herausfiltern. Bsp.: „Die Zunahme des Abfallvolumens führt zu einer Verstärkung der Problematik bei der allgemeinen Entsorgung." Besser:

„Mehr Abfall heißt mehr Kosten." Oder: „Mehr Abfall schafft Probleme."

- Keine Partizipien und Partizipialkonstruktionen verwenden. Bsp.: *Zusammenfassend* lässt sich sagen, ..., *Bezugnehmend* auf die Fakten lässt sich ableiten, dass ..., Die *genannten* Ergebnisse dürften Grund genug sein, ..., Aus den *gehörten* Meinungen können wir schließen, dass...
- Keine Negation in der Schlussbotschaft. Bsp.: „Stimmen Sie dem Bau der Müllverbrennungsanlage *nicht* zu!" Besser: „Stimmen Sie gegen ..."
- Keine relativierenden Wörter und Wendungen in den Schlusssatz. Bsp.: *Ich hoffe..., vielleicht..., ein wenig..., kurz...*

Vortragsaufbau II: Argumentieren und Informieren

Das Wissen ist vorhanden, die Fakten „liegen auf dem Tisch", die Ergebnisse sind überzeugend – wie können wir aus diesem Material einen ansprechenden Vortrag entwickeln?

Mit jedem Vortrag verfolgen wir ein Anliegen. Indem wir so viel Material oder Ergebnisse vorliegen haben, geht dieses aber oft verloren. Es stellt jedoch Ihre Kernaussage dar, die Sie begründen und mit Argumenten untermauern. Fragen Sie sich deshalb bei jeder Vorbereitung: Was will ich erreichen?, Was versprechen wir uns von …? Oder, besser, am Publikum orientiert: Welchen Nutzen bietet Ihnen …?, Welche Vorteile oder Verbesserungen bringt …? Je besser Sie eine solche Frage – zunächst für sich selbst – beantworten können, desto leichter werden Sie einen roten Faden entwickeln und zu einer Kernaussage führen können. Ob Sie diese als Schlusssatz genau so verbalisieren, hängt vom Publikum und der Situation ab. Manchmal ist es sogar möglich, die Kernaussage schon in der Einleitung zu präsentieren, z.B. „Sonnenbaden – Segen oder Schaden?" Im Schlusssatz könnte sie so wieder aufgegriffen und beantwortet werden, z.B. „Sonnenbaden – wohldosiert ein Segen, im Übermaß schädlich." Hier ist es eine Frage der Dramaturgie, wie viel Sie in der Einleitung bereits preisgeben oder erst im Verlauf des Vortrags entwickeln wollen.

Ist es im Verkauf noch relativ einfach, ein Ziel zu benennen (z.B. im Sinne von „Die Kunden sollen unser Produkt kaufen“ oder „Ich will den Kunden von der Qualität unserer Produkte überzeugen.“), fällt dies in der Wissenschaft oft nicht leicht. Wenn Sie jedoch überlegen, was Sie herausfinden wollen und was Sie persönlich an Ihren Forschungsarbeiten interessiert, werden Sie vermutlich schnell auf Ihr Ziel stoßen. Es ist hilfreich, wenn Sie die Kernaussage für sich beginnen mit „und deshalb: ...“, z.B. „Deshalb brauchen wir ...“, Deshalb fordere ich Sie auf, ...“, „Deshalb stimmen auch Sie für ...“. Dies erleichtert die Hinführung der Argumentation zu Ihrem Ziel. Um die Kernaussage zu begründen, rufen Sie sich die Vorstellung der Schlussfolgerung, der Quintessenz in Erinnerung. Stellen Sie sich dann selbst die schlichte Frage „Warum bin ich dieser Überzeugung, halte ich dies für wichtig, müssen wir dieser Frage nachgehen, soll das Publikum dies unterstützen?“ (s. Grafik S. 58)
Unabhängig davon, ob ein Vortrag für Sie mehr Überzeugungs- oder reinen Informationscharakter hat, bleibt das Grundgerüst der rhetorische Fünfsatz. Den ersten Satz benötigen wir für die Einleitung, den fünften für den Schlusssatz, so dass für den Hauptteil idealtypisch drei Schritte bleiben, die Sie je nach Sachverhalt entsprechend benennen (s. Grafik). Mit Informationen geben wir Wissen weiter, das den Hörer in seiner Handlungs- oder Entscheidungskompetenz unterstützt. Informationen haben daher einen Wert und eine Bedeutung für den Hörer, und wir selbst eine Verantwortung beim Vortrag. Je mehr Informationen für den Hörer von Bedeutung sind, desto größer ist seine Bereitschaft, uns zu vertrauen. Auch Informationen müssen daher mit der nötigen Sicherheit, Glaubwürdigkeit und Überzeugungskraft vorgetragen werden. Nicht selten wollen wir im Vortrag mit unseren Informationen auch Interesse wecken, überzeugen und eine bestimmte Handlung beim Zuhörer herausfordern. Die Grenzen zur Überzeugung sind fließend.

Gliederungsvarianten für Informations- und Fachvorträge

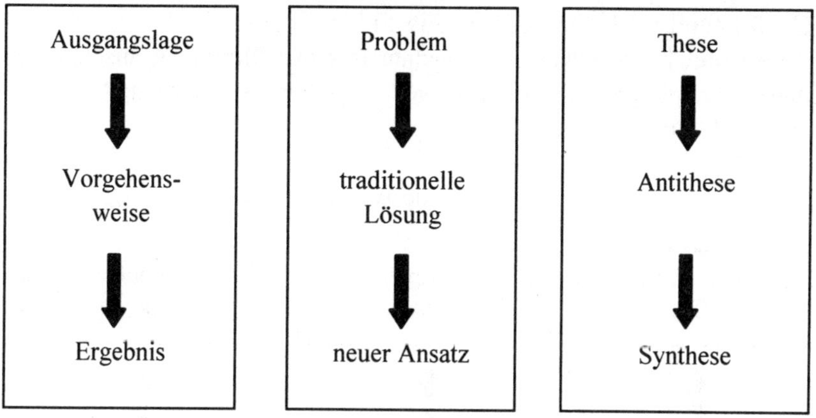

Je mehr wir überzeugen wollen, desto mehr müssen wir argumentieren. Streng genommen geht es bei der Argumentation um eine „Streitfrage“. Der eigene Standpunkt muss stichhaltig, glaubwürdig und beweiskräftig vorgetragen sein, die Zuhörer sollen zum Handeln bewegt werden. Wir geben nicht nur Wissen weiter, sondern fordern beim Hörer die Bereitschaft, seine Meinung, Einstellung oder sein Verhalten zu verändern.
Bei einer Überzeugungsrede beantworten Sie die Frage „Warum?“ idealtypisch mit 1. weil ..., 2. weil ..., 3. weil ... (s. Grafik S. 58). Für die Zuhörer hilfreich ist die transparente Gliederung, indem Sie dies verbalisieren und auch mit der Geste des Aufzählens unterstützen, z.B. als erstes, zweitens, als drittes und wichtigstes Argument...
Wie können Sie einer These oder Behauptung soviel Gewicht verleihen, dass sie auch tatsächlich zum Argument wird und Überzeugungskraft erhält? Es gibt – wiederum idealtypisch – drei wesentliche Säulen, auf denen sich die Argumentation aufbauen lässt.
1. Zahlen, Daten, Fakten. Sie bieten sich wie keine andere Strategie an, um Sachverhalte beweiskräftig zu vermitteln. Sie liefern überprüfbares Material, das Zustimmung verlangt oder, wenn es widerlegt werden soll, gegenteilige Zahlen und Quellen braucht.

2. Eigene Erfahrung. Sie hat außerordentliche Überzeugungskraft, weil der Zuhörer sich immer bis zu einem gewissen Grad mit dem Gehörten oder mit dem Redner selbst identifiziert.
3. Beispiele, Vergleiche: Sie machen Ihre Ausführungen anschaulich und wirken daher wie Bilder, die vor Augen geführt werden. Anschaulich heißt zum Anschauen.

Bausteine für die Argumentation

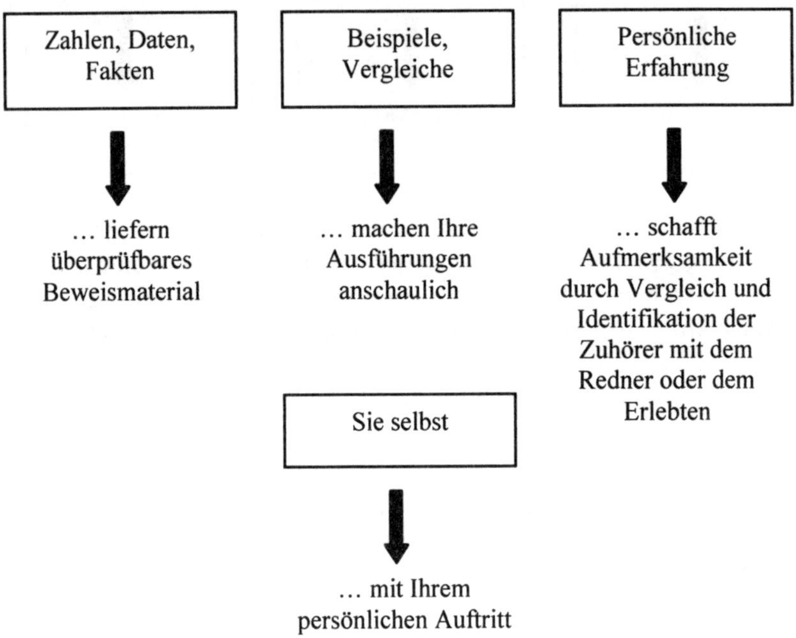

Häufig vermischen sich die Möglichkeiten, zu argumentieren, d.h. ein Beispiel kann zugleich eigene Erfahrung sein, Zahlen und Fakten können beispielhaft für etwas stehen. Stellen Sie auf jeden Fall sicher, dass Ihre Zahlen zuverlässig und nachweisbar sind, um sich bei Fragen darauf stützen zu können. Scheuen Sie sich nicht, auf Ihre persönliche Erfahrung als Argument zurückzugreifen, auch wenn Sie die Überzeugungskraft mangels ihrer Tragfähigkeit oder Allgemeingültigkeit vielleicht anzweifeln. Die Wirkungskraft der persönlichen Erfahrung liegt darin, betroffen zu machen. Die Identifikation mit dem Gehörten, Zustimmung oder Distanzierung werden herausgefordert. Erwähnen Sie als Redner nicht uneingeschränkt alles, was Sie wissen, und erwarten Sie nicht, dass der Hörer dies vollständig und uneingeschränkt behält. Treffen Sie eine kluge und angemessene Auswahl Ihrer Fakten und Argumente. Je mehr Sie bringen, desto weniger Gewicht hat jedes einzelne Argument. Würden Sie nur eines verwenden, fehlte ein stabiles Fundament und jedes Gegenargument würde Sie sofort aushebeln. Das stärkste Argument steht im Normalfall als letztes in der Reihenfolge. Betrachten Sie den rhetorischen Fünfsatz immer als Grundgerüst. Je mehr Übung Sie darin haben, desto leichter können Sie auch einmal zu einer besonderen Taktik greifen und beispielsweise ein Argument vorweg nehmen („Nun werden Sie vielleicht denken...", „Sie werden mir sicher widersprechen, aber..."). Es ist strategisch ratsam, sich ein bis zwei Argumente „aufzubewahren", auf die Sie bei Einwänden, einer Zwischenfrage oder in der anschliessenden Diskussion zurückgreifen können. Damit unterstreichen Sie Ihre Fachkompetenz und beweisen Ihre Professionalität.

Die Vorbereitung verläuft umgekehrt zum Vortragsablauf. Machen Sie sich als erstes Ihre Kernaussage klar und bauen Sie darauf Ihre Argumentation auf. Überlegen Sie nun, vor welchem Publikum Sie vortragen. Treten Sie fordernder oder provokativer auf, wenn es um Appelle, Aufforderung, Zustimmung geht. Treten Sie moderater auf, wenn Sie wissen, dass das Publikum für das Thema erst sensibilisiert werden muss.

Im Anhang finden sich zwei Beispiele für den idealtypischen Vortragsaufbau nach dem rhetorischen Fünfsatz mit Möglichkeiten zur Manuskriptgestaltung.

Argumentation bei Planung und Ablauf der Rede

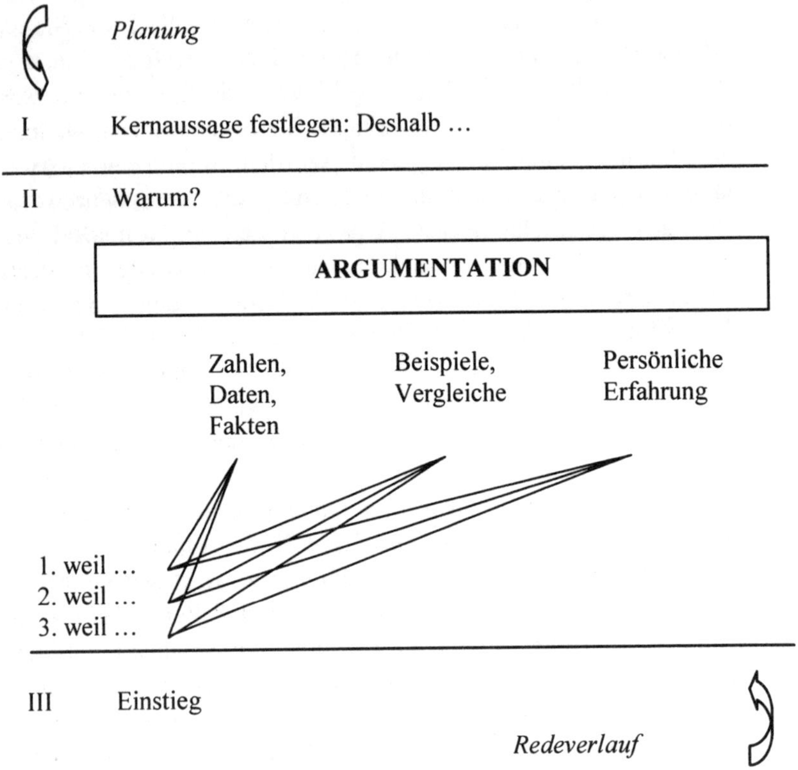

Was Sie generell für einen überzeugenden Vortrag beachten sollten:

- Berücksichtigen Sie die Einmaligkeit Ihres Vortrags. Die Zuhörer müssen das Gefühl haben, dass Sie sich mit dem Vortrag speziell an sie richten und ihn nicht schon mehrmals in dieser Form gehalten haben, sonst könnten sie sich nicht ausreichend wertgeschätzt fühlen.
- Sorgen Sie für eine transparente Gliederung, indem Sie neue Abschnitte explizit ankündigen, z.B. „A – damit beschäftigen wir uns als nächstes“. Sehr günstig ist die Ankündigung in Form einer Frage an das Publikum, z.B. „Was glauben Sie, wurden für Ergebnisse erzielt?“, „Wer von Ihnen würde sich für A entschei-

den?". Alternativ und ebenso vorteilhaft sind rhetorische Fragen: „Was verbirgt sich hinter ...?", „Was hat A mit B zu tun?"

- Wenn Sie mit Medien arbeiten, räumen Sie genügend Zeit dafür ein. Reden Sie nicht beim Wechsel von Vorlagen. Das Publikum verfolgt sonst zwangsläufig Ihre Handlungen und hat weniger Aufmerksamkeit für das, was Sie sagen, zur Verfügung.
- Vermeiden Sie unpersönliche Formulierungen und passivische Ausdrücke, z.B. „Es soll gezeigt werden,...", „... als Schlussfolgerung kann angenommen werden, ..." Besser: „Wir haben herausgefunden, ...", oder publikumsorientiert z.B. „Sie erfahren, was A mit B zu tun hat." Oder „Die Antwort wird Sie überraschen: A hat nichts mit B zu tun."

Kurze Sätze

Schon bei der Einleitung und der Schlussbotschaft haben wir den Unterschied zwischen einfachen und komplexen Formulierungen gesehen. Wodurch sind lange Sätze gekennzeichnet und welche Wirkung haben Sie auf den Hörer?

- Lange Sätze enthalten viele Informationen. Der Hörer muss diese erst herausfiltern und braucht Aufmerksamkeit und Konzentration, um die Zusammenhänge zu erfassen.
- Lange Sätze enthalten viele Substantive. Diese haben viel Aussagekraft und stehen in einem Zusammenhang zu dem übrigen Gesagten. Dies muss vom Hörer erst verarbeitet werden. Substantivierungen lassen sich fast immer durch ein Verb ersetzen – aus dem sie ja entstanden sind, und die Information entzerren.
- Lange Sätze bestehen aus mehreren Teilen, d.h. ein Hauptsatz und oft mindestens ein Nebensatz. Die Aussage nur hörend zu verstehen ist schwer, denn die Bezüge aufeinander müssen hergestellt werden. Beim Hören langer Sätze wird oft schon der Anfang nicht behalten.
- Lange Sätze werden oft unbewusst produziert, indem zwei oder mehr Hauptsätze, die ohne weiteres für sich stehen könnten, durch das Wort „und" miteinander verbunden werden. Besser ist es, jeden Hauptsatz für sich stehen zu lassen, d.h. eine Information als

ganzen Satz abzuschließen und die nächste Information in einem neuen Satz zu bringen.

- Lange Sätze verleiten zu einem gleichförmigen Sprechrhythmus und immer gleichem Betonungsmuster, das für eine gleichförmige Sprechmelodie sorgt (Monotonie). Dies ermüdet auf die Dauer.

Der erste Schritt, fürs Hören verständlich zu sprechen, geht vom Begriff oder Stichwort aus. Formulieren Sie einen Gedanken als Aussage. Verpacken Sie nicht zwei Gedanken in Ihren Satz. Viele Redner berichten, häufig in Gedanken schon viel weiter zu sein als da, wo sie gerade sprechen. Der Gedankengang wird komplizierter, die Wahrscheinlichkeit, sich zu verhaspeln, größer. Bleiben Sie daher zunächst bei Ihrem aktuellen Gedanken oder Bild. Je präziser Sie dies vor Augen haben, desto leichter machen Sie es dem Hörer, sich etwas konkret vorzustellen. In der Wirkung ist dies einer Schlagzeile ähnlich, die wegen ihrer Kürze aber auch behalten wird. Der Unterschied zur Schlagzeile liegt darin, dass eine Aussage ein Verb enthält. In der Schlagzeile kann ein Verb (oder andere Satzglieder, die normalerweise den Satz konstituieren) auch fehlen, z.B. „Trainer in Rage" vs. „Spielabbruch – der Trainer gerät in Rage" oder „Döner statt Mensa" vs. „Döner von Studenten mehr geschätzt als Mensa-Essen". Kurze, markante Sätze zu formulieren, empfinden Wissenschaftler als zu direkt, prätentiös oder aufgesetzt. Überschaubare Sätze erleichtern aber nicht nur das Zuhören, sondern machen es auch dem Sprecher leichter, zu argumentieren.

Der Vortrag einer Seminarteilnehmerin begann zunächst so: „Ich habe mich entschlossen, Management zu studieren, und zwar kann man das an der Universität in … machen, und das Studium dauert x Semester und läuft berufsbegleitend, und das Studium gliedert sich in die Abschnitte A und B, und der Ablauf ist so, dass man …" Die Wirkung veränderte sich grundlegend mit überschaubaren Sätzen: „Ich habe mich entschlossen, …-Management zu studieren. Dies ist ein x-semestriges, berufsbegleitendes Studium an der Universität … Wie in den meisten Fernstudiengängen gibt es den Abschnitt A, der durch … gekennzeichnet ist, sowie den Abschnitt B. Der Ablauf sieht folgendermaßen aus:… Leider ist der Spaß nicht ganz preiswert, aber für mich lohnt sich die Investition."

Wer ein solches Vorgehen nicht gewohnt ist, wird vielleicht den Eindruck haben, mit der Tür ins Haus zu fallen. Es ist jedoch noch ein großer Schritt vom Formulieren eigener Gedanken in überschaubaren Sätzen bis zum Produzieren von Schlagzeilen, die wie Sprechblasen hervorquellen.
Mit transparenter Information begleiten Sie den Hörer durch Ihre Gedankenkette und schaffen Verständigung. Wer verstanden hat, worüber Sie sprechen, hat auch die Möglichkeit, zu widersprechen. Wer Sie verstanden hat, ist vielleicht aber auch geneigt und bereit, Ihnen zuzustimmen, jedoch nicht, weil er überredet wurde, sondern sich überzeugt fühlt. Transparent bedeutet durchscheinend, und damit ist etwas sehen gemeint. Das englische „I see" als verstehende, zustimmende Antwort zeigt diesen Zusammenhang. Durch das Verstehen wird der Hörer am Sinn dessen beteiligt, worüber Sie sprechen.
Es versteht sich von selbst, dass ein Vortrag, der im Schlagzeilen-Stil gehalten wird, nicht als Ideal gelten kann. Der Sprechrhythmus erfordert unterschiedlich lange Sequenzen bis zu einer gliedernden Pause. Eine ständige, syntaktisch gleich konstruierte Abfolge im Sinne von „Hauptsatz. Hauptsatz. Hauptsatz." würde ein ebenso gleichförmig monotones Muster erzeugen wie zu lange Sätze und die Aufmerksamkeit beim Hören ebenfalls erschweren.

Kurz, witzig und zitierfähig
Eine angesehene und beliebte Politikerin auf Bundesebene wurde in einem Interview gefragt, wie sie ihre Reden gestalte, damit die Menschen auch zuhörten, schließlich spräche sie für das Ohr der Öffentlichkeit. Sie antwortete, ihre Sätze müssten kurz, witzig und zitierfähig sein. Aufmerksamkeit und Empathie könne sie nur erreichen, wenn sie ihrem Auditorium auch die Gelegenheit gebe, das Gehörte aufzunehmen. Die Leute müssten klatschen und lachen können. Kurze Sätze haben eher Nachrichtenwert als lange, komplizierte. In dieser Antwort spiegelt sich die Wahrnehmungsfähigkeit der Hörer. Sie sind dankbar, wenn sie Botschaften auf Anhieb verstehen.

Zeitplanung

Überprüfen Sie einmal, welche der folgenden Äußerungen Sie vor oder während eines Vortrags schon gehört haben oder selbst benutzen:

- Mein Stoff ist so umfangreich und komplex, das kann ich nicht kurz zusammenfassen.
- In der Kürze der Zeit kann ich das leider nicht mehr bringen.
- Aus Zeitgründen stelle ich ... zurück/beschränke ich mich auf...
- Leider ist meine Vortragszeit schon fast abgelaufen.
- Ich hätte Ihnen gerne noch ... dargestellt, aber in der vorgegebenen Zeit ist mir dies nicht möglich.

Was wissenschaftlich sein soll, braucht seine Zeit. Diese Überzeugung rührt daher, dass Forschungsergebnisse fundierte und manchmal langwierige Untersuchungen erfordern. In Wirtschaft und Industrie scheint genau der umgekehrte Fall üblich zu sein: Entscheidungen müssen so schnell getroffen, Ergebnisse so umgehend vorgestellt, Zahlen und Konzepte so schnell vorgelegt werden, dass viele frustriert sind, bevor sie einen Vortrag überhaupt richtig in Angriff nehmen können. In kürzester Zeit ist es kaum möglich, brauchbare Recherchen zu machen, Konzepte zu überdenken und dabei noch Zeit für die Struktur des Vortrags oder gar Formulierungen einzuräumen.
Können Sie sich vorstellen, in einer Nachrichtensendung würde am Ende gesagt: „Leider konnten wir Ihnen aus Zeitgründen nicht alles mitteilen." Wohl kaum. Es gilt also, das auszuwählen, wovon wir annehmen, dass es besonders einprägsam und überzeugend sei. Niemand kennt Ihr Konzept. Allein dieser Umstand erlaubt Ihnen eine gewisse Spontaneität im Vortrag. Wenn Sie Ihre Zuhörer mit einer Fülle von Informationen überhäufen, besonders viel unterbringen wollen und vielleicht auch noch schnell sprechen, weil Sie ja wenig Zeit haben, werden Sie sie mit Sicherheit überfordern.
Nach meiner Beobachtung sind es immer zwei Argumente, die Redner zu der Überzeugung bringen, zu wenig Zeit zur Verfügung zu haben: 1. Der Stoff sei zu umfangreich, 2. Der Stoff sei zu komplex, um ihn in kurzer Zeit zu vermitteln.
Vielen Rednern fällt es schwer, bei der Vorbereitung ihren Vortrag auf die gewünschte Zeit zu komprimieren. Das Problem scheint im Weglassen zu liegen. Warum aber ist das so? Etwas wegzulassen bedeutet, die Fülle des Wissens und des zur Verfügung stehenden Materials zu beschneiden. Einerseits ist es aufwendig, andererseits kostet es Mühe und Überwindung, das Erarbeitete zu reduzieren und sich auf das Wesentliche zu beschränken.

Die inhaltliche Planung zusammen mit der zur Verfügung stehenden Zeit steht in engem Zusammenhang mit der Wahrnehmung und Merkfähigkeit der Hörer. Informationen, die wir ausschließlich hörend aufnehmen, nehmen wir teilweise gar nicht wahr, einen Teil vergessen wir sofort und wiederum einen Teil vergessen wir nach einem kurzen Zeitraum. Informationen, die wir auch sehen, oder Dinge, über die wir selbst sprechen oder sogar ausführen, können wir uns dagegen erheblich leichter merken.

Soviel behalten wir

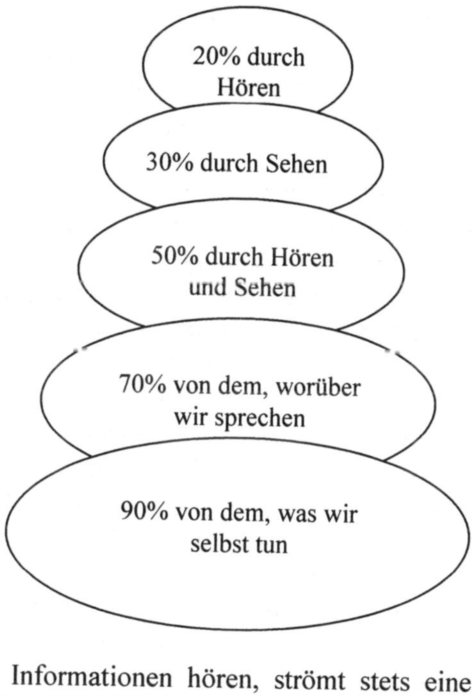

Während wir Informationen hören, strömt stets eine Fülle anderer Eindrücke auf uns ein, die nichts mit dem Gehörten zu tun haben. All dies verarbeiten wir blitzschnell und entscheiden unbewusst, ob es für uns momentan wichtig oder unwichtig ist.
Um die Zeit während des Vortrags richtig einzuschätzen, gibt es zwei Möglichkeiten: 1. Üben Sie vorher und kontrollieren Sie, wie viel Zeit Sie brauchen. Kalkulieren Sie großzügig, indem Sie – je nach Ge-

samtdauer des Vortrags – etwa eine bis drei Minuten hinzuzählen. Bemessen Sie die Zeitspanne bei längeren Vorträgen (45 bis 60 Minuten) noch großzügiger, etwa fünf bis zehn Minuten. Üben Sie ruhig ein zweites und drittes Mal. Lassen Sie sich nicht irritieren, wenn Ihre Formulierungen dann anders ausfallen, denn dies ist Bestandteil des freien Sprechens. Je sicherer Sie bei der Vorbereitung werden, desto flexibler können Sie im Vortrag selbst reagieren. 2. Setzen Sie Ihre Stichwortkarten flexibel ein. Wenn Sie bemerken, dass Ihnen die Zeit knapp wird (z.B. weil Sie eine Zwischenfrage beantwortet haben), überspringen Sie einen Unterstichpunkt, evtl. auch eine dazugehörige Vorlage. Es ist keine Schande, dies im Sinne eines besseren Verständnisses für das Publikum zu tun. Kommentieren Sie dies nicht (z.B. „X lasse ich jetzt weg, das würde zuviel."), sonst fühlen sich die Zuhörer leicht um eine Information betrogen. Sorgen Sie grundsätzlich dafür, dass Sie eine Uhr im Blickfeld haben, auf der Sie unauffällig die Zeit ablesen können.

Viele Redner haben große Bedenken, Informationen wegzulassen, die ihrem Publikum dann ja vorenthalten werden. Hierzu gelten zwei Regeln: 1. Zu kurz ist besser als zu lang. Die meisten Zuhörer sind dankbar, wenn ein Vortrag kürzer ausfällt als angekündigt und ihnen eine unverhoffte Verschnaufpause zur Verfügung steht. Da sie nicht wissen, was sie noch hätten erfahren können, stört sie dies auch nicht. 2. Wer etwas genauer wissen will, fragt. Was Sie vermeintlich zu kurz, nicht ausführlich genug oder nicht wissenschaftlich abgehandelt haben, steht im Dienste eines besseren Verständnisses. Darauf können Sie bei Nachfragen verweisen. Wenn sich jemand stärker dafür interessiert, können Sie im Anschluss an den Vortrag immer noch Hintergründe aufzeigen und Details zu Ihrem Vorgehen anbringen.

Was die absolute Dauer eines Vortrags angeht, gilt: Ist die Zeit strikt vorgegeben und wird Diskussionszeit eingeräumt, halten Sie sich an diese Vorgaben und üben dies bei der Vorbereitung. Generell gilt, je länger ein Vortrag, desto weniger können Sie ihn im Detail planen. Deshalb brauchen Sie für einen zehnminütigen Vortrag relativ gesehen mehr Vorbereitungszeit als für einen sechzigminütigen; schließlich kann in einem längeren Zeitraum mehr Unvorhergesehenes passieren als in einem kürzeren. Rechnen Sie bei einem längeren Vortrag auch mit Interaktion mit dem Publikum und stellen Sie sich gedanklich auch auf einen anderen Verlauf ein.

Zeiteinteilung bei Einstieg und Schluss
Sprechen Sie einmal eine Begrüßungsformel, z.B. „Guten Tag, meine Damen und Herren“ und zählen danach laut drei Sekunden, am besten „einundzwanzig, zweiundzwanzig, dreiundzwanzig“. Diesen Zeitraum können Sie sich gestatten, bevor Sie mit dem Vortrag fortfahren. Lassen Sie ebenso viel Zeit nach dem Schlusssatz verstreichen, ehe Sie sich von Ihrem Platz vor dem Publikum wegbewegen. Dies erfordert Übung. Gerade die Zeit, in der wir nicht reden, erscheint uns besonders lang, weil wir Erwartungsdruck empfinden.

3.3 Körpersprache und Nonverbales

Körpersprache verstehen wir als nonverbale Ausdrucksform, die für andere wahrnehmbar ist und zum Teil unbewusst nach außen dringt. Dass der Körper ebenfalls eine Sprache spricht, die etwas mitteilt, ist unbestritten, und wir sind als Zuhörer äußerst sensibel dafür, ob dies mit dem, was jemand sagt, kongruent ist. Dieser Zusammenhang läßt vermuten: Wenn Sprache und Körpersprache stimmig sind, haben wir wenig Mühe, uns verständlich zu machen. Wie wir agieren, ist für das Sprechen offenbar unterstützend, eine aktive Körpersprache also wünschenswert.

> „In dir muss brennen, was du in anderen entzünden willst.“
> (Augustinus, Kirchenlehrer, 4. Jh. n. Chr.)

Was in unserem Inneren „brennt“, dafür engagieren wir uns und sind begeistert. Diese Begeisterung ist weniger in unseren Worten zu finden, sondern sie steckt vielmehr in der Art, wie wir eine Sache zum Ausdruck bringen. Dazu gehören die Körperhaltung, Mimik, Gestik, der Blickkontakt und sicherlich auch der Stimmklang. Wie oft hören wir den Ausspruch, „es schwang Begeisterung in seiner Stimme mit“. Die äußere Erscheinung und das gesamte Auftreten tragen schließlich dazu bei, ob Vortragsinhalte unterstützt oder in ihrer Wirkung gemindert werden.

Der viel beschworene erste Eindruck kommt auch bei einem Vortrag zur Geltung. Als Zuhörer wissen wir oft schon in der ersten Minute, ob wir bereit sind, dem Redner „unser Ohr zu schenken".

Lampenfieber

Über 90% meiner Seminarteilnehmer nennen Lampenfieber als einen der Hauptgründe, die sie dazu bewegen, sich mit dem Thema „Vortragen" aktiv auseinanderzusetzen. Der eigene Anspruch, „damit ja wohl fertig zu werden", steht leider in paradoxem Widerspruch zu der empfundenen Stärke des Lampenfiebers.
Jede Sprechsituation, der wir viel Bedeutung beimessen, lässt uns schon im Vorfeld fiebern, als stünden wir auf einer Theaterbühne mit wärmenden Lampen oder auf uns gerichteten Scheinwerfern. Tatsächlich stehen wir für kurze Zeit im Rampenlicht, wenn auch nicht unbedingt im wörtlichen Sinne. Dies macht die Sache zwar nicht einfacher, aber verständlicher: Wir sitzen nicht mehr gemeinsam mit den anderen „in einem Boot", sondern stehen außen vor und sind in gewisser Weise isoliert. Wenn wir dabei den anderen zugewandt sind, stehen wir frontal gegenüber und „bieten ihnen die Stirn". Es fehlt der Schutz und Rückhalt durch die Gruppe, in der wir bis dahin waren.
Die folgenden Beispiele zeigen verschiedene Situationen, die bei den betroffenen Personen erhebliches Lampenfieber auslösten.

Bsp. 1: Frau O. steht eine Präsentation künstlerischer Arbeiten vor Fachpublikum bevor. Als Kunsthistorikerin ist sie sehr kompetent, kennt die Künstler und kann deren Werke erläutern und beschreiben. Die Art der Präsentation ist ihr vertraut und sie kennt viele der Anwesenden, wenngleich auch Kritiker und Fachleute aus den Medien darunter sind. Trotzdem ist ihre Angst, zu versagen, unermesslich. Sie glaubt, was sie sagen wolle, sei unbedeutend. Sie fürchtet, nicht gut genug vorbereitet zu sein und den Faden zu verlieren. Aus Furcht, eine schlechte Figur zu machen, lernt sie ihr Manuskript auswendig. Bei ihrem Auftritt spult sie die Inhalte nur mechanisch ab und nimmt in Kauf, dass etwas von ihrer Überzeugungskraft und natürlichen Ausstrahlung verloren geht.

Bsp. 2: Frau S. ist als Beraterin tätig und präsentiert ihre Tätigkeitsfelder vor der Personalleitung von Unternehmen. Sie empfindet jedes Mal starkes Lampenfieber. Die Hände werden schweißnass, die Knie zittern, der Mund wird trocken, sie hat das Gefühl, es stecke ihr ein Kloß im Hals und bekommt schließlich kein Wort mehr heraus. Zum Glück hat sie ein Glas bereitgestellt und kann etwas Wasser trinken. Hastig beendet sie ihre Präsentation und ist erleichtert, die Situation hinter sich gebracht zu haben. Zufrieden ist sie aber nicht, denn sie fühlt sich in ihrer Souveränität, mit der Situation kompetent umgehen zu können, stark beeinträchtigt.

Die Beispiele mögen extrem erscheinen, aber wer hat nicht schon schlaflose Nächte verbracht aus Furcht, eine Begegnung nicht unbeschadet zu überstehen?

Ursachen und Auswirkungen von Lampenfieber lassen sich differenzieren:
1. Gedanken- und Gefühlsebene: In Gedanken stellen wir uns ein Szenario vor, das passieren könnte, z.B. den Faden zu verlieren, eine Frage nicht beantworten zu können, etc., so dass uns die an sich harmlose Sprechsituation plötzlich äußerst bedrohlich erscheint.
2. Körperwahrnehmung: Nachdem wir die bevorstehende Situation als bedrohlich bewertet haben, nehmen wir individuelle körperliche Reaktionen wahr, z.B. Schweißausbrüche, trockener Mund, wacklige Knie. Auf diese Weise spüren wir, dass der Körper Energien bereitstellt, ums Überleben zu kämpfen – wie vormals beim Neandertaler. Tatsächlich haben wir so viel mehr Energie zur Verfügung, als wir für die Redesituation brauchen und sind damit beschäftigt, diese Energie im wahrsten Sinne des Wortes irgendwo unterzubringen. Manche machen fahrige Bewegungen oder treten von einem Fuß auf den anderen, weil sich eine übertriebene Motorik einstellt.
3. Verhaltensebene: Um die spannungsgeladene Situation zu überstehen, können wir flüchten oder „angreifen“, die Flucht nach vorne ergreifen. Für beide Reaktionen brauchen wir das enorme Energiepotential, das sich aufgebaut hat, und zwar in beiden Fällen in Form einer optimalen Beweglichkeit der Gliedmaßen.

Aus der Situation heraus verständlich, reagiert der Körper, indem er Energien für eine außerordentliche Leistung zur Verfügung stellt. Die Energie erleben wir zunächst motorisch. Hektische Bewegungen hat jeder schon erlebt. Daneben gibt es das vollkommen passive „Erstarren“, das in minimalste Bewegungen und leises Sprechen mündet. Auch ein „Blackout“, eine Blockade der Gedanken, die sonst problemlos abrufbar wären, hat hier seine Ursache.
Um Lampenfieber nicht dominieren zu lassen, ist es elementar, die Aufmerksamkeit auf sich selbst zu richten und „bei der Sache“ zu

bleiben. Was bedeutet dies? Wir kennen alle den Ausdruck „jemand ist außer sich“. Durch die Aufmerksamkeit sich selbst gegenüber bleiben Sie „bei sich“. Richten Sie Ihre Wahrnehmung auf die körperliche Präsenz. Konzentrieren Sie sich auf einen festen Stand auf beiden Füßen. Alle Übungen, die die körperliche Präsenz ins Bewusstsein holen, sind wirkungsvoll, um Lampenfieber zu begegnen, sie verlangen jedoch etwas Übung, um sie in der Situation abrufen zu können. Besonders empfehlenswert ist die progressive Muskelentspannung nach Jacobson, die sich die im Körper vorhandene muskuläre Anspannung zunutze macht, um sie dann gezielt zu lösen. Einzelne Muskelpartien werden angespannt, die Spannung über einige Sekunden gehalten und dann wieder entspannt. Mit der Entspannung atmen wir automatisch aus und die Atmung und damit die Sauerstoffversorgung kommt in einen natürlichen Rhythmus. Das mit zuviel Spannung einhergehende Atemanhalten und die unerwünschte Denkblockade werden dadurch verhindert.
Auf der Gedankenebene gilt es, rational zu bleiben und das Ausmaß der vermeintlichen Bedrohung realistisch einzuschätzen. Die Verhaltensebene bietet mit guter Vorbereitung die notwendigen Mittel, die Sicherheit verleihen. Im Anhang gibt eine persönliche Checkliste weitere Hinweise, mit Lampenfieber umzugehen.
Lampenfieber hat auch eine positive Kehrseite. Unmittelbar vor dem Auftritt ist es meist am größten und nach dem Einstieg oft schon vorbei. Für die wichtigste Phase haben Sie also die meiste Energie. Viele laufen nur durch eine gewisse Anspannung zu Hochform auf. Fehlt Lampenfieber in einer bedeutsamen Situation, empfinden wir zu wenig Ansporn, fühlen uns „schlapp“ und haben Sorge, als desinteressiert oder inkompetent angesehen zu werden. Letztlich zeigt Ihre Nervosität auch Ihre Wertschätzung des Publikums. Wer und was Ihnen wichtig ist, nehmen Sie ernst. Von den meisten Zuhörern wird es daher positiv betrachtet.

Mimik und Gestik

„Was machst du denn für ein Gesicht?“ Sicherlich haben Sie diese Frage im Bekanntenkreis schon einmal gehört. An der Mimik können

wir oft erstaunlich gut ablesen, wie jemand gestimmt ist. Ein Gesichtsausdruck kann entspannt, besorgt, amüsiert, angestrengt sein und beim Gegenüber entsprechende Empfindungen auslösen.
Indem wir über etwas sprechen, teilen wir auch unsere Meinung und Einstellung dazu mit. Wenn wir von etwas berichten, was wir auch erlebt haben, sind wir besonders stark involviert. Dies hängt damit zusammen, dass wir vor unserem inneren Auge die Situation lebendig vor uns sehen. Diese innere Anteilnahme spiegelt sich in unserer Mimik und Gestik wider. Gefühle spielen eine so große Rolle, weil sie umso deutlicher im Mienenspiel sichtbar sind, je intensiver uns eine Situation berührt.
Sicherlich wünschen wir uns manchmal, unsere Gefühle zu unterdrücken oder uns wenigstens nicht anmerken zu lassen, wie betroffen, missgestimmt oder auch erfreut wir gerade sind. Mimik und Gestik sind immer echt. Jeder Versuch, sich zu verstellen oder die momentane Gestimmtheit zu unterdrücken, erfordert viel mehr Konzentration, um die Sprache mit der Körpersprache in Übereinstimmung zu bringen. Und bekanntlich schenken wir dem, was wir nonverbal wahrnehmen, sehr viel mehr Glauben als den gesprochenen Worten.

Mimik und Gestik haben Mitteilungskraft
Beobachten Sie einmal Menschen, die sehr erregt von etwas sprechen. Die Stirn legt sich in Falten und entspannt sich wieder, der Kopf bewegt sich, der Mund ist verkniffen oder öffnet sich zu einem breiten Lachen. Hände und Arme bewegen sich der Äußerung entsprechend. Es ist kaum möglich und ebenso wenig wünschenswert, Sprache und Körpersprache getrennt voneinander wahrzunehmen.

Bei einem ausgeprägten Mienenspiel wissen wir, woran wir sind, denn der Gesprächspartner hat nichts zu verbergen, seine Stimmung drückt sich in der Mimik aus. Wenn wir etwas mitteilen, wovon wir überzeugt sind, ist die Mimik ein verlässlicher Partner. Überdies wirkt ein ausdrucksvolles Mienenspiel immer ansprechender als ein reservierter, stets gleicher Gesichtsausdruck im Sinne eines „Pokerface“. Nicht die abgeklärte, unnahbare Persönlichkeit, sondern ein Mensch mit Emotionen wirkt überzeugend. Nur dann sind wir wirklich glaubwürdig.

Die emotionale Kraft von Mimik und Gestik
Die meisten von uns werden sich an eine Episode aus der Welt des Sports Ende der 90-Jahre erinnern: Der bekannte italienische Fußball-Trainer Giovanni Trapattoni erregte sich einmal aufs Äußerste über seine Mannschaft. Im Rahmen einer Pressekonferenz wurde die Situation festgehalten. Reaktionen von Erstaunen bis Belustigung waren die Folge. Die bemerkenswerte Tatsache: Durch die ausgeprägte Mimik und Gestik wirkte der Sprecher so ehrlich und glaubwürdig, dass man ihm alleine aus diesem Grund Respekt zollte. Auch wenn manche dies als Gefühlsausbruch betrachteten, Sympathien hatte der Trainer dadurch kaum verloren.

Wenn etwas von der inneren Beteiligung, unserer Emotion, nach aussen sichtbar wird, entstehen Mimik und Gestik gleichsam von selbst. Wörtlich bedeutet Emotion (von lat. emovere) innere Bewegung, die nach außen dringt.
Wie sieht es mit der Gestik aus? Während wir uns bei Gesprächen keine Gedanken darüber machen, ob und wie wir gestikulieren, scheinen beim Vortragen die Hände manchmal im Weg zu sein. Gesten unterstützen unsere Worte. Wenn wir spontan agieren, produzieren wir Gesten weder zwanghaft noch halten wir uns verkrampft irgendwo fest.
Nun gehört die Gestik zum gesamten Erscheinungsbild einer Person und ist demnach individuell verschieden. Ein ruhiger Mensch wird seine Sprache mit zurückhaltenderen Gesten begleiten als eine kontaktfreudige, impulsive Person. Mit Gestik ist in erster Linie die Bewegung der Hände und auch der Arme gemeint, bei größeren Gesten und mehr emotionaler Beteiligung auch Schultern und Oberkörper. Vertrauen Sie auf die Gestik, die sich von selbst einstellt und suchen Sie nicht nach scheinbar passenden Gesten für Nachdruck, Durchsetzungswillen, Empathie und ähnliches.
Denken Sie noch einmal an die bei Lampenfieber oft im Übermaß vorhandene Energie: Setzen Sie diese angemessen in Mimik und Gestik um, beschreiten Sie einen Weg, die Energie sinnvoll abzuleiten.
Um sich beim Vortrag die Position der Hände und die Gestik zu erleichtern, benutzen Sie als Manuskript Stichwortzettel in der Größe eines Briefumschlags. Die Hände bleiben so fast automatisch in Taillenhöhe und Sie können trotzdem gestikulieren. Das Gefühl, etwas in

der Hand zu haben, an dem man sich festhalten kann, stabilisiert zudem.

Übungen zur Förderung von Mimik und Gestik

- Lesen Sie Ihrem Partner oder Ihrer Partnerin etwas vor, das Sie interessiert und bewegt. Kommentieren Sie anschließend, was Sie gelesen haben, indem Sie mit Gesten Ihre Meinung unterstützen.
- Kommentieren Sie jeden Satz, den Sie laut lesen, innerlich mit Ihrer eigenen Meinung, z.B.: „Kannst du dir das vorstellen?", „Das ist ja unerhört!", „Ist ja auch kein Wunder" usw. Dies läßt Ihre Einstellung im Gesichtsausdruck widerspiegeln.
- Halten Sie Blickkontakt zu Ihrem Gesprächspartner, wenn Sie mit ihm über eine Sache sprechen. Seine Mimik wird Sie anregen, darauf zu reagieren, und Mimik und Gestik werden Ihnen leichter fallen.

Empfehlungen für die Mimik und Gestik beim Vortrag:

- Die Hände müssen sichtbar sein. Die nach oben offen gezeigte Handfläche ist eine einladende Geste. In vielen Kulturen der Welt hat die Handfläche Bedeutung bei der Begrüßung, um die friedliche Absicht der sich Begegnenden zu zeigen.
- Die Hände gehören in Taillenhöhe. Seitlich am Körper „herunterhängende" Arme wirken unbeteiligt und haben einen langen Weg, bis sie zur Gestik in Taillenhöhe angehoben werden.
- Besonders „aufgeräumt" scheinen die Hände, wenn sie das Pult oder Manuskript festhalten oder hinter dem Körper „gefesselt" sind. Es lässt den Vortragenden jedoch „klammernd" und wenig souverän wirken. Mit der Zeit entstehen Kopf- oder Schulterbewegungen als eine Art Ersatzgestik. Die Hände müssen sich bewegen dürfen. Vertrauen Sie dem natürlichen Ausdruck, der durch das entsteht, worüber Sie sprechen.
- Stifte und sonstige Gegenstände in der Hand verleiten zu Bewegung und Unruhe. Legen Sie aus der Hand, was Sie beim Vortrag nicht benötigen. Wenn Sie mit Medien arbeiten, haben Sie ohnehin die Möglichkeit, mit Ihren Händen zu arbeiten. Vertrauen Sie darauf, dass sich mit den notwendigen Bewegungen auch die richtige, spontane Gestik entwickelt.
- Der ausgestreckte Zeigefinger hat außerordentlich stigmatisierende Wirkung. Niemals auf eine Person mit dem ausgestreckten

Zeigefinger zeigen, möglichst auch nicht damit nach vorne ins Leere zeigen, nicht mit dem erhobenen Zeigefinger etwas unterstreichen; dies wirkt immer belehrend.

- Lächeln Sie, besonders zu Beginn eines Vortrags, denn auch das Lächeln gehört zu einem natürlichen Mienenspiel. Scheuen Sie nicht vor der sympathischen Wirkung eines Lächelns zurück. Dies setzt allerdings eine unverkrampfte Einstellung voraus, damit das Lächeln nicht zu einer Grimasse wird. Wenn Sie Ihrem Publikum freundlich und wohlwollend begegnen, ist ein Lächeln ehrlich gemeint und wirkt auch so.

Blickkontakt

Weil nonverbales Verhalten etwas so Natürliches ist, denken wir im Alltag kaum darüber nach. Erst wenn wir gefordert sind, uns zu präsentieren oder wenn wir bei einem Gesprächspartner etwas „zwischen den Zeilen" heraushören wollen, achten wir bewusst auf Signale, die uns das Gesagte verständlicher, transparenter und ehrlicher machen können.

Erscheint uns eine Äußerung missverständlich, neigen wir dazu, den Blick des Gegenübers zu interpretieren. Weicht jemand dem Blick aus, zweifeln wir daran, dass er die Wahrheit sagt. Um zu wissen, wie unser Gesprächspartner gestimmt ist oder wie er zu dem Gesagten steht, versuchen wir seinen Blick und Gesichtsausdruck einzuschätzen. Bei Vorträgen wollen wir am Blick unserer Zuhörer deren Reaktion auf unsere Ausführungen einschätzen oder gar bewerten. Auch im Alltag ist uns die Reaktion eines „Du guckst so böse" oder „Sie gucken so kritisch" bestens vertraut. Auf Blickkontakt sind wir angewiesen. Wenn beispielsweise durch Schutzkleidung nur die Augen sichtbar sind und die Hände zu tun haben, wird gerne der Blick interpretiert. Von der Seite des Gegenübers erfahren wir aber oft Irritation, wenn nicht gar Abwehr, denn der Blick oder die Mimik ist nicht immer Ausdruck einer Reaktion auf die Person, sondern Aufmerksamkeit und Konzentration auf die Sache. Blickkontakt aufnehmen oder halten heißt auch, sich – vor allem auf der Beziehungsebene – zu orientieren.

Blickkontakt ist mit Mimik und Gestik ein wichtiges nonverbales Signal. Wenn davon etwas auffällig ist, ziehen wir die Äußerung in Zweifel, wenn nicht gar die gesamte Person. Ein Redner, der beständig an die Decke schaut, wirkt bestenfalls merkwürdig. Jemanden, der einzelne Zuhörer zu lange „anstarrt", empfinden wir als aufdringlich. Ein Redner, der nur auf sein Manuskript schaut oder sich gar zur Wand dreht, von der ein Bild präsentiert wird, langweilt uns, weil er uns ja offenbar gar nicht anspricht und sich nicht für uns interessiert.

Herr L. hält vor Fachpublikum einen Vortrag über die aktuelle wirtschaftliche Situation. Seine Formulierungen, sein Wortschatz und sein Wissen über Zusammenhänge unterstreichen seine hohe Kompetenz. Fast während des gesamten Vortrags, den er ohne Manuskript spricht, steht er relativ regungslos, die Arme auf dem Rücken verschränkt, den Blick ein wenig über die Zuhörer hinweg schweifend. Darauf angesprochen, sagt Herr L., es sei üblich, ohne erkennbare Emotion zu sprechen, sonst würde man unglaubwürdig, und die Zuhörer anzuschauen, wäre relativ unwichtig, schließlich sei er damit beschäftigt, seine Gedanken zu entwickeln und die Zuhörer hätten ein Recht auf logische Argumente. Die Zuhörer sind zwar von den Ausführungen beeindruckt, den Redner aber empfinden sie als distanziert, wenn nicht gar unsympathisch.

Fehlt der Blickkontakt, fehlt beinahe das wichtigste Merkmal, das Kommunikation auszeichnet. Nicht umsonst sprechen wir vom „ansprechenden Blickkontakt". Wer uns anschaut, spricht uns an, im wörtlichen wie im übertragenen Sinne.
Wer Blickkontakt angemessenen einsetzt, verfügt über eine wichtige soziale Fähigkeit. Wer damit nicht „richtig" umgeht, dem stehen wir kritisch gegenüber. Was im Alltag unproblematisch ist, macht uns bei Vorträgen aber manchmal Schwierigkeiten: Wie soll ich aufschauen, wenn ich in mein Manuskript schauen muss? Wann soll ich Blickkontakt aufnehmen, wenn ich dauernd neue Vorlagen zeigen muss? Soll ich mir jemanden im Publikum aussuchen, der freundlich guckt? Solche Fragen kommen Ihnen sicher bekannt vor. Das Paradoxe: Wir wollen zwar „gut rüberkommen", aber am besten niemanden anschauen müssen. Tappen Sie nicht in die Falle, Blicke zu interpretieren („Der schaut mich so kritisch an, bestimmt habe ich etwas Falsches

gesagt oder wahrscheinlich langweile ich ihn“). Bleiben Sie in der Wahrnehmung Ihrer Zuhörer vorbehaltlos.
Wie aber wird Blickkontakt richtig „gemacht“? Befinden wir uns in einem Vier-Augen-Gespräch, „wandert“ der Blick: Wir schauen unserem Gegenüber in die Augen, streifen über das Gesicht, erfassen die Konturen, kehren wieder zurück zum Augenkontakt, blicken auf die Umrisse des Oberkörpers und wieder zum Gesicht, dann weg von der Person usw., dies alles in kurzen Abständen von Sekunden und Sekundenbruchteilen, ohne dass es dafür eine festgelegte Dauer und Abfolge gäbe. Dies ist in psychologischen Studien belegt. Beim Vortrag ist die entscheidende Regel: Verlieren Sie Ihr Publikum nicht aus den Augen! Im wörtlichen Sinne gemeint, heißt dies, sobald Sie spüren, dass Sie mehr für sich selbst sprechen und gedanklich vorwiegend beim Thema sind, ohne sich Ihres Publikums als Bezugspartner bewusst zu sein, verlieren Sie den Kontakt. Spätestens dann nehmen Sie Ihre Zuhörer wieder in den Blick. Auch beim Vortragen „gehen“ Sie mit den Augen durch das Publikum. Natürlicherweise folgen Sie dem Prinzip des „pars pro toto“ (ein Teil für das Ganze). Einzelne Zuhörer werden auch einmal länger oder häufiger angeschaut als andere.
Ein nachdenkliches Abwenden des Blickes, wie es bei Gesprächen möglich ist, darf auch beim Vortragen vorkommen, vor allem, wenn Zwischenfragen gestellt werden. Dies entspricht einer Schau nach innen, um innere Bilder und Gedanken zu sortieren und abzurufen.

Haltung, Präsenz und äußere Erscheinung

Der Volksmund kennt eine ganze Reihe an Ausdrücken für die Haltung einer Person: Haltung bewahren, zu seinem Wort stehen, aufrichtig sein, mit beiden Beinen auf dem Boden stehen, die Nase hoch tragen, (kein) Rückgrat haben, bis hin zum militärisch behafteten „Bauch rein, Brust raus“. Zweifellos stimmen wir darin überein zu sagen, eine gute Körperhaltung zeichne sich durch einen festen Stand, aufrechtes und gerades Stehen und eine aufrechte Kopfhaltung aus und wirke dadurch stabil.
Beantworten Sie einmal folgende Fragen, indem Sie die nachfolgenden Begriffe zuordnen:

1. Was fördert eine gute Haltung?
2. Was behindert eine gute Haltung?

Ehrlichkeit, Aufrichtigkeit, Selbstbewusstsein, Unsicherheit, Überzeugung, Nervosität, Blickkontakt, hohe Absätze, verschränkte Arme, Müdigkeit, Motivation, Respekt, Würde, Hochmut, beengende Kleidung. Weitere Begriffe mag jeder selbst ergänzen.

Bei den Begriffen fällt auf, dass es einerseits konkrete, äußere Faktoren, andererseits innere Bedingungen oder Wertvorstellungen gibt. Die körperlich wahrnehmbare, äußere Haltung spiegelt die innere Haltung; mit welcher inneren Einstellung wir einer Sache gegenübertreten, teilt sich in der Körperhaltung mit. Hochhackige Schuhe können, wenn ihre Besitzerin sie nicht zu tragen gewohnt ist, für einen unsicheren Stand sorgen und sind mit einer guten Haltung, die Überzeugung ausstrahlt, schlecht vereinbar. Eine arrogante Einstellung kann dafür sorgen, dass der Redner sein Publikum von oben herab anschaut und vielleicht „die Nase zu hoch" trägt. Wir sind dafür in unserer Wahrnehmung sehr sensibel. Jemand, der seine Körpersprache so verstellen kann, dass sein Gegenüber irregeführt wird, muss schon schauspielerisch talentiert sein. Andererseits ist die Körpersprache nicht eindeutig, sondern sogar häufig in vielerlei Weise interpretierbar. Dies hängt damit zusammen, dass wir unsere Haltung größtenteils unbewusst zum Ausdruck bringen. Während wir den Inhalt unserer Worte überlegen und auch den Sprechausdruck beeinflussen können, lässt sich unsere äußere Haltung viel weniger bewusst steuern.

Das bekannte Zitat Martin Luthers „Hier stehe ich, ich kann nicht anders" drückt eine große Selbstverständlichkeit im Auftreten aus. Aus der inneren Überzeugung erwuchs eine Sicherheit, die in eine entsprechende Haltung mündete. Ein Auftreten im Sinne eines „Ich kann nicht anders" kann kaum an eine innere Unsicherheit gekoppelt sein. Somit sagt die Haltung auch etwas über die innere Verfassung aus, in der sich jemand befindet.

Denken Sie einmal an gute Vorträge, die Sie beeindruckt haben. Woran können Sie sich erinnern? Wahrscheinlich werden Sie bestimmte Episoden, den äußeren Rahmen, und vielleicht ein paar Einzelheiten behalten haben, was Sie aber ganz sicher nicht vergessen haben ist den Redner. Bei einem guten Vortrag behalten Sie den Inhalt *mit* dem Redner. Wenn Sie den Redner nicht behalten, werden Sie sich auch

nicht an den Inhalt erinnern. Ihre Erinnerung an Inhalte ist immer an die Person geknüpft, die sie vermittelt hat. Einem Redner, der natürlich, glaubwürdig und authentisch wirkt, wird niemand eine schlechte Haltung attestieren.
Von außen kommende Tipps, den Körper „in die richtige Form" zu bringen, können das Gegenteil bewirken, nämlich eine aufgesetzte, verkrampfte Haltung, weil sie nicht aus der inneren Überzeugung des Sprechers kommt. Trotzdem kann es auch passieren, dass ein aufrechtes Stehen uns plötzlich mehr innere Überzeugungskraft verschafft. So gesehen ist Körpersprache ganz real die Verkörperung dessen, was wir innerlich meinen. Wie Mimik und Gestik natürlicherweise an eine Persönlichkeit geknüpft sind, ist es auch die Haltung. Wir dürfen also nicht fragen „Welche Gestik muss ich dazu machen?" oder „Welche Haltung ist bei dieser Rede nötig?", sondern zuerst kommt die Haltung der Person selbst, dann die dem Inhalt und dem Publikum gegenüber. Stabil auf beiden Füßen zu stehen ist Grundvoraussetzung für eine gute Haltung. Dies darf nicht als Unbeweglichkeit missverstanden werden. Die Stabilität verleiht dem Körper die notwendige Dynamik, sich angemessen zu bewegen und mit der richtigen Gestik auszudrücken, was zu dem Gesagten passt.
Die innere Einstellung zu beeinflussen scheint schwieriger als die äußere Haltung zu verändern, denn wie können wir uns innere Überzeugung aneignen? Das Luthersche „Ich kann nicht anders" lässt sich sicher nicht auf jede Situation übertragen. Wer Methoden des mentalen Trainings kennt (z.B. Neurolinguistisches Programmieren oder andere autosuggestive Methoden), weiß deren Wirkung zu schätzen. Letztlich sind es die persönliche Integrität, die Ernsthaftigkeit, mit der wir Inhalten begegnen, sowie die Wertschätzung dem Publikum gegenüber, die jeden Vortragenden glaubwürdig und überzeugend wirken lassen. Viele Redner sind der Meinung, ihr Lampenfieber würde Unsicherheit ausstrahlen und könne gar keine positive innere Einstellung vermitteln. Lampenfieber ist jedoch dem Anlass zuzuordnen und sollte unabhängig von der inneren Einstellung gesehen werden.
Ein besorgtes Gefühl der Verpflichtung unterstellt dem Publikum ein duldsames Ertragen. Ihr Vortrag ist aber nicht nur geduldet, sondern gewünscht. Wenn Sie Ihre Zuhörer ernst nehmen, nehmen Sie auch ihr Interesse, ihre Neugier und Aufmerksamkeit wahr. Eine positive inne-

re Einstellung lautet dann „Ich habe etwas vorzutragen und freue mich auf Ihr Interesse". Entsprechend ist auch eine Schlussformel „Ich danke Ihnen für Ihre Aufmerksamkeit" zu werten.
Genau dann ist jemand *präsent*. Präsenz bedeutet anwesend, gegenwärtig sein. Wer sich innerlich kleiner macht (z.B. durch die Einstellung „Das muss ich nur meinem Chef zuliebe machen" oder „Wen interessiert es schon, was ich da erzähle.") oder äußerlich kleiner macht (z.B. durch einen eingesunkenen Brustkorb) oder sein Publikum abwertet (z.B. „Die haben ja sowieso keine Ahnung."), ist nicht vollständig präsent. Die Wechselwirkung zwischen innerer und äußerer Haltung versteht sich fast von selbst. Präsenz drückt eine optimale körperliche und geistige Gegenwärtigkeit aus.
Zur äußeren Erscheinung herrschen viele Meinungen. Zweifellos ist es notwendig, sich dem Anlass angemessen zu kleiden und entsprechend aufzutreten. Genau wie bei der Haltung generell und der Gestaltung eines Vortrags werden auch hier zwei Fragen gestellt: 1. Was passt zur Person?, 2. Was passt zum Anlass/Inhalt? In Bezug auf die äußere Erscheinung hören wir dann oft den Rat, nur Kleidung zu tragen, in der wir uns auch wohl fühlen. Hier ist die richtige Balance von großer Bedeutung. Fragen Sie sich, wie jemand auf Sie wirkt, der nachlässig auftritt; wie jemand, der sehr korrekt auftritt. Ich bin immer wieder erstaunt, mit welcher Überzeugung die Meinung vertreten wird, ein lässiger Kleidungsstil sei akzeptabel, wenn die Person dies favorisiere. Beispielsweise sei es auf bestimmten Kongressen üblich, ohne Krawatte vorzutragen; man dürfe nicht besser angezogen sein als der Chef, usw. Achten Sie im Zweifelsfall darauf, eher etwas besser gekleidet zu erscheinen als etwas lässiger. Jemand, der nachlässig auftritt, muss durch Fachkompetenz besonders überzeugen und ist auf Nachsicht des Publikums angewiesen. Ein gepflegtes äußeres Erscheinungsbild trägt dagegen zu positiven Rahmenbedingungen bei und heißt nicht automatisch, dass man dem Redner alles abnimmt. Wer sich seiner Wirkung unsicher ist, hole sich von verschiedener Seite Rückmeldungen ein. Es ist ratsam, sich über die Beobachtung anderer Vortragender Eindrücke zu verschaffen.
Wenn Ihnen daran liegt zu erfahren, welche Ausdrucksformen eine gute Haltung zum Ausdruck bringen und welche eher hinderlich sind, fragen Sie sich zuerst selbst, wie diese auf Sie wirken, z.B. wie wirkt

es auf Sie, wenn jemand mit der Hand in der Hosentasche vorträgt? Was auf den ersten Blick lässig erscheint, wirkt wenig souverän und entpuppt sich beim Redner vielleicht als Unsicherheit.

Was können Sie für eine gute Haltung tun?

- Die Hände dürfen nicht verschränkt werden, weder auf dem Rücken noch vor dem Körper. Als Redner unterdrücken Sie so eine sich von selbst einstellende Gestik.
- Die Hände sollten nicht dauerhaft in die Hosentasche und nicht abgewinkelt seitlich in die Taille gestemmt werden. Ersteres vermittelt eine zu lässige, letzteres eine zu dominante Haltung. Jedoch auch diese Ausdrucksformen mögen je nach Situation akzeptabel sein, wenn sie für einen kurzen Zeitraum eingesetzt werden und wenn ansonsten Gestik vorhanden ist.
- Halten Sie die Füße möglichst parallel in Hüftbreite. Die Füße leicht in Schrittstellung und der Wechsel von Stand- und Spielbein ist akzeptabel. Die Beine nicht kreuzen oder einen Fuß abgewinkelt stellen. Dies hat immer eine krumme Körperlinie zur Folge. Für Männer ist es wichtig, nicht zu breitbeinig zu stehen, um nicht militärisch dominant zu wirken. Für Frauen gilt, die Füße nicht zu eng zu stellen, um nicht „geziert“ zu wirken.
- Achten Sie generell auf eine frontal gesehen gerade Körperlinie, d.h. nicht seitlich in der Hüfte einknicken oder den oberen Körperbereich verschieben oder den Kopf zur Seite legen. Dies ist besonders für große Personen wichtig.
- Achten Sie auf eine von der Seite gesehen gerade Körperlinie, d.h. nicht im Brustkorb einknicken und nicht das Becken nach vorne kippen. Wenn Sie die Knie durchdrücken, wird dies aber automatisch passieren. Dies fühlt sich zwar zunächst stabil an, ist aber unflexibel. Lockere Knie – für viele gewöhnungsbedürftig – verleihen eine dynamische Stabilität und sorgen für eine aufrechte Haltung mit physiologisch ausgerichteter Wirbelsäule.
- Es muss Ihnen leicht möglich sein, vom Manuskript aufzuschauen und das Publikum anzusehen. Idealerweise sollten Sie den Kopf nur minimal heben oder senken. Stellen Sie dies sicher, indem Sie Ihr Manuskript etwa in Taillenhöhe und nicht zu dicht am Körper halten.

- Ein Rednerpult ist ein Hilfsmittel, das Ihnen dient und nützlich ist und mit dem Sie sich positiv darstellen, nicht etwa Sie behindert. Es sollte so hoch sein, dass Sie nicht senkrecht nach unten auf Ihr Manuskript blicken müssen, es darf aber auch nicht bis in Höhe des oberen Brustkorbs reichen. Hat es nicht die optimale Höhe, kann es (wenn möglich) sinnvoller sein, vom Pult wegzutreten und direkt vor dem Publikum zu sprechen.
- Wenn Sie am Rednerpult sprechen, ist es akzeptabel, die Hände seitlich aufzulegen. Fixieren Sie die Hände nicht über einen längeren Zeitraum am Pult und legen Sie nicht die Unterarme oder Ellenbogen auf. Je freier Sie stehen und sprechen und je mehr Bewegungsfreiheit Ihre Hände haben, desto persönlicher und unmittelbarer ist die Wirkung auf das Publikum.

3.4 Sprechtechnik

Ist Sprechen eine Technik? Wenn ja, welcher Mittel müssen wir uns bedienen, um verstanden zu werden? Wenn nein, hieße dies, Sprechen wäre nicht veränderbar. Tatsache ist, dass wir über das Sprechen als Vorgang so wenig nachdenken wie über das Laufen. Was wir in der jüngsten Kindheit gelernt haben, ist abgeschlossen und bedarf keiner weiteren Auseinandersetzung.
Hält jemand in seiner Funktion als Geschäftsführer einen Vortrag, wird seine Sprechweise anders sein als wenn er mit Freunden plaudert. Rolle, Person und Inhalt müssen jedes Mal in Übereinstimmung gebracht werden und zur Situation passen. Was macht die Unterschiede in der Sprechweise aus und wie können wir darauf Einfluss nehmen? Sprechen ist eine Fertigkeit, die wir je nach Situation virtuos einsetzen können. Wir haben ein Instrumentarium zur Verfügung, mit dem wir zur Verständigung beitragen.
Jeder, der eine Fremdsprache erlernt hat, kennt die langwierigen Lernprozesse der Grammatik, des Satzbaus oder des Vokabulars. Beim Sprechen der Muttersprache können wir uns zum Glück auf den Inhalt des Gesagten konzentrieren. Sprechen ist ein so automatisierter Ablauf, dass er nur schwer vom Inhalt des Gesagten zu trennen ist.

Die Sprechweise dringt nur dann in unser Bewusstsein, wenn sie auffällig ist, z.B. eine schrille Stimme oder undeutliche Aussprache. Überlegen Sie einmal selbst, was Sie wahrnehmen, wenn Sie einem Redner zuhören oder mit jemandem sprechen. Um nicht spontan emotional zu antworten, müssen wir erstens fragen, was wir wahrnehmen und zweitens, was wir beobachten. Beim Wahrnehmen beziehen wir uns auf unmittelbare Eindrücke, z.B. ... trägt eine auffällige Krawatte, lächelt, gestikuliert, schaut aufs Blatt usw. Das Beobachten erfordert wache Aufmerksamkeit. Wir müssen den Blick oder das Ohr fokussieren, d.h. unwichtige Wahrnehmungen ausblenden. In Bezug auf die eigene Sprechweise machen viele Menschen folgende Aussagen:

- Ich benutze so viele „ähm“s und „äh“s.
- Ich verschlucke immer die Endungen.
- Ich weiß nie, ob ich richtig betone oder wie ich betonen soll.
- Ich werde schnell heiser und bekomme dann keine Luft mehr.
- Ich denke schneller als ich spreche oder bin in Gedanken schon beim nächsten Satz, und dann verhasple ich mich.
- Ich rede zu schnell und dann kommt keiner mehr mit.
- Ich habe Wortfindungsprobleme.
- Ich atme falsch und irgendwann kommt dann nur noch ein Krächzen.

Mit diesen Wahrnehmungen treffen die Personen die Kriterien, um die es geht und die auch veränderbar sind. Differenziert betrachtet finden wir hier die Gestaltungselemente der Sprache. Einige stehen für sich alleine und lassen sich leicht skalieren. Diese sind die Lautstärke (laut-leise), das Tempo (schnell-langsam) und die Tonhöhe (hoch-tief) bzw. Stimmführung. Andere stehen in einer besonderen Wechselbeziehung zueinander, z.B. Sprechtempo, Atmung und Pausen, Redefluss und Sprechrhythmus. Um Sprechen zu einer virtuosen Fertigkeit zu machen, müssen wir wissen, wie die Elemente sich verändern lassen:

- die Aussprache
- das Sprechtempo
- der Redefluss
- die Stimmführung
- der Stimmklang
- die Lautstärke

Aussprache

Ob jemand verstanden wird, hängt sehr stark von der Aussprache ab. Dabei geht es weniger darum, ob jemand Hochdeutsch oder mit einer regionalen Färbung spricht, sondern darum, wie deutlich der Sprecher artikuliert. Dennoch: Wie ist Hochdeutsch zu bewerten?
Das Deutsche ist – historisch bedingt – in verschiedene Sprachregionen aufgeteilt, wodurch sich einige zum Teil erheblich voneinander abweichende Varianten gebildet haben, die bis heute bestehen. Diese Varianten machen sich beim Sprechen auf verschiedenen Ebenen bemerkbar: im Wortschatz, in der Grammatik, in der Sprechmelodie und bei der Aussprache (auf Lautebene). Je stärker die Abweichungen von der momentan gebräuchlichen Hochsprache sind, desto mehr erleben wir die Sprechweise als Dialekt oder, bei schwächerer Ausprägung, als Akzent. Wie die Sprache einer Person eingeschätzt oder empfunden wird, ist vor allem eine Frage des persönlichen Geschmacks. Studien zufolge werden bestimmte Dialekte des Deutschen als angenehmer, andere als unsympathischer empfunden. Ziehen Sie jedoch nicht den voreiligen Schluss, man würde Sie als Person ablehnen, nur weil Sie einen vermeintlich unattraktiven Dialekt sprechen. Wie viele Prominente gibt es, die beliebt und erfolgreich sind, obwohl sie mit regionalem Akzent sprechen. Wie viele Manager großer Unternehmen, bei denen man hört, in welcher Region sie aufgewachsen sind. Wenn wir jemanden kennenlernen, erfahren wir gern, wo derjenige beheimatet ist und seine Wurzeln hat. Er verliert dadurch seine Anonymität und gewinnt leichter unser Vertrauen. Entscheidend ist schließlich, in welchem Wirkungskreis jemand zu tun hat. Ist dieser lokal begrenzt, kann Sprache ein Bestandteil seines Auftretens sein, mit dem sich die Zuhörer identifizieren. Hier wäre es sicher nicht Voraussetzung, Hochdeutsch zu sprechen, um verstanden zu werden. Wie stark das Bewusstsein für die eigene Sprache ist, und wie sehr unsere Art zu sprechen unser Identitätsgefühl prägt, zeigt sich immer dann, wenn von jemandem durch eine neue Rolle eine andere Sprechweise verlangt wird. Dies erzeugt oftmals Widerstand. Häufig wünschen sich die Betroffenen insgeheim sehr wohl, hochdeutsch sprechen zu können, „wenn es drauf ankäme", auch wenn sie nach außen hin eine Abneigung dagegen zeigen. Letztlich sind auch ästhetische Gründe dafür

verantwortlich, mit Hochdeutsch ein gepflegtes Sprechmuster zu verwenden. Machen Sie es sich zur Gewohnheit, bei professionellen Auftritten hochdeutsch und so deutlich wie möglich zu sprechen. Achten Sie aber darauf, dass Sie sich dabei nicht anstrengen müssen, sonst wirkt es gekünstelt.

Die Aussprache ist nicht nur regional, durch die Umgebungsbedingungen und die Sprache der Eltern beeinflusst, sondern auch individuell durch die Qualität der Artikulation. Sie wird durch Sprechgewohnheiten entwickelt und stabilisiert. Meist treten Unzulänglichkeiten erst bei größeren Anforderungen zu Tage, z.B. in einem großen Raum mit erhöhter Geräuschkulisse für alle verständlich zu sprechen. Dann macht sich plötzlich bemerkbar, dass Laute verschliffen werden und man bei der Artikulation zu nachlässig ist. Zur Artikulation gebrauchen wir die Sprechwerkzeuge. Diese funktionieren durch ein komplexes Zusammenspiel verschiedener Muskeln. Der Begriff Sprechwerkzeuge lässt auf etwas Aktives schließen; wir müssen offenbar etwas bewerkstelligen, um zu sprechen. Schauen wir in den Mund, wird uns außer der Zunge und den Zähnen vermutlich nichts Werkzeugartiges auffallen. Überprüfen Sie jedoch einmal, was Sie in Ihrem Mund bewegen können. Es sind die Lippen, die Zunge und die gesamte „Klappe" des Unterkiefers. Es gibt aber auch unbewegliche Teile, die als Werkzeuge am Sprechen beteiligt sind: die Zähne, der Gaumen (der im hinteren Teil auch beweglich ist), das Zäpfchen und die Nasenhöhlen.

Da wir nicht Wort für Wort und schon gar die Buchstaben (Laute) einzeln sprechen, sondern fließend, beeinflussen diese sich zwangsläufig wechselseitig. Berücksichtigt man die Quantität der Laute, ist dies ein umso begreiflicherer Ablauf. Im Durchschnitt liegt die Länge eines Lautes zwischen 30 und 100 Millisekunden. Die Sprechwerkzeuge sind also sehr aktiv, denn wir sind problemlos in der Lage, innerhalb einer Sekunde eine Vielzahl von Lauten zu artikulieren. Sprechen Sie einmal langsam das Wort „einundzwanzig", das stellvertretend für die Dauer einer Sekunde steht, und beobachten Sie, was die Sprechwerkzeuge tun. Der Mund wird geöffnet und schließt sich nach der ersten Silbe, bei „u" werden die Lippen gespitzt, der Mund öffnet sich erneut und schließt sich wieder. Währenddessen hat die Zunge im Mund unbemerkt mehrmals ihre Position verändert.

Das Phänomen der fließenden Lautübergänge, mit dem phonetischen Fachbegriff Assimilation benannt, gibt es in fast jeder Sprache und funktioniert nach bestimmten Regeln, die dem Sprecher dieser Sprache meist nicht bewusst sind. Für die Arbeit an der Aussprache ist die Beschäftigung damit wichtig, denn je nach regionaler Prägung werden diese Regeln verletzt.
Hierzu müssen wir wissen, dass es stimmhafte und stimmlose Konsonanten gibt. Stimmlose Laute stellen sich akustisch ausschließlich als Geräusch dar, bei stimmhaften Lauten kommt der Stimmklang hinzu (z.B. „p" im Gegensatz zu „b", die ansonsten völlig gleich artikuliert werden). Beim Sprechen folgen Laute aufeinander, ohne dass Rücksicht darauf genommen wird, ob sie stimmlos oder stimmhaft sind. Weil wir möglichst ökonomisch vorgehen, kann ein stimmhafter Laut stimmlos werden. Nicht nur das Phänomen selbst, sondern auch die Richtung, in der dies passiert, ist von Bedeutung. Als Beispiel sprechen Sie mehrmals „ein Becher", und achten Sie besonders auf das initiale „b". Sprechen Sie dann „ein Pappbecher" (und zwar nicht „Papp-Becher", sondern „Pabecher"). Das „b" besitzt längst nicht mehr die gleiche Stimmhaftigkeit wie vorher. Vielleicht empfinden Sie das Wort als weniger geschmeidig, weil es „härter" geworden ist. Dies ist eine Folge des stimmlosen Konsonanten „p", aufgrund dessen das nachfolgende „b" seine Stimmhaftigkeit eingebußt hat. Es würde uns kaum gelingen und sehr befremdlich erscheinen, wollten wir versuchen, das „b" nach wie vor mit der ihm gebührenden Stimmhaftigkeit auszustatten. Beim Erlernen einer Fremdsprache werden bei der Assimilation häufig Fehler gemacht, die dem Muttersprachler als Akzent auffallen, dem Lernenden aber oft lange verborgen bleiben, denn für ihn ist die Abfolge und Aussprache der Laute ja scheinbar korrekt. Assimilationen sind in einzelnen Sprachen nicht identisch. Verschliffene Laute sind also nicht unbedingt Nachlässigkeit, sondern eine Folge ökonomischer Artikulation.
Wenn wir wissen wollen, wie es sich deutlich artikulieren lässt, müssen wir überprüfen, wo wir es uns beim Sprechen besonders bequem machen. Ein Blick auf die Umsetzung der Buchstaben in Lautschrift hilft wenig. Sinnvoller ist es, auf bestimmte, häufig auftretende Nachlässigkeiten aufmerksam zu machen, die jeder für sich überprüfen kann.

Folgende Ausspracheregeln für das Deutsche können als kritisch gelten, weil sie regional bedingt häufig missachtet werden:

-er

Regel:	/r/* ist nicht als Konsonant hörbar, sondern wird zum Vokal. Es klingt wie beiläufiges kurzes /a/.
Beispiele:	Vater, aber, erzählen, Verkäufer, zerstören, vier, Uhr
Beachte:	Nicht als /e/ und mit langem Vokal sprechen, z.B. „geäne“, wie es im Westfälischen zu hören ist. Das Wort „Herr“ darf nicht wie „Heä“ klingen, sondern wird mit klar hörbarem /r/ als Konsonant (Reibegeräusch) gesprochen.

-r-

Regel:	Nach Vokalen im Wort wird /r/ als Konsonant mit hörbarem Reibegeräusch gesprochen. „Start“ darf sich nicht wie „Staat“ anhören oder „warten“ wie „waten“. Bei Wörtern wie „Kirche“ geht das /r/ oft verloren und der Vokal wird zu einer Mischung aus „i“ und „ö“. Dies ist im Niederdeutschen zu hören.
Beachte:	Das mit der Zungenspitze gerollte /r/ ist als regionale Variante üblich, besonders im Bayrischen. Wer bestrebt ist, /r/ als Reibegeräusch zu artikulieren, sollte dies mit einem Lehrer trainieren.

-en, -em

Regel:	Wenn deutliche Artikulation erforderlich und gewünscht ist, also bei offiziellen Anlässen oder professionellen Auftritten, klingt /e/ wie beiläufiges „ö“. In der Umgangssprache erhält das /n/ bzw. das /m/ Silbencharakter und /e/ fällt ganz weg.
Beispiele:	Wagen, lesen; mit strahlendem Gesicht
Beachte:	„Verschluckt“ wäre /e/ z.B. in „Hem'n“ für „Hemden“. Dies sollte nicht der Fall sein. Ebenso anfällig für ein Verschlucken des /e/ sind Wörter wie „Ohren“, „bohren“,

* Phonetisch korrekt wird Lautschrift in Schrägstrichen notiert. Steht im Text ein Buchstabe so, ist der Laut gemeint. Weicht das Lautsymbol vom Buchstaben ab (z.B. bei -ng, -sch-, usw.), habe ich mich der Einfachheit halber dafür entschieden, den Buchstaben beizubehalten.

	„fahren“, etc., bei denen auch das /r/ „verschluckt“ wird. Die Laute müssen jedoch alle artikuliert werden.
-ig	
Regel:	Entgegen vieler Meinungen zu besonderer Korrektheit wird –ig am Wortende wie „ich“ artikuliert, nicht etwa wie /ik/. -ig wird nur dann als /ik/ ausgesprochen, wenn in der darauffolgenden Silbe „-ch“ steht, z.B. königlich, Königreich.
Beispiele:	siebzig, König, ein wenig, ewig
Beachte:	Im süddeutschen Sprachraum ist die Artikulation als /ik/ üblich. Dies entspricht aber nicht der Hochlautung.
-ng	
Regel:	-ng wird ausschließlich als Nasal artikuliert, am Wortende ebenso wie inlautend. Im norddeutschen Sprachraum ist häufig ein /k/ am Ende zu hören.
Beispiele:	Engel, Angel, eng, lang
Beachte:	Es darf kein /k/ am Ende hörbar sein.
-h-	
Regel:	/h/ ist im Wort am Beginn einer neuen Silbe immer stumm. Es klingt hier fast wie /j/ und wird niemals als gehauchter Konsonant artikuliert.
Beispiele:	sehen, eher, ich gehe
-pf-	
Regel:	/pf/ wird präzise artikuliert.
Beachte:	Im niederdeutschen Sprachgebiet fällt das /p/ weg. Dies kann bei bestimmten Wörtern zu Missverständnissen führen, z.B. „fad“ vs. „Pfad“, „ich fand“ vs. „Pfand“, „Feile“ vs. „Pfeile“. Korrekt ist die Artikulation von /pf/, auch wenn dies vielen als übertrieben erscheinen mag.

Einige Laute sind vordergründig unproblematisch, werden jedoch regional nicht korrekt artikuliert:

- Der Buchstabe *„g“* wird ersatzweise als /ch/ gesprochen, z.B. Flugzeug wird als „Fluchzeuch“, „weg“ wie „wech“ artikuliert. „Das mach ich nicht“ wäre missverständlich, wenn eigentlich „Das mag ich nicht“ gemeint ist. Ebenso finden wir diese Aussprache in der Endung „gelegt, liegt, gesagt“ usw. Dies hören wir im niederdeutschen Sprachgebiet. Die hochsprachliche Artikulation wird von vielen Sprechern als übertrieben abgelehnt.

- In Kombinationen wie *„bl“, „dr“ oder „gl“ am Wortanfang* wird der erste Laut stimmlos. Beispiele: Blatt, drei, glatt etc. Brot klingt wie „Prot“, Blatt wird zu „Platt“. Eine Variante finden wir auch im Oberdeutschen (Süddeutschen). In „Blatt“ klingt /b/ nicht so weich, aber auch nicht wie /p/. Dagegen fehlt beim stimmlosen /p/ sowie /t/ in Kombination mit /l/ oder /r/ die Behauchung („plagen“ wird zu „blagen“, „tragen“ wird zu „dragen“). Eine Sensibilisierung für die Stimmhaftigkeit ist unbedingt sinnvoll.
- *„s“* kommt grundsätzlich stimmhaft oder stimmlos vor; die Artikulation ist identisch. Stimmhaft gesprochen wird „s“: 1. Am Wortanfang, z.B. Sahne, sehr, 2. Am Silbenanfang, z.B. ansehen, Einsatz, 3. Im Inlaut (zwischen Vokalen und nach stimmhaften Konsonanten), z.B. lesen, Wiese, Insel, also. Im gesamten oberdeutschen Sprachgebiet wird stimmhaftes „s“ stimmlos ausgesprochen, was sehr gut als Akzent wahrgenommen wird. Die Unterscheidung fällt vielen Sprechern nicht leicht. Differenziert man beispielsweise „Rasen“ vs. „Rassen“, so unterscheidet sich die Artikulation nicht nur in der Qualität des „s“, sondern auch in der Länge des Vokals. Eine korrekte Aussprache lässt sich am besten im Training mit einem Lehrer erreichen.
- In der mitteldeutschen Sprachregion werden *„sch“ und „ch“ (der „ich“-Laut)* verändert. Grundsätzlich bildet bei beiden Lauten die Zunge in der Mitte eine Rinne, die jedoch bei „sch“ viel tiefer ist. Bei „sch“ liegt die Zungenspitze oben, bei „ch“ weist sie zu den unteren Schneidezähnen. Entscheidend ist die Lippenstellung: bei „sch“ sind die Lippen vorgestülpt (gerundet), bei „ch“ ist dies nicht im geringsten der Fall. Vor allem im Rheinischen werden die beiden Laute in der Artikulation einander angenähert und manchmal wird „richtiger“ artikuliert als es korrekt ist. So entstehen Wortresultate wie „Tich“ und „Fich“. Es muss vor allem ein Bewusstsein für die Lippenrundung geschaffen werden. In anderen Regionen ist die Zungenposition ausschlaggebend: Liegen bei „ch“ die Zungenränder zu fest am Gaumen an, wird das Geräusch schärfer und „sch“-artiger. Im süddeutschen Sprachraum (Bayrisch, auch in Österreich und der Schweiz) wird „ch“ auch beim

„ich“-Laut nach hinten zum Rachen verlagert und immer als „ach“-Laut gesprochen. Wer die korrekte Artikulation anstrebt, sollte dies mit einem Lehrer trainieren.

- *Vokale* erfahren in fast allen Sprachregionen zum Teil erhebliche Abweichungen. Sie alle aufzuführen wäre kaum möglich und nicht angebracht. Die meisten Sprecher haben ein Bewusstsein dafür, das betreffende Wort hochdeutsch auszusprechen; übrig bleibt jedoch häufig der Akzent. Verantwortlich für die korrekte Aussprache der Vokale sind: der Kieferwinkel, die Position der Zunge und die Lippenstellung. Lange Vokale werden mit kleinerem Kieferwinkel gesprochen als kürzere, z.B. „bieten“ vs. „bitten“, „Hof“ vs. „hoffen“. Die Position der Zunge macht die Qualität des Vokals aus. Dies lässt sich feststellen, indem Sie beispielsweise einmal „i“ in „Miete“ vs. „u“ in „Mut“ sprechen oder „i“ in „bieten“ vs. „e“ in „beten“, und dabei auf die Position der Zunge achten. Die Lippen können gerundet oder ungerundet sein, z.B. „loben“ vs. „leben“. Eine ausgeprägte Lippenrundung fällt generell der Sprechökonomie zum Opfer, sollte für eine präzise Artikulation jedoch geübt werden. Gerundete Vokale fehlen in den mitteldeutschen Dialekten.

Die Artikulationsbasis, die wir von Hause aus mitbringen, ist sehr prägend und entspricht einem sogenannten „Setting“ (vgl. Eckert, 1994), das der individuellen Aussprache eigen ist und das wir als Akzent wahrnehmen. Als Beispiel sei der Buchstabe „ä“ für das Niederdeutsche genannt. Wörter wie „Käse“, „täglich“ hören sich an wie „Keese“, „teeglich“. Für das Bayrische wäre „a“ typisch, das sehr dunkel und „o“-ähnlich klingt, z.B. „Vater“.

Wer eine größere Sensibilität zur eigenen Aussprache gewinnen will, sollte es sich zur Gewohnheit machen, täglich wenige Zeilen (Tageszeitung, Buch) laut zu lesen. Nur durch das laute Lesen werden die Artikulationsbewegungen bewusst und aktiv. Da wir beim stillen Lesen unsere Sprechwerkzeuge nicht bemühen müssen, entsteht auch keine motorische Aktivität. Sie ist aber notwendig, um die Aussprache zu trainieren. Um die eigene Aussprache erfolgreich und motiviert zu verändern, ist es ratsam, mit einem Lehrer zu arbeiten. Letztlich zielt Sprechen immer auf eine gute Beziehung der Gesprächspartner ab.

Solange die Verständlichkeit gewährleistet ist, sind auch für die Verständigung die besten Voraussetzungen geschaffen.

Übungsempfehlungen zur Aussprache:

- Üben Sie schwierige Wörter oder komplizierte Fachausdrücke vor einem Vortrag. Sie sind leicht anfällig für Versprecher und können sich bisweilen als Zungenbrecher erweisen, oder sie sind Ihnen selbst so geläufig, dass Ihnen eine undeutliche Artikulation gar nicht mehr auffällt (z.B. Mund-, Kiefer- und Gesichtschirurgie, Wiederherstellungschirurgie, Ökotrophologie-Expertin, Forschungszentrum für Extraterrestrische Physik, usw.)
- Üben Sie komplizierte Wörter, indem Sie sie langsamer sprechen, flüstern, schließlich Vokale und Konsonanten für sich sprechen. Letzteres ist nicht ganz einfach und zunächst befremdlich, fördert aber die deutliche Artikulation. Für „extraterrestrische Physik" erhalten wir e-a-e-e-i-e-ü-i, dann x-tr-t-r-str-sch-ph-s-k. Integrieren Sie im nächsten Schritt das Wort in die Gesamtheit des Gedankens oder Satzes, um den Redefluss sicherzustellen.
- Üben Sie Wörter mit den Vokalen „o" und „a" im Kontrast, z.B. rot – Rat, Boot – Bad, Rosen – Rasen, etc.) Erstens fördern Sie damit die Aktivität der Lippen, die bei „o" gespitzt und nach vorne gestülpt sind, zweitens müssen Sie bei „a" den Mund öffnen. Achten Sie darauf, keine Ersatzbewegungen zu machen, z.B. indem Sie gleichzeitig die Mundwinkel zur Seite ziehen.
- Üben Sie Wörter mit „sch" am Anfang. Die Lippen sind sehr stark vorgestülpt; dies macht die intensive Artikulationsbewegung bewusst. Üben Sie Wörter wie „spitz", „Spatz", „Stopp", „Stadt" etc. Kontrollieren Sie – auch mit Hilfe eines Spiegels – die starke Lippenrundung. Sie ist für das Deutsche korrekt.
- Der vielbeschworene Korken im Mund kann für kurze Zeit die Aktivität der Sprechwerkzeuge bewusst machen, gerade weil diese fixiert werden (der Unterkiefer). Die Beweglichkeit der Zunge wird erheblich eingeschränkt. Um die notwendige und erwünschte Lockerheit und Präzision beim Sprechen zu fördern, ist ein Korken jedoch kein geeignetes Mittel.

Sprechtempo, Pausen und Atmung

Konnten wir bei der Aussprache noch über den Inhalt des Gesagten hinwegsehen, ist dies bei der Gestaltung des Sprechtempos nicht möglich. Welche Gründe kann es geben, schneller oder langsamer zu sprechen? Vielleicht braucht der Adressat ein langsames Tempo, die Situation erfordert eindringliches oder bedächtiges Sprechen, oder unsere Einstellung zu dem Gesagten verlangt eine entsprechende Dynamik.
Ziehen wir beim Sprechen im Tempo an, verleihen wir einem Gedanken mehr Nachdruck, einer Handlung mehr Spannung, einer Geschichte mehr Lebendigkeit. Ein Text wird interessanter, abwechslungsreicher, energiegeladen, phantasievoll. Mit höherem Tempo verbinden wir mehr Kraft und Energie, kurz, mehr Leben. Schnelleres Tempo wird aber nur wirksam, wenn daneben Passagen langsamer gesprochen werden. Die Dynamik der Tempowechsel geht auch einher mit einer veränderten Stimmführung und manchmal einer Veränderung der Lautstärke. Das Wort Dynamik bedeutet Beweglichkeit. Diese wahrzunehmen, bezieht die Variabilität im Tempo, der Stimmführung und Lautstärke mit ein.
Unterschiedliche Tempi sind nur sinnvoll, wenn sich die Aussage zusammen mit der Intention des Sprechers ändert. Beim normalen Sprechen läuft dies automatisch ab, denn wenn wir meinen, was wir sagen, ist das Tempo Bestandteil der Emotion. Je klarer die Vorstellung, je präziser Sie einen Sachverhalt vor Augen haben, desto selbstverständlicher werden Sie das Tempo als Gestaltungsmittel einsetzen können. Ein Beispiel: Sprechen Sie den Satz „Ein Gewitter zieht auf.“ Stellen Sie sich vor, Sie sind mit einer Gruppe unterwegs und haben noch einen weiten Weg, um sich vor Regen in Sicherheit bringen zu können. Der Satz klingt besorgt und Sie sprechen schnell, um Eile zum Ausdruck zu bringen. Befinden Sie sich hingegen in sicherer Behausung ohne die Absicht, diese zu verlassen, werden Sie den Satz vermutlich mit mehr Gleichgültigkeit und langsamer sprechen. Tempowechsel können immer eingesetzt werden, um eine Geschichte besonders spannend zu gestalten.
Bei sachlichen Vorträgen interessiert uns das Tempo weniger als Gestaltungsmittel, sondern vielmehr, wie es für die Verständlichkeit op-

timal ist. Mit den Extremen kann ein Zuhörer nichts anfangen: Spricht jemand zu schnell, können wir nicht folgen, spricht jemand zu langsam, langweilen wir uns, weil es nicht vorwärts geht. Eine mittlere Geschwindigkeit von ca. fünf Silben pro Sekunde ist in der Realität wenig hilfreich, weil wir beim Sprechen oder Zuhören nicht nachmessen können. Manche Sprecher erwecken den Eindruck, „ohne Punkt und Komma" zu reden. Geschieht dies durch eine schnelle Abfolge und damit hohe Dichte an Lauten und Silben oder weil keine Pause zwischen den Gedanken entsteht? Umgekehrt, spricht jemand langsam, weil er durch Pausen seinen Redefluss unterbricht oder weil er die Wörter so gedehnt spricht, dass wir beim Zuhören ermüden? Wie wir das Tempo wahrnehmen, hat also auch damit zu tun, ob jemand Pausen macht und wo diese sich befinden. Nicht die Quantität oder absolute Dauer einzelner Silben ist entscheidend, sondern in welcher Relation diese zu den umgebenden Silben und Wörtern oder eben einer Pause steht. Ein mittleres Sprechtempo hat immer eine Variationsbreite und ist regional und individuell beeinflusst.

Pausen beim Reden

Die Bedeutung der Pause wird selten wahrgenommen. Es ist für die meisten von uns einfacher, zu reden als nicht zu reden und eine Pause auszuhalten. Eine Pause mit geistiger Präsenz enthält jedoch Spannung, vergleichbar den Pausen in einem Musikstück. Beim Vortrag empfinden wir als Sprecher Erwartungsdruck, dessen wir uns schnell entledigen wollen, indem wir weiterreden. Bei der Vorstellung „Was muss ich sagen?" stellen wir uns aber nicht auf die andere Seite, die des Hörers, der am Sinn beteiligt werden und verstehen will. Pausen haben ihren Platz, wenn ein Gedanke abgeschlossen ist. Ohne Pausen ist deshalb jede Rede unwirksam. Jeder, der lernen will, gut vorzutragen, muss vor allem auch lernen, still zu sein.

Vergegenwärtigen Sie sich noch einmal den Hinweis, nach der Begrüßungs- oder Einleitungsformel eine Pause von drei Sekunden Dauer verstreichen zu lassen. Anfänglich erscheint dies fast jedem vor Publikum unerträglich lang.

Wie können wir Pausen so einsetzen, dass sie das Sprechtempo positiv beeinflussen? Idealerweise entsteht nach einem Gedanken eine Pause. Geistig, weil der Gedanke abgeschlossen ist, und funktionell, weil wir wieder Luft holen müssen. Selbstverständlich bleiben die geistige Spannung und die Präsenz erhalten, sonst ginge der Kontakt zum Publikum verloren. Fehlt die Pause nach einem Gedanken, fehlt dem Hö-

rer der Punkt zum Anhalten, und er kann nicht mehr folgen. Nur in der Pause hat der Zuhörer die Möglichkeit, das Gehörte zu verarbeiten und wirken zu lassen. Als Sprecher denken wir schneller an das, was wir noch sagen wollen. Wo uns eine Pause lang erscheint, wirkt sie auf nahezu jeden Zuhörer angemessen. Nur wenn Pausen innerhalb eines Gedankens stehen und den Redefluss unterbrechen, wirken sie störend und erwecken den Eindruck, zu langsam zu sprechen.
Welche Rolle spielt nun die Atmung? Wenn wir Luft holen, entsteht zwangsläufig eine Pause. Glücklicherweise geschieht das Luftholen bzw. Einatmen automatisch, wenn ein Gedanke zu Ende ist. Ein- und Ausatmen erfolgt durch die Muskelkontraktion des Zwerchfells. Beim Einatmen zieht es sich zusammen, beim Ausatmen entspannt es sich. Der Fachausdruck hierfür lautet Abspannen. Ist die Atempause zu kurz oder gar nicht vorhanden, bleibt das Zwerchfell in einer leichten Anspannung und kann nicht so elastisch und flexibel reagieren wie in entspanntem Zustand. Dadurch entsteht das Gefühl von Rededruck. Leider nehmen wir diesen Mechanismus zunächst nicht bewusst wahr. Ein natürlicher Atemrhythmus entsteht durch das Ausatmen und das Zurückkehren in den Ausgangszustand. „Schnappen" Sie also nicht nach Luft. Die Pause, die Sie nach einem Gedanken zum Atmen brauchen, wird die richtige Länge haben. Probieren Sie dies aus, indem Sie einen Satz laut lesen und dabei eine Hand auf den Bauch legen. Bevor Sie mit dem nächsten Satz fortfahren, warten Sie, bis der Bauch sich von selbst bewegt. Dies ist gleichbedeutend mit dem Reflex des Einatmens.

Mit dem Atemrhythmus sprechen
Sprechen geschieht immer beim Ausatmen und ist gar nicht anders möglich. Setzen Sie sich nicht mit der Erwartung unter Druck, auf eine bestimmte Weise atmen zu müssen. Sehr viele Menschen reagieren auf jeglichen Impuls hinsichtlich der Atmung mit: „Bei mir bewegt sich nichts. Ich wusste ja, dass ich falsch atme." Lassen Sie Ihre Atmung in Ruhe! Sie tut von selbst das Richtige. Eine Wahrnehmungsebene ist das Gefühl. Wenn wir den Atemrhythmus spüren wollen, müssen wir uns auf die gefühlsmäßige Wahrnehmung einlassen. Dies ist jedoch nicht abrufbar. Eine andere Wahrnehmungsebene ist rational. Wer geistig bei dem Inhalt des Gesagten ist, wird seine Aufmerksamkeit nicht ohne weiteres auf die Atmung lenken können. Registrieren Sie diese beiden Wege, ohne sie zu bewerten. Wenn Sie in Atemdruck geraten, sind Sie geistig nicht ausschließlich bei dem momentanen Gedanken. Wenn Sie das momentane Bild präsent und vor Augen haben und mit dem Publikum in Kontakt sind, werden Sie nicht in Atemnot kommen. Das Sprechtempo können Sie dann als Gestaltungsmittel einsetzen, ohne mit der Atmung etwas tun zu müssen.

Fehlt das Abspannen, nimmt auch der Hörer eine mehr oder weniger deutliche Spannung wahr. Hastiges, kurzatmiges Sprechen überträgt sich beim Hören als inneres Nachvollziehen und macht das Zuhören mit zunehmender Dauer anstrengend. Je hastiger (gleichbedeutend mit häufiger und kürzer) wir beim Sprechen atmen, desto schneller wird das Tempo. Die Pausen werden kürzer und es entsteht eine höhere Dichte an Lauten und Silben. Je nach Typ erhöht sich die Wahrscheinlichkeit, sich zu verhaspeln. Trainieren Sie durch lautes Lesen den Umgang mit Ihrer Atmung beim Sprechen.

Empfehlungen für das richtige Sprechtempo:

- Sprechen Sie grundsätzlich in einem Tempo, bei dem Sie sich nicht beeilen müssen.
- Sprechen Sie in einem Tempo, das Sie mühelos artikulieren lässt.
- Sprechen Sie im Zweifelsfall langsamer, selbst wenn Sie das Gefühl haben, es wäre zu langsam.
- Variieren Sie das Tempo nur, wenn es der Gestaltung eines Gedankens angemessen ist (z.B. beschleunigen, wenn die Geschwindigkeit einer Handlung zum Ausdruck kommen soll).
- Variieren Sie das Tempo nur von einem Gedanken zum nächsten, nicht innerhalb eines Gedankens.

Redefluss

Unter Redefluss stellen wir uns Sprechen ohne Stockungen oder Versprecher und ohne Verzögerungslaute wie „äh“ oder „ähm“ vor. Wenn wir Sätze aufschreiben, können wir Formulierungen überlegen und uns mehr Zeit lassen als beim freien Sprechen. Für den Redefluss spielt es eine wichtige Rolle, wie wir Sätze konstruieren. Auch wie schnell oder langsam wir sprechen und wo wir Pausen machen wirkt sich darauf aus, wie „flüssig“ wir sprechen.
Was beim Hörer ankommen muss, sind vollständige Informationen, die als Sinneinheit repräsentiert sind. Werden diese unterbrochen, kommt die Information bruchstückhaft an und eben nicht flüssig.
Für die Seite der Wahrnehmung des Redeflusses hilft ein Bild: Sprache wird gesendet wie Wellen – tatsächlich handelt es sich akustisch ja auch um Schallwellen, die vom Mund des Sprechers an unser Ohr dringen. Eine Welle ist eine dynamische Bewegung und fließt in eine Richtung, in unserem Fall zum Hörer. Dort angekommen, hat sie ihren Scheitelpunkt erreicht und zieht sich wieder zurück. Fürs Sprechen heißt das, ein Gedanke oder eine Sinneinheit entspricht einer Welle. Wenn sie zu Ende und beim Hörer angekommen ist, entsteht eine Pause. Während der Gedanke „fließt“, hat eine Pause keinen Platz; sie würde den Fluss unterbrechen. Dies würde immer als Stockung im Redefluss erlebt. Pausen müssen zwischen Sinneinheiten gesetzt werden, aber nicht innerhalb derselben. Innerhalb einer Sinneinheit dürfen wir zügig sprechen, aber eben keine Pause machen. Sprechen bedeutet Fluss und Pause. Dies mündet in einen lebendigen Rhythmus, der seine Dynamik und Gestaltung auch durch die Betonungen erfährt, die dafür sorgen, dass nicht jeder Satz gleichförmig klingt. Der Redefluss repräsentiert einen Spannungsbogen, der von Ihnen als Sprecher ausgeht und beim Hörer als Adressaten ankommt. Hiermit sind dreierlei Phänomene verknüpft: die Atemspannung (Sprechen und Entspannen in der anschließenden Pause), die geistige Spannung und Präsenz (sie transportiert die innere Haltung vom Sprecher zum Hörer) und die Stimmführung. Letztere zeichnet einen Bogen der Stimmbewegung von tieferer Lage zu höherer Lage und wieder zurück.
Wodurch entstehen Stockungen? Manchmal suchen wir beim Sprechen nach dem richtigen Wort. Wir haben mehrere Gedanken gleich-

zeitig im Kopf und daher auch mehrere Wörter zur Auswahl. Manchmal gelingt es nicht auf Anhieb, das treffende, passende Wort zu finden. Geschieht dies innerhalb einer Sinneinheit, entsteht ein „äh“, eine Atempause oder eine Wiederholung. Stockungen ergeben sich also, wenn wir während des Sprechens noch die syntaktische Struktur der Sinneinheit planen. Was können wir dafür tun, „flüssig“ zu sprechen? Beim freien Sprechen haben wir eine Vorstellung, einen Gedanken, den wir mit einem Wort oder Begriff ausdrücken. Meist ist dies ein Substantiv als Informationsträger. Um aus der gedanklichen Vorstellung einen grammatisch korrekten Satz oder eine syntaktische Einheit zu entwickeln, treten die übrigen Wörter hinzu. Mehrere Vorstellungsbilder existieren teilweise gleichzeitig und nebeneinander, so dass wir permanent Denken und Sprechen ordnen und koordinieren müssen. Je klarer die Vorstellungen vor Augen sind, desto leichter lassen sie sich in Sinneinheiten formulieren. Kern ist ein Hauptwort (Substantiv) im Sinne eines „Worum geht es?“, das Verb gibt weitere Information im Sinne eines „Was passiert damit?“ Grammatisch erhalten wir so einfache syntaktische Strukturen, die überschaubar und für den Hörer leicht zu verstehen sind. Bei dem Anspruch, grammatisch komplexer und wie geschrieben zu sprechen, ist die Wahrscheinlichkeit größer, ins Stocken zu geraten. Das Sinn-Verstehen für den Hörer wird schwieriger. Mit kurzen Sätzen lässt sich dies leichter vermeiden. Sie haben nichts mit Einfachheit oder Anspruchslosigkeit zu tun.
Besonders kritisch ist es, wenn eine Sinneinheit oder der folgende Satz mit dem Wort „und“ angeschlossen wird. Dies geht fast immer damit einher, dass die Stimme am Ende der vorhergehenden Sinneinheit oben geblieben war und die Atempause fehlt. Der Sprechrhythmus wirkt gleichförmig. Wenn die Sinneinheit zu Ende ist, ist der Spannungsbogen abgeschlossen und die Stimme wieder in ihrer Ausgangslage angekommen. Die Empfehlung lautet daher, keinen Satz mit „und“ zu beginnen.
Das folgende Beispiel veranschaulicht, in welcher Wechselbeziehung der Redefluss mit dem Sprechrhythmus, dem Tempo und vor allem der Atmung steht.

Frau H. beklagt, einen Vortrag kaum durchzuhalten und in Besprechungen immer heiser zu werden. Bei ihrem Vortrag formuliert Frau H. sehr lange

Sätze, die zwar ihre Fachkompetenz unterstreichen, sie selbst aber in Rededruck bringen. Sie beschreibt das Gefühl, komplexe Sachverhalte in kurzer Zeit erläutern zu müssen und schnell zum Ende kommen zu wollen, was sie zu einer hastigen Atmung zwinge. Häufiges „und" und „ähm" behindern die Wirkung flüssigen Sprechens und erschweren das Zuhören. Im nächsten Übungsschritt spricht Frau H. in kürzeren Sätzen. An Stellen, an denen vorher „und" und „ähm" entstand, gelingt es ihr zunehmend, Pausen zu machen. In ihrem Berufsalltag ist Frau H. gefordert, den physiologischen Mechanismus von Atmen und Sprechen mit der Satzplanung zu koordinieren, um einen fließenden Rhythmus herzustellen.

Je mehr wir über die Zusammenhänge von Redefluss, Sprechrhythmus, Tempo und Pausen erfahren, desto nachvollziehbarer wird, warum dem freien Sprechen unbedingt der Vorzug zu geben ist vor dem abgelesenen Manuskript. Ausformuliertes abzulesen bindet den Sprecher optisch: der Sprecher liest die grammatische Einheit, nicht die Sinneinheit. Schafft der Sprecher es nicht, sich beim Vortragen von der Interpunktion zu lösen und in Sinneinheiten zu gliedern mit angemessenen Betonungen und Pausen, wird der Sinn auch nicht zum Hörer transportiert.

Empfehlungen für flüssiges Sprechen:

- Ein Gedanke beinhaltet einen Sinnkern und repräsentiert eine abgeschlossene, vollständige Information. Er entspricht einer Sinneinheit und transportiert Sinn und Bedeutung in die Vorstellungswelt des Adressaten. Davor und dahinter ist ein gliedernder Einschnitt, eine Pause, möglich.
- Begegnen Sie der Wahrnehmung, in Gedanken dem Sprechen schon weiter voraus zu sein mit kürzeren Sätzen. Denn je länger die Sätze, desto größer die Gefahr, Sinneinheiten zu verketten und syntaktisch kompliziert zu konstruieren. Ihre Satzplanung wird dadurch erschwert, dass Sie selbst alles behalten müssen. Wie aber soll es der Hörer, dem Ihr Konzept viel weniger vertraut ist als Ihnen?
- Ist ein Gedanke oder eine Sinneinheit zu lang für einen Atembogen, machen Sie innerhalb dessen eine Zäsur und holen kurz Atem. Der Spannungsbogen (der geistige Bogen) ist jedoch noch nicht zu Ende und die Stimme bleibt oben. Erst am Ende der

Sinneinheit ist der Spannungsbogen zu Ende, dort steht eine Pause, in der man – automatisch – abspannt und wieder einatmet.

- Ersetzen Sie „ähm“ durch eine Pause. Dabei werden Sie merken, wo das „ähm“ innerhalb des Gedankens steht oder am Ende einer Sinneinheit. Im letzteren Fall bedeutet es für Sie, dass die Pause angemessen ist, Sie mühelos Luft holen und die Hörer gut folgen können, weil die Sinneinheiten erkennbar sind. Steht „ähm“ innerhalb eines Gedankens, ist eine Pause fehl am Platz. Arbeiten Sie an Ihrer Satzplanung, indem Sie kürzere Sätze üben.

Stimmführung, Sprechmelodie und Betonungen

Das Wort Sprechmelodie erinnert an Musik: Die Stimme bewegt sich beim Sprechen in unterschiedlichen Tonhöhen. Geschieht dies unzureichend, empfinden wir Monotonie. Zu viel Wechsel von Hoch und Tief in der Stimme ist uns als Hörer unangenehm. Oft genug wird Dialekt von anderen distanzierend als Singsang bezeichnet. Vordergründig ist die Stimmführung leicht skalierbar, nämlich in hoch und tief. Doch können wir ohne geeignete Messinstrumente nicht die richtige Tonhöhe bestimmen, weder für jemanden individuell noch an einzelnen Stellen eines Satzes. Wie hoch oder tief unsere Stimme sein kann, ist unser Stimmumfang. Beim Sprechen nutzen wir das untere Drittel unseres Stimmumfangs. Dieser wird mittlere Sprechstimmlage oder auch Indifferenzlage genannt und entspricht den individuellen Proportionen und der Konstitution. Hier empfinden wir beim Sprechen keinerlei Stimmanstrengung.

Innerhalb dieser Indifferenzlage bewegt sich die Stimme beim Sprechen und es entsteht eine Sprechmelodie (Modulation). Wo wir etwas besonders hervorheben, entsteht eine Betonung. Sie ist von unserer Aussage abhängig und damit sprachlich gebunden. Der ständige Wechsel von Höhen und Tiefen macht die Stimmführung aus und ist auch individuell und regional beeinflusst.

Manche Seminarteilnehmer kommen mit dem Anliegen, sie möchten betonter oder akzentuierter sprechen. Andere haben einen guten Redner zum Vorbild, von dem sie der Meinung sind, so betont zu sprechen wie derjenige könne für die nötige Überzeugungskraft sorgen.

Die Vorstellungen, was betontes Sprechen genau sein soll, sind sehr vielfältig und beschränken sich nicht auf die phonetisch-linguistische Definition. Mit „betontem Sprechen“ verbinden wir eine besonders wirkungsvolle und ausdrucksvolle Sprechweise, durch die die Persönlichkeit besonders gut zur Geltung kommt. Betonung nehmen wir als ein ganzheitliches Phänomen wahr, ohne dass wir genau wissen, wie sie herzustellen ist. Betonung spricht mehrere Sinne an. Richtig zu betonen ist etwas, was sich logisch aus der Aussage ergibt, aber dennoch bestimmten sprachlichen Regeln folgt.

Was ist Betonung?

Betonung hat etwas mit Schwere zu tun. Betonte Silben werden im Vergleich zu unbetonten als schwerer empfunden. Ziehen wir einen Vergleich zur Musik. Wer kennt nicht den militärischen Duktus des „Links – zwo – drei – vier“? Beim ersten Wort „links“ setzt der linke Fuß einen Schritt. Dieser hat mehr Stärke als die drei darauf folgenden Schritte, die automatisch leichter genommen werden. Wir könnten auch sagen, der erste Schritt (von vieren) ist betont. Heißt es nur „eins – zwo, eins – zwo“, so ist der erste von zwei Schritten betont. Geschieht dieser Ablauf kontinuierlich, entsteht eine Taktung. Die Abfolge der Betonungen und die Länge der Silben – vergleichbar der Schrittlänge beim Gehen – macht den Rhythmus aus. Ist der Rhythmus immer gleich, entsteht der Eindruck von Monotonie und Langeweile.

Rhythmus und Betonung ist am deutlichsten in der Lyrik. In der klassischen Dichtung war die Abfolge betonter und unbetonter Silben festgelegt und hatte eine bestimmte Bezeichnung, nämlich das Versmaß, z.B. Jambus, Trochäus, Daktylus, Anapäst. Der Sprechrhythmus orientierte sich an diesem Versmaß.

Wo ein Wort betont wird, ist sprachlich festgelegt. Welches Wort im Satz betont ist, hängt von der Aussage ab, die wir machen wollen. Die Betonung kann demnach variieren. Wir sprechen vom *dynamischen Satzakzent.* Beim Sprechen trägt das betonte Wort die Hauptaussage, den Sinnkern. Dort kulminiert die gedankliche Vorstellung. Sie wird körperlich manifest durch eine wahrnehmbare Stimmveränderung und ist fast immer auch von einem gestischen und mimischen Ausdruck begleitet. Entspricht die Betonung dem, was ein Sprecher ausdrücken will, hat dies große Überzeugungskraft, weil es ins Bewusstsein des Hörers dringt.

Beim Sprechen bedeutet eine betonte Silbe oder ein betontes Wort mehr Stimmdruck und mehr Atemdruck. Dies heißt jedoch nicht, dass wir mit Druck arbeiten müssen, sondern lediglich, dass sich die Amplitude, d.h. die Lautstärke, um einen deutlich wahrnehmbaren (und

messbaren) Anteil erhöht im Vergleich zu den umgebenden Silben und Wörtern. Betonte Silben sind also lauter. Innerhalb eines Satzes oder einer Sinneinheit fällt auf das Wort, das die Hauptaussage trägt, auch die Hauptbetonung, die sogenannte Kadenz (lat. cadere = fallen). Das betonte Wort hat das meiste Gewicht, und keines der nachfolgenden Wörter wird mit gleicher Schwere gesprochen. Mit der Kadenz läuft der Satz aus. Stehen noch restliche Wörter im Satz, erhält keines davon mehr soviel Gewicht.
Betrachten wir als Beispiel die Frage „Wie heißen Sie?" Dazu gibt es folgende Variationsmöglichkeiten:

1. Wie *hei*ßen Sie?
2. Wie heißen *Sie*?
3. *Wie* heißen Sie?

Im Normalfall, wenn wir jemanden nach seinem Namen fragen, liegt die Betonung auf dem Wort „heißen", und zwar, der Wortbetonung gemäß, auf der ersten Silbe. Hätten wir nun einen Kreis von Personen vor uns, die wir alle nach ihrem Namen fragen, lautete die nächste Frage „Und wie heißen Sie"? Die Betonung fällt hier auf „Sie", denn wir fragen eine weitere Person. Betont wird immer das Wort, das eine neue Information trägt. Bekannt ist das Thema, das Nennen des Namens; neu ist, dass jetzt eine andere Person gefragt wird. Im dritten Fall könnte es sein, dass uns ein Name ungewöhnlich erschien oder schlecht verständlich war und wir uns vergewissern, dass wir den Namen richtig verstanden haben oder ihn wiederholt haben möchten. Hier kann die Betonung nur auf „wie" liegen. Diese Variante wäre jedoch inakzeptabel bei der ersten Begegnung mit einer Person und dem Erfragen des Namens.
Im Deutschen steht das hauptbetonte Wort meistens am Ende eines Satzes. Gehen wir von einem neutralen Satz aus, beginnt die Stimme in tieferer Lage und beschreibt einen Bogen nach oben, um zum Satzende wieder zur Ausgangslage zurückzukehren. Bsp.: „Wir gehen ins Kino."

Wir gehen ins *Ki-* no.

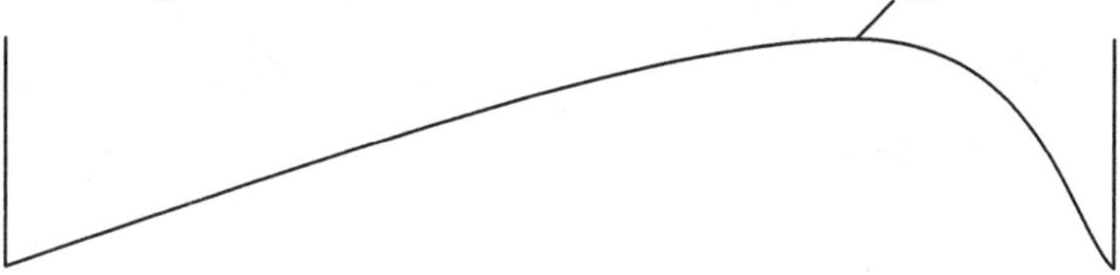

Wird die Stimme nach oben geführt, entsteht mehr Spannung. Zum Ende zur Entspannung kommt sie wieder in die tiefere Lage. In dieser Ausgangslage kann der Sprecher mit einem neuen Gedanken fortsetzen. Bleibt die Stimme oben, ist dies auch für den Hörer ein Signal, dass der Gedanke, die Sinneinheit noch nicht zu Ende ist. Im folgenden Beispiel (1) entsteht durch die Aufzählung jeweils eine sogenannte Staupause: die Stimme bleibt oben, es gibt keine Atempause, der Bogen geht weiter. So entstehen weitere „Gipfel" in der Betonung; sie sind jedoch nebenbetont. Nebenbetonte Wörter werden mit \ markiert, das hauptbetonte Wort mit /.

Sehr geehrter Herr Präsident, sehr geehrte Gäste, verehrtes *Pub*likum.

(Bsp. 1) Die Hauptbetonung liegt auf *Publikum*, die Sinneinheit ist zu Ende, die Stimme im Bogen wieder zur Ausgangslage geführt. Dies ist naheliegender als die Stimme oben zu lassen und fortzufahren (z.B. „... verehrtes Publikum – ich möchte ..."), denn mit der abgeschlossenen Sinneinheit wird auch dem Hörer ein „Anhaltspunkt" signalisiert. Im folgenden Beispiel 2 liegt auf *Publikum* eine Nebenbetonung, denn die Hauptbetonung fällt in den hinteren Teil der Sinneinheit auf das Wort *Gebäude*.

Verehrtes Publikum, heute dürfen wir das neue Ge*bäu*de einweihen.

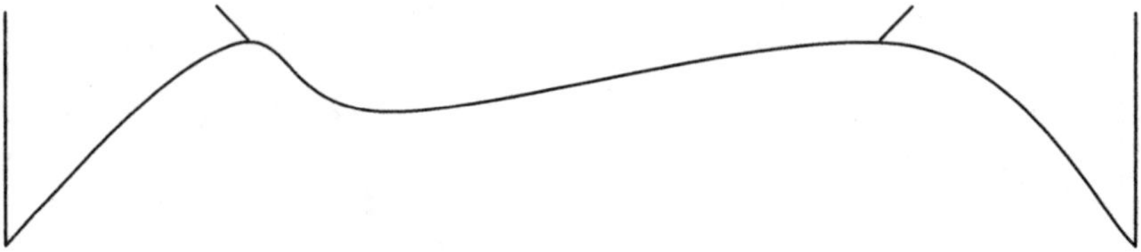

(Bsp. 2) Nach *Publikum* bleibt die Stimme oben. Es wird signalisiert, dass die Sinneinheit noch nicht abgeschlossen ist. Der Hörer wartet auf die Fortführung des Gedankens. Auch eine Pause kann daran nichts ändern. Je nach Absicht des Sprechers könnte eine Pause dramaturgisch sinnvoll sein und auch eine Atempause wäre denkbar.
Ein betontes Wort empfinden wir als wichtig. Hauptbetont ist innerhalb einer Sinneinheit aber nur ein Wort, weitere Wörter sind nebenbetont. Sie stehen immer vor der Hauptbetonung und kulminieren nicht in der Kadenz. Liegt gemäß der Aussage die Hauptbetonung und Kadenz in einer Sinneinheit schon früh, neigen viele Sprecher dazu, weitere Betonungen nachzuschieben. Dies zu vermeiden fällt manchen vielleicht deshalb so schwer, weil es gefühlsmäßig widerstrebt, so früh die Kadenz zu setzen und den Bogen, den die Stimme beschreibt, ohne weiteren Energiegipfel zu sprechen. Die Beispiele 1.-4. mögen die Betonung verdeutlichen:

1. Gu- ten *Mor-* gen

Betont wird *Morgen* (1.) Viele argumentieren spontan, man wünsche doch einen *guten* Morgen, weshalb *gut* als wichtig anzusehen wäre. Dies zu betonen setzte aber voraus, dass von der Tageszeit bereits die Rede war und jemand mit einem schlechten Morgen zu tun hatte.

2. Guten *Mor*gen, meine Damen und Herren.

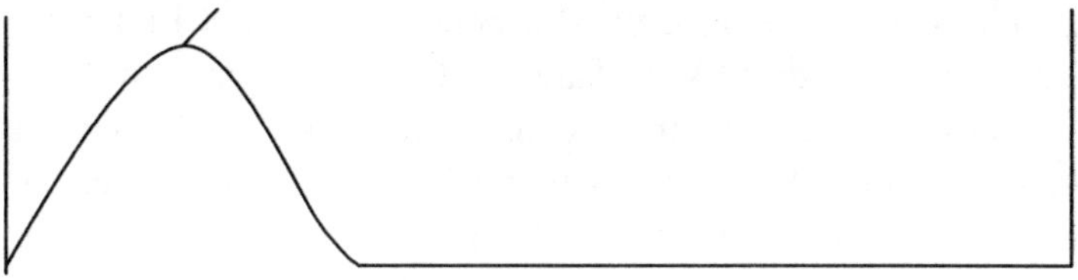

Indem *Morgen* betont wird, liegt bereits hier die Kadenz (2.).

3. Guten Abend, meine Damen und *Herr*en.

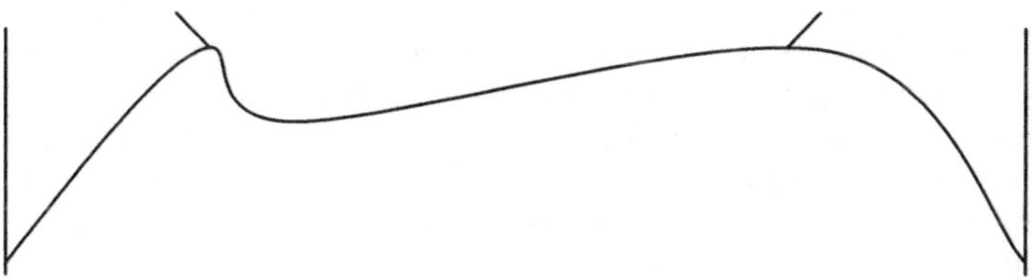

Alternativ kann das Ende der Sinneinheit betont werden, die vorletzte Silbe, *Herren*, wie in (3.). Heißt dies nun, die Damen werden vernachlässigt? Nein, es zeigt nur die Variabilität, die wir mit dem dynamischen Satzakzent und Sprechrhythmus im Deutschen haben. Eine Entscheidung für die finale Betonung (3.) ist möglich, hat aber einen weniger spannenden Sprechrhythmus zur Folge als in (2.). Die frühere Kadenz ist immer interessanter. Die finale Betonung kommt als Standardeinleitung bei vielen Vorträgen vor und wird leider fast ebenso standardmäßig mit der Stimme am Ende nach oben geführt. Bedenken Sie jedoch, es handelt sich um eine in sich abgeschlossene Sinneinheit, deren Bedeutung es ist, Ihr Publikum zu begrüßen. Leider hören wir vielfach: „Guten Abend, meine Damen und Herren – ich begrüße Sie zu dieser Veranstaltung – mein Thema lautet ..." Die Sinneinheiten werden aneinandergereiht. Mit etwas Glück werden zwar Pausen dazwischen gesetzt, wenn jedoch die Stimme nicht nach unten geführt wird, kann der Hörer nicht folgen. Die Aufmerksamkeit schwindet sehr schnell und der Hörer weiß nicht, warum es ihm so schwer fällt, zuzuhören.

Längere Sinneinheiten, die für einen Atembogen zu lang sind, werden durch eine Atemzäsur gegliedert, bei der die Spannung erhalten bleibt.

Der Bogen wird bis zum Ende der Sinneinheit *gedacht*.
Betonung steht auch im Dienste von Sprechrhythmus und Redefluss. Nicht jedes zweite oder dritte Wort kann als Gipfel kulminieren. Wörter, die nicht ausdrücklich betont werden, gehen in der Wahrnehmung deshalb nicht verloren. Betonung wird auch nicht durch Pausen erreicht, mit Hilfe derer ein Wort im Fluss abgesetzt wird.

Richtig betonen
Mit dem Phänomen Betonung verhält es sich ähnlich wie mit der Atmung. Wir haben ein Gefühl dafür, wie sie funktioniert. Beginnen wir aber darüber nachzudenken, was dem Sinn der Aussage angemessen wäre, geht dieses „richtige“ Gefühl manchmal verloren. Die beiden Wahrnehmungsebenen scheinen sich gegenseitig zu behindern. Selbst wenn wir fragen, welche Information neu oder wichtig ist, folgt die Stimmführung nicht automatisch dieser Überzeugung, sondern eher dem „Gefühl“, d.h. dem gewohnheitsmässigen Duktus, die Hauptbetonung ans Ende der Sinneinheit zu setzen. Je kürzer die Sinneinheiten, desto leichter ist es, das richtige Wort zu betonen. Berücksichtigen Sie deshalb bei der Satzplanung kurze Sätze und verlassen Sie sich zunächst auf Ihr Gefühl. Überprüfen Sie dann, ob Ihnen Ihre Betonung plausibel erscheint. Sprechen Sie den jeweiligen Satz laut. Je mehr Sie auf diese Weise an überschaubaren Sinneinheiten üben, desto mehr kommen das Gefühl und die rationale Einschätzung in Übereinstimmung.

Wenn wir beim Lesen den Punkt am Satzende sehen, scheint es sinnvoll, kurz vorher die Betonung zu setzen, entsprechend dem Gefühl, eine Kadenz zu schaffen, nach der die Stimme abfällt und der (geistige) Bogen zu Ende ist. Punkt und Komma regeln jedoch allein die Grammatik und dienen nicht der verlässlichen Orientierung für Sprechrhythmus und Betonungsmuster. Die Satzkonstruktion im Deutschen ermöglicht es zudem, das Verb, in dem wichtige Informationen enthalten sind, ans Ende zu stellen. Viele unangemessene Betonungen haben hier ihre Ursache. Folgen mehrere Sätze oder Sinneinheiten gleicher Konstruktion, entsteht der Eindruck des monotonen Sprechens mit immer gleichem Stimmbogen und finaler Betonung. Auch aus der Sorge heraus, nichts Wichtiges nebensächlich erscheinen zu lassen oder monoton zu klingen, werden mehrere Wörter in einer Sinneinheit betont. Dies beeinträchtigt jedoch das Sinn-Erfassen für den Hörer: Hört er eine Hauptbetonung, liegt dort der Sinnkern, hört er in der gleichen Sinneinheit eine weitere Hauptbetonung, muss er seine erste Wahrnehmung – fälschlich – korrigieren. Auch der Sprechrhythmus wird verzerrt. Es entsteht kein gleichmäßiges Fliessen, sondern immer neue Schwerpunkte, die das Verstehen nicht fördern, sondern die gehörte Aussage irritieren. Erstaunlicherweise praktizieren viele Journalisten in Rundfunk und Fernsehen dieses unglückliche Betonungsmuster.

Nicht wenige lesen einen Text oder ein Manuskript laut, ohne auch nur das geringste von dessen Inhalt mitbekommen zu haben. Dies entspricht nicht mehr und nicht weniger als dem Wiedergeben der Schrift in lautlich hörbare Sprache. Der Sprecher überlässt (meist vollkommen unbewusst) dem Hörer, ob dieser etwas versteht. Beim Lesen kommt es offenbar vor, dass der Sprecher den Bezug zur Bedeutung der Wörter verliert, die er lautlich wiedergibt. Ungeachtet dessen, wie dies zu begründen oder zu bewerten ist, zeigt es, welch komplexe kognitive Leistung wir vollbringen: Buchstaben erhalten aneinandergereiht zu einem Wort eine Bedeutung. In Sätzen erfahren wir die Bedeutung von Handlungen, Personen, von Sachverhalten und Zusammenhängen. Beim Lesen müssen wir zunächst optisch eine Sequenz von Wörtern erfassen, die einen Sinn ergeben, den wir selbst verstehen. Wir müssen in kürzester Zeit eine Vorstellung davon entwickeln. Über die Betonung und Stimmführung transportieren wir diese Vorstellung. Erst diese Sinnhaftigkeit, die wir Wörtern beimessen, macht aus ihnen lebendige Sprache. Erst von diesem Moment an wird auch ein Hörer in den Prozess des Verstehens und des Sinn-Erfassens eingebunden. Die Sprechmelodie ist somit nicht etwas, was man tun muss, um interessant zu klingen, sondern ein Ergebnis dessen, was für eine Vorstellung des Gesagten, welche Überzeugung und was für ein Interesse am Mitteilen jemand zum Ausdruck bringt.

Was bedeutet dies für das Vortragen? Schon beim optischen Erfassen eines Satzes müssen wir nicht nur die Sinneinheit erfassen, sondern auch die Aussage und damit das Betonungsmuster. Einen Text prima vista "richtig" vorzulesen, kann deshalb nur zum Zufallsprodukt werden. Es kann gelingen. Wird unangemessen betont, entsteht ein Gefühl der Unsicherheit, wenn nicht gar Unzufriedenheit, für den Hörer eine Irritation hinsichtlich der Aussage. Auch hinsichtlich Stimmführung und Betonung ist freies Sprechen gegenüber dem Ablesen die bessere Variante.

Die richtige Betonung beim Lesen beginnt mit der Manuskriptgestaltung, um das optische Erfassen der Sinneinheit zu erleichtern. Dazu ist ein Beispiel im Anhang aufgeführt.

Empfehlungen zum Üben von Betonung und Stimmführung:

- Lesen Sie kurze Passagen aus konkreten Texten vor, d.h. eine Geschichte, die passiert ist oder ein bevorstehendes Ereignis, und lesen Sie diese *laut*. Dies erleichtert Ihre Vorstellungskraft und fördert das Gefühl für die Aussage und damit für die Betonung. Je konkreter Sie Bilder vor Augen haben und eine eigene Vorstellung dazu, desto leichter fallen Ihnen eine lebendige Sprechmelodie sowie die passende Mimik und Gestik.
- Um ein Gefühl dafür zu bekommen, welches Wort betont werden muss, fragen Sie nach den Wörtern im Satz. Bsp.: „Wir gehen morgen ins Kino." Ohne Kontext wird zunächst final betont, „Kino". Fragen Sie „*Wer* geht morgen ins Kino?" lautet die Antwort „*Wir* gehen morgen ins Kino", „*Wann* geht ihr ins Kino?" – „Wir gehen *morgen* ins Kino." So verschiebt sich die Betonung je nach der Aussage. Beim spontanen Sprechen im Alltag nehmen wir das betonte Wort gerne in den Fokus und stellen es an den Satzanfang, z.B. würde man auf die Frage „*Wann* geht ihr ins Kino?" antworten mit „*Morgen* (gehen wir ins Kino)."

Stimmklang

Den Klang der eigenen Stimme nehmen wir als gegeben und unveränderlich hin. Haben wir bei anderen verbalen Kriterien noch klare Richtlinien oder zumindest Anhaltspunkte, sind wir beim Stimmklang völlig auf unser Empfinden und unseren Höreindruck angewiesen und können nicht einschätzen, ob die Stimme so „in Ordnung" ist.
Viele meiner Klienten und Seminarteilnehmer wünschen sich eine tiefere Stimme. Eine höhere Stimme wünschte sich bisher noch niemand. Bisweilen kommt es vor, dass sich jemand auf einer Aufnahme hört und überrascht ist, weil die Stimme tiefer oder schlicht anders klingt als erwartet. Unsere eigene Stimme hören wir nicht nur über die Verbreitung der Schallwellen in der Luft nach außen, sondern auch

über das Gewebe im Kopf, die Knochenleitung. Daher kommt es, dass manche mit dem Klang ihrer Stimme geradezu nichts anfangen können, oder sogar nicht als die ihre erkennen, wenn sie eine Aufnahme hören. In einer von mir durchgeführten, nicht repräsentativen Studie im Jahre 1999 antworteten auf die Frage nach der Einschätzung der eigenen Stimme auf dem Anrufbeantworter 85% der Befragten, ihren Klang als (äußerst) unangenehm zu empfinden. Die fehlende Vertrautheit macht es uns also nicht gerade leicht, uns mit unserem Stimmklang auseinanderzusetzen oder anzufreunden. Ob die Stimmlage so „richtig" ist, wie wir sie hören, und wie die Stimme auf andere wirkt, vermögen wir also kaum zu beurteilen.
Wenn wir den Stimmklang einschätzen wollen, müssen wir einerseits fragen, wie er zustande kommt, andererseits wie er empfunden wird. Tiefere Stimmen schätzen wir als kompetenter, selbstbewusster und überzeugender ein als hohe (Eckert 1994). Warum dies so ist, hat verschiedene Ursachen. Eine unwissenschaftliche Erklärung könnte sein, dass unsere Gesellschaft in den letzten Jahrzehnten männlicher geprägt ist. Das Maskuline ist das Entschiedenere, Stabilere. Männerstimmen schenken wir unbewusst mehr Vertrauen als Frauenstimmen. Hier finden wir jedoch einen wissenschaftlichen, akustischen Hintergrund, der gleichwohl als Erklärung nicht ausreicht: Männerstimmen enthalten aufgrund ihrer tieferen Lage mehr Obertöne als Frauenstimmen, d.h. ein tieferer Ton enthält naturgemäß mehr darüberliegende Schwingungen als ein höherer und ist daher akustisch „reichhaltiger". Sogar die Werbung macht sich dieses Phänomen zunutze: Eine tiefe Männerstimme im Abspann strahlt mit der sachlichen Information Kompetenz aus und weckt Kaufinteresse, während die erzählte „Story" gerne emotional und „farbig" (d.h. stärker moduliert) von Frauenstimmen ausgestattet wird.
Der Eindruck einer schönen, angenehmen Stimme ist subjektiv und orientiert sich nicht nur an deren Wohlklang, sondern auch an begleitenden Wahrnehmungen, z.B. nasalen Klanganteilen, dem Umfang, in dem sich die Sprechmelodie bewegt, begleitendem Lachen beim Sprechen, dem Mienenspiel. Die Einschätzung des Stimmklangs ist auch abhängig von der Mentalität und dem gesellschaftlichen „Zeitgeist".
Wann ist der Stimmklang „richtig"? Betrachten wir die Stimmlage: Objektiv gibt es keine Messungen, die eine Aussage darüber machen,

wann eine Stimme „zu hoch“ oder „zu tief“ erklingt. Wenn wir ohne Anstrengung und bei optimaler physiologischer Disposition sprechen, bewegt sich die Stimme im unteren Drittel des Stimmumfangs, der Indifferenzlage. Nur beim Singen lassen wir die Stimme höher oder tiefer erklingen als beim Sprechen und kommen manchmal an die Grenzen des Stimmumfangs. Jeder, der schon einmal nach Noten gesungen hat, kennt die Erfahrung, dass ein Ton plötzlich „zu hoch“ oder „zu tief“ war, um ihn noch ohne Anstrengung zu erreichen.

Weil es kein Stimmorgan gibt, haben die meisten nur eine sehr vage Vorstellung davon, wie die Abläufe funktionieren, die uns das Sprechen ermöglichen. Ohne Luft bekommen wir keinen Ton zustande. Durch die Luft beim Ausatmen und Nervenimpulse entsteht Muskelaktivität im Kehlkopf; die Stimmbänder (genauer: Stimmlippen) werden in Schwingung versetzt und erzeugen einen Ton. Das individuelle Timbre erhält die Stimme durch den Mund. Er fungiert als Resonanzraum. Formen Sie einmal den Mund zu den Vokalen „a“, „o“, „u“, so wird Ihnen die unterschiedliche Klangfarbe bewusst, die aus der entsprechenden Formung des Resonanzraumes resultiert. Dadurch werden die einzelnen Vokale bei jedem verstanden obwohl bei verschiedenen Personen die Stimme verschieden klingt. Der eigentliche Stimmklang, das Timbre, ist sehr individuell und hängt von den anatomischen Proportionen ab, z.B. der Länge der Stimmlippen, ihrer Masse und Dicke, der Größe des Kehlkopfes, dem Rachen- und Mundraum, der Kopfform mit den Nebenhöhlen. Die Sprechwerkzeuge haben schließlich die Aufgabe, aus dem Stimmklang verständliche Sprache zu produzieren.

Die Empfindung für eine Stimme ist immer subjektiv und auch durch Gewöhnung an die Person beeinflusst. Liegt eine Stimme dauerhaft außerhalb der Indifferenzlage, so kann dies irritierend auf den Hörer wirken. Pendeln wir während des Sprechens in der Tonhöhe einmal besonders nach oben oder nach unten, ist dies sicherlich noch kein durchgängiges Stimmmuster, sondern in der Regel von der momentanen Sprechsituation ausgelöst. Wenn eine Stimme sich als auffällig vom gesellschaftlichen Durchschnitt abhebt, wird sie auch so empfunden. Besonders „zu hohe“ Stimmen können problematisch sein. Manche junge Frauen behalten die Stimme, mit der sie als junges Mädchen gesprochen haben. Ist die Persönlichkeit gereift, reagieren viele Frauen verwundert und manchmal auch verärgert, wenn man ihnen nicht mit dem erwarteten Respekt begegnet. Auch bei Männern ist dieses Stimmmuster nicht ungewöhnlich, aber weniger auffällig, weil bei ihnen die Stimmlage insgesamt tiefer ist.

Eine Seminarteilnehmerin berichtete von einer ihr unangenehmen Erfahrung. Ihr Vorgesetzter hatte ihr von einer verärgerten Anruferin berichtet. Diese hatte von ihr als einer jungen Studentin gesprochen, die über den Sachverhalt nicht Bescheid gewusst hätte. Die Anruferin wollte deshalb mit dem Geschäftsführer verbunden werden. Die Betroffene war empört, da sie sehr wohl hätte Auskunft geben können. Ihre erhöhte Stimmlage wurde aber mit „zu jung = nicht kompetent" assoziiert und führte zu der (sicherlich nicht vorurteilsfreien) Kundenreaktion.

Im geschäftlichen Bereich sind solche Reaktionen nicht selten, doch meist erfährt der Betroffene nichts davon. Unsere Reaktion auf die Stimme ist unbewusst und unmittelbar und wir machen uns kaum die Mühe, unsere Einschätzung zu hinterfragen und, besonders bei Telefongesprächen, zu korrigieren.
Ein Stimmmuster wird meist unbewusst verwendet. Vielen gilt eine verhauchte, raue Stimme als der Inbegriff von Erotik. Solange die Stimmlippen keinen Schaden nehmen, ist dieses Stimmmuster eine Frage des persönlichen Geschmacks. Ist der Stimme ein näselnder Klang beigemischt, werden die Resonanzräume der Nasen- und Nebenhöhlen angesprochen. Dies ist zwar immer der Fall, doch nur wenn es verstärkt ausgeprägt ist, wirkt der Klang auffällig. Ein dumpfer Stimmklang hat als Ursache einen verengten Rachenraum. Meist wird die Zunge nicht genug bewegt und „klebt" im Rachenraum. Dadurch entsteht Druck auf den Kehlkopf. Für die Entfaltung des Stimmklangs ist dann im Mund schlicht zu wenig Platz.
Immer dann, wenn die Stimme von ihrem Wohlklang etwas einbüßt und die ausströmende Luft nicht in Klang umgesetzt wird, sondern als Geräuschanteile hörbar wird, fehlt es der Stimme an Brillanz. Bei dem Klangeindruck, den wir von Stimmen haben, bedienen wir uns gerne Wahrnehmungen aus anderen sinnlichen Erfahrungsbereichen, z.B. schrill, dunkel, hell, zart, rau, näselnd, dumpf, u.a.
Die Motivation, kompetent, selbstbewusst oder tiefer zu klingen, führt häufig zu der Reaktion, die Stimme abzusenken. Wie gelingt dies? Für

einen tieferen Klang bräuchten wir längere Stimmlippen. Sie sind uns jedoch anatomisch vorgegeben. Eine andere Möglichkeit ist ein größerer Resonanzraum. Dazu könnten wir den Kehlkopf tiefer stellen. Versuchen Sie dies einmal, indem Sie die Zunge scheinbar nach unten in Hals und Rachen drücken beim Sprechen, und Sie werden feststellen, dass die Stimme dabei einen tieferen Klang bekommt. Gleichzeitig werden aber Hals und Rachen verengt. Deshalb klingt eine Stimme manchmal auch knarrend oder dumpf. Die Stimmlippen werden durch die Enge und den Druck auf den Kehlkopf in ihrer Spannung schwächer. Ihre so geformte Masse kann nicht anders als tiefer erklingen. Die gewünschte Tiefe erreichen wir nur, indem gleichzeitig die Brillanz des Stimmklangs verloren geht. Um in den physiologischen Mechanismus nicht schädigend einzugreifen, müssen wir die ökonomischen Funktionsabläufe berücksichtigen.
Weil wir eine tiefere Stimme mit mehr Stabilität, Kraft und Kompetenz assoziieren, erwarten wir automatisch Übungen, die Krafteinsatz und Leistung verlangen. In vielen Fällen ist es jedoch förderlicher, die Stimme mit dem Volumen und der Resonanzfähigkeit des Körpers zu unterstützen. Folgendes Beispiel zeigt diesen Zusammenhang.

Frau C. hält ihren Kurzvortrag mit leiser, für die Zuhörer oft kaum zu verstehender Stimme. Darauf angesprochen, berichtet sie, auch in Gesprächen oft mit dem Problem, nicht verstanden zu werden, konfrontiert zu sein und beteiligt sich zunehmend weniger an einer Diskussion. Frau C. ist ihre erhöhte Stimmlage bewusst, es fehlen ihr jedoch Mittel, darauf einzuwirken. Im Training fördern gezielte Übungen Stabilität, „Erdung“, Körperbewusstsein und Resonanzfähigkeit, verbessern die Muskel- und Stimmspannung und beeinflussen das Stimmvolumen positiv.

Übungshinweise zur Entwicklung von Stimmklang und Stimmfunktion:

- Machen Sie sich mit dem Klang Ihrer Stimme vertraut, z.B. durch Anrufbeantworter, Video-Aufzeichnungen, o.ä.
- Lesen Sie kurze Texte laut vor und versuchen Sie auch einmal, sich in eine bestimmte Rolle zu versetzen, z.B. Märchenerzähler, Besserwisser, desinteressierter Pflichtabsolvent, usw. Dadurch erweitern Sie Ihre Modulationsfähigkeit (= Beweglichkeit der Stimme in verschiedener Tonhöhe) und lernen Ihren Stimmumfang kennen.

- Achten Sie auf einen stabilen Bodenkontakt, damit die Stimme ihre Basis behält. Federn Sie dazu auf den Zehenballen leicht auf und ab. Kneten Sie mit der Fußsohle einen Tennisball auf dem Boden. Nehmen Sie bewusst wahr, dass Ihre Füße danach flach auf dem Boden stehen und die Knie nicht durchgedrückt sind.
- Halten Sie mit motorischen Übungen Ihre Sprechwerkzeuge beweglich. Eine essentielle Übung ist es, die Zungenspitze hinter die oberen Schneidezähne zu legen (wie zur Aussprache von „l"). Bewegen Sie den Unterkiefer auf und ab, lassen Sie aber die Zungenspitze in der genannten Position. Sie sichern sich damit die Beweglichkeit des Unterkiefers, dehnen die Zunge und verhindern so eine frühe Verspannung der Mund- und Rachenmuskulatur.
- Zur Anregung und Lockerung der Sprechmuskulatur kann es sinnvoll sein, vor einem Vortrag Kaugummi zu kauen. Tun Sie dies dosiert, um nicht durch zu viel Kauen und Zubeißen die Muskulatur zu verspannen. Leises Summen auf einem Ton kann helfen, in der Indifferenzlage zu sprechen.
- Die Stimmgebung selbst ist selten das Problem. Wenn dies der Fall ist, gehört das Symptom in fachkundige Hände, d.h. in die Behandlung des HNO-Arztes. Dominierend sind die funktionellen Abläufe: Hat die Stimme Platz zum Klingen, d.h. wird der Mund aufgemacht? Ist die Artikulation präzise und fördert die Resonanz bei Vokalen und die Impulskraft bei Konsonanten? Ist die Luftführung ökonomisch?
- Räuspern bringt der Stimmfunktion keine Vorteile. Besser ist es, einen Schluck Wasser zu trinken, oder, wenn tatsächlich Schleim vorhanden ist, diesen abzuhusten. Räuspern wird schnell zur Gewohnheit. Die Stimmlippen sind durch Überbeanspruchung gereizt, wodurch ein Fremdkörpergefühl entsteht. Diesen *imaginären* Fremdkörper wollen wir wegräuspern.
- Übungen zum Stimmklang werden individuell sehr unterschiedlich aufgenommen. Ihre Wirkung hängt auch davon ab, wie zugänglich Sie dafür sind, diese Art der sinnlichen Erfahrung wahrzunehmen. Probieren Sie deshalb aus, was Ihnen angenehm und förderlich erscheint, ohne die Übungen zu bewerten oder eine bestimmte Wirkung von sich zu fordern.

Lautstärke

Wenn wir besonders laut sprechen müssen, strengt uns dies an, ebenso wenn wir flüstern. Spricht jemand zu laut oder zu leise, fällt es uns auf. Wann jedoch etwas zu leise oder zu laut ist, können wir nicht absolut bestimmen. Der Eindruck hängt von unserem Hörvermögen ab, von den akustischen Umgebungsbedingungen, der Situation, dem Thema, über das gesprochen wird und der Absicht des Sprechers.
Unterhalten sich zwei Personen in Gegenwart anderer in einer Lautstärke, als wären sie alleine in einem Raum, empfinden wir dies als zu laut. Das Gegenteil – zu leise – erleben wir beispielsweise, wenn wir bei einem Vortrag den Redner nicht verstehen, vielleicht weil wir nur weit hinten im Raum einen Platz gefunden haben, die Geräuschkulisse zu stark ist oder auch, weil der Sprecher nicht deutlich genug artikuliert. Einerseits ist die Lautstärke ein Kriterium, das dem funktionierenden Zusammenspiel von Atmung, Stimme und Sprechen unterliegt und für das Verstehen notwendig ist, andererseits ist es, ähnlich wie das Tempo, ein Gestaltungsmittel, mit dem wir unsere Haltung unterstreichen können.
Das Wort Lautstärke ruft bei den meisten von uns einen Zwiespalt hervor. Einerseits wünschen wir uns eine laute Stimme, und zwar vor allem, wenn es darum geht, uns Gehör zu verschaffen. Andererseits erscheint laut zu sprechen nicht weit entfernt vom Schreien, und lautstark auf sich aufmerksam zu machen hat mit gepflegten Umgangsformen sicherlich wenig zu tun. Die leisen Töne scheinen intimer, gepflegter, und insgeheim wirkungsvoller. Jemandem, der mit leiser Stimme auf sich aufmerksam machen kann, zollen wir mehr Respekt als jemandem, der dies durch Schreien tut. Der Forderung, lauter zu sprechen, können gerade ruhigere Persönlichkeiten oft nur schwer nachkommen. Sie sind jedoch nicht weniger glaubwürdig, solange das gesamte Redeverhalten stimmig ist.
Lautstärke wird für viele Sprecher dann zum Thema, wenn sie vortragen oder als Ansprechpartner präsent sein müssen. Viele beklagen eine zu leise Stimme oder haben Mühe, über die gesamte Vortragszeit laut genug sprechen zu können, ohne heiser zu werden oder mit Stimmproblemen konfrontiert zu sein. Die Fähigkeit zu mehr Lautstärke erfordert eine gute Stimmkraft. Sie lässt sich durch die Flexibi-

lität der Atemmuskulatur herstellen. Bei flacher Atmung bewegt sich das Zwerchfell nicht so intensiv und hat wenig Rückhaltekraft, um die Stimmfunktion zu unterstützen. Bei einer tiefen Atmung bewegt sich das Zwerchfell in größerem Ausmaß.
In anderen Sprachen (z.B. im Englischen, Französischen, Italienischen) finden wir für das Wort Lautstärke „volume". Physikalisch bezeichnet das Wort Volumen den Rauminhalt eines Körpers. Wenn es gelingt, unseren Körper als Klangraum zu nutzen, erreichen wir mehr Lautstärke. Schon in der Mundhöhle, einem Hohlraum, wird der Stimmklang modifiziert und bestimmte Klangbereiche verstärkt. Das umliegende Gewebe wird zum Schwingen angeregt. Dieser Mechanismus ist leicht nachvollziehbar, indem wir uns beispielsweise beim Sprechen die Ohren zuhalten. Weil innere Räume mitschwingen, hören wir den Ton auch „von innen". Wenn eine Schallwelle in Gang gesetzt wurde, entsteht durch das Mitschwingen eines Körpers eine Klangverstärkung: Resonanz. Die Resonanz reduziert sich zwar, je weiter wir uns von der Schallquelle, den Stimmlippen, entfernen, sie hört aber nirgendwo plötzlich auf. Je elastischer der Körper und die Muskulatur, desto mehr Resonanz entsteht und desto mehr Volumen entfaltet sich.
Die intensivste Atmung und der resonanzreichste Körper sind wirkungslos, wenn die Stimme „im Mund hängen bleibt". Eine enge Kehle, schmale Lippen, ein verkniffener Mund können keinen brillanten Stimmklang unterstützen und keine laute Stimme hervorbringen. Je präziser schließlich die Artikulation, desto brillanter der Stimmklang. Verwaschenem, nuschelndem Sprechen liegt selten eine gute Atmung und intensive Bewegung des Zwerchfells zugrunde. Eine laute, tragfähige und volumenreiche Stimme erklingt nur, wenn sie auch präzise hervorgebracht wird. Wer auf diese Weise eine laute Stimme hervorbringt, entfaltet auch Stimmkraft.
Lautstärke als Gestaltungsmittel geht fast immer einher mit der Variation anderer Kriterien, vor allem des Sprechtempos. Beiderlei Variation hängt immer von der Aussage und der Absicht ab, die der Sprecher damit verknüpft. Eine lautere Stimme kann erforderlich sein, z.B. um den Ausführungen Nachdruck zu verleihen, um Durchsetzungswillen zu zeigen, um Begeisterung oder Widerstand auszudrücken, und nicht zuletzt, um Sinneinheiten voneinander zu trennen. Dies könnte der

Fall sein, wenn in der einen Sinneinheit unsere Emotion zum Ausdruck kommt, in der nächsten eine sachliche Information (Bsp.: „Die Situation hat sich dramatisch verschlechtert", sagte der Nachrichtensprecher mit ernster Miene.).

Eine mittlere Lautstärke, in der wir sprechen, entspricht in etwa Zimmerlautstärke, setzen wir dabei eine normale Hörfähigkeit der anwesenden Personen und die Abwesenheit zusätzlicher Geräuschquellen voraus. Bei einem Vortrag ist der Kontakt mit dem Publikum entscheidend. Durch eine präzise Artikulation und ausgeprägte Stimmresonanz erreichen Sie nicht nur eine optimale Präsenz, sondern auch eine etwas höhere Lautstärke. Generell bedeutet die Forderung nach mehr Lautstärke mehr Deutlichkeit. Laute, schlecht artikulierte Sprache kommt als Klang und Geräusch an, ist aber nicht verständlich. Grundsätzlich sollte niemand so laut sprechen müssen, dass er sich angestrengt fühlt. Umgekehrt sollten auch die Zuhörer sich nicht anstrengen müssen, um den Redner zu verstehen.

Lautstärke als strategisches Mittel, um Aufmerksamkeit einzufordern, sollte sehr bedacht eingesetzt werden. Mancher Redner kann es sich, vor allem in Besprechungen, kraft seines Amtes oder seiner Rolle erlauben, so leise zu sprechen, dass die Zuhörer Mühe haben, zu folgen. Viele Pädagogen schwören auf leises Sprechen als ein hervorragendes Mittel, Aufmerksamkeit zu bekommen. Diese Strategie mag funktionieren, weist aber den Zuhörern mehr Verantwortung zu als dem Redner, denn sie werden dafür verantwortlich gemacht, ob und wie viel sie verstehen, ungeachtet der akustischen Verhältnisse (Hörvermögen, Geräuschkulisse usw.). Dauerhaft zu leise zu sprechen kann auf der Seite des Zuhörers für Frustration sorgen, weil er sich selbst nicht in der Lage sieht, das Problem zu lösen. Die Aufmerksamkeit und Aufnahmebereitschaft gehen dann erst recht verloren. Überlegen Sie als Redner deshalb gut, was Sie von Ihrem Auditorium verlangen und selbst zu geben bereit sind.

Sprechen mit Mikrophon
Wenn Sie in größeren Räumen vor Publikum sprechen, erhalten Sie in der Regel ein Mikrophon. Viele Redner machen sich Gedanken darüber, wie laut sie dann sprechen müssen und wie ihre Stimme klingt. Als Redner müssen Sie sich darum aber nicht kümmern. Ein Mikrophon dient dazu, dass alle Zuhörer im Raum Sie verstehen. Der Schall wird vom Mikrophon aufgenommen und lediglich verstärkt wiedergegeben. Als Sprecher merken Sie davon normalerweise nichts. Sie können also bedenkenlos so normal sprechen, als befänden Sie sich in einem kleinen Raum mit wenigen Personen. Sollte das Mikrophon einmal ganz ausfallen und kann die Panne nicht behoben werden, schalten Sie zusätzliche Geräuschquellen aus, versammeln Sie die Zuhörer möglichst nahe, artikulieren Sie präzise.
Beim Sprechen *vor* dem Mikrophon, d.h. wenn Ihr Vortrag aufgezeichnet oder für Funk- und Fernsehbeiträge mitgeschnitten wird, steht unverändert der Kontakt zum Publikum im Vordergrund. Sprechen Sie immer zum Adressaten. Bei nicht anwesenden Hörern ist es wichtig, diese in der Vorstellung präsent zu haben.

Übungsempfehlungen zur Entfaltung von Stimmkraft und Volumen:

- Trainieren Sie die Motorik Ihrer Sprechwerkzeuge. Dazu gehören ein lockerer Unterkiefer, eine bewegliche Zunge und eine intensive Lippenrundung.
- Fördern Sie Ihre Stimmresonanz: Summen Sie auf einem Ton auf „m“ sowie auf verschiedenen Vokalen. Geben Sie dem jeweiligen Klang Raum. Damit ist gemeint, dass der Klang im Körper Resonanz entfaltet, z.B. „i“ im Kopfbereich, „o“ im Brustkorb. Hören Sie darauf, dass der Klang sich auch im Raum entfaltet.
- Machen Sie Rufübungen. Stellen Sie sich (nicht sitzen!) an ein Ende eines Raumes und rufen Sie einem (imaginären) Partner am anderen Ende des Raumes zu, z.B. „He!“, „Hallo!“, „Warte“, usw. Wenn Sie dies mit innerer Überzeugung tun, spüren Sie die Aktivität Ihrer Atmung und die Bewegung des Bauches (Zwerchfells) und fördern Ihre Stimmkraft.
- Machen Sie Rufübungen und halten Sie dabei Ihre Hände muschelförmig seitlich an den Mund. Dies ähnelt einem Megaphon. Die Sprache wird so gebündelt und der Schall präziser weitergetragen. Bei weiterem Üben halten Sie die Hände seitlich an die Ohren, um selbst den Klang einzufangen. Ihre Stimme wird Ihnen lauter erscheinen. Gewöhnen Sie sich an den Klang.

- Lernen Sie, Ihre Lautstärke zu kontrollieren. Zu welcher Gelegenheit und mit wem sprechen Sie leise, verhalten, geheimnisvoll? Wann sprechen Sie „normal“? Wann sprechen Sie so laut, wie es Ihnen nur möglich ist? Trainieren Sie dies, indem Sie einfache, kurze Texte laut vorlesen. Je sicherer Sie sind, über welchen Lautstärkeumfang Sie verfügen, desto selbstverständlicher können Sie darauf zugreifen.
- Stellen Sie sich den äußeren Raum, in dem Ihre Stimme erklingt, als inneren Klangraum vor, d.h. Ihre Stimme soll mit ihrem Klang den Raum füllen, in dem Sie sich befinden. Bleiben Sie jedoch bei normaler Zimmergröße. Einen Saal, eine Halle oder einen Kirchenraum mit der Stimme zu füllen, ist nicht ohne weiteres möglich und führt bei ungeübten Sprechern schnell zum Schreien.

3.5 Publikumsreaktionen und Einwände

Was für die einen möglichst nicht vorkommen darf, treibt andere Redner zu Höchstleistungen: Fragen und Reaktionen aus dem Publikum. Beobachten Sie sich einmal selbst, wenn Sie einen Vortrag vorbereiten. Der Wunsch, den Vortrag möglichst schnell hinter sich zu bringen, am besten ohne die Gesichter der Zuhörer wahrzunehmen, steht gegen den Anspruch, anzukommen. Die Zuhörer sollen nicht nur folgen können, sondern sich auch überzeugt zeigen, am besten begeistert sein. Heiteres Lachen, Applaus und zustimmende Bemerkungen während oder am Ende des Vortrags wird niemand zurückweisen wollen. Auf kritische Blicke, Ein- und Ausgehen während des Vortrags oder kritische Fragen am Ende würden wir dagegen lieber verzichten. Ein Vortrag ohne Publikum wäre absurd, denn damit fehlte der Adressat, an den wir uns ja eigentlich richten. So entsteht für viele eine unbewusst paradoxe Vorstellung: Wir brauchen ein Gegenüber; dieses soll sich aber so neutral wie möglich verhalten.
Kurt Tucholsky hat zynisch bemerkt „Eine Rede ist, wie kann es anders sein, ein Monolog. Weil doch nur einer spricht. Du brauchst ... nicht zu wissen, dass eine Rede nicht nur ein Dialog, sondern ein Orchesterstück ist: eine stumme Masse spricht nämlich ununterbrochen mit. Und das musst du hören.“ ... „Kümmere dich nicht darum, ob die

Wellen, die von dir ins Publikum laufen, auch zurückkommen... Sprich unbekümmert um die Wirkung, um die Leute, um die Luft im Saale..."
Wir sind zwar als Redner vor dem Publikum allein, aber wir bleiben nicht unbeeinflusst vom Verhalten des Publikums. Was es uns leichter machen würde, wäre zu wissen, wie bestimmte Reaktionen einzuschätzen sind.

Nonverbale Reaktionen

Durch den Blickkontakt nehmen wir als Redner vielerlei Aktionen und Reaktionen aus dem Publikum wahr und lassen uns davon beeinflussen. Bei überschaubarem Publikum, bei dem die Möglichkeit zur Interaktion gegeben ist, kann dies positiv und sinnvoll sein. Je größer der Raum und die Anzahl der Zuhörer, desto weniger ist es möglich, unmittelbar auf Publikumsreaktionen einzugehen. Unter Umständen wird dann ohnehin nur der Gesichtsausdruck von den in den vorderen Reihen sitzenden Personen wahrgenommen. Viele Redner empfinden gerade dies jedoch als Mangel. Ist es für manche irritierend, Mimik und Verhalten bewusst wahrzunehmen, stört es noch mehr, wenn sie die Gesichter gar nicht mehr erkennen können. Offensichtlich sind wir als Redner auf den Kontakt zum Publikum angewiesen. Doch die Wellen, die vom Publikum zurückkommen, entstehen nur im Wechselspiel mit dem Redner, der sie aussendet. Deshalb beobachten Sie zuerst die Art, wie Sie selbst dem Publikum begegnen.
Welcher Rednertyp sind Sie?

- Sie nehmen Ihr Publikum gar nicht bewusst wahr und versenken sich in Ihr Thema – Sie sind themenbezogen.
- Sie registrieren die Mimik und Haltung einzelner Zuhörer und fragen sich besorgt, wie Ihr Vortrag ankommt – Sie interpretieren.
- Sie suchen bei einzelnen Zuhörern nach Verhaltensweisen, die Sie einordnen können und die Ihnen Aufschluss darüber geben, was angekommen ist. Sie ziehen weitere Schlüsse, was nun von Ihnen erwartet wird – Sie suchen Bestätigung.
- Sie beziehen so weit wie möglich das Publikum mit ein und versuchen, die Zuhörer für sich zu gewinnen; durch Fragen, humor-

volle Bemerkungen, vorweggenommene Reaktionen – Sie suchen die Interaktion.

- Sie nehmen einzelne Zuhörer in den Blick und werden durch den Blickkontakt so irritiert, dass Sie den Faden verlieren – Sie lassen sich ablenken.
- Sie richten so viele Fragen wie möglich an das Publikum und kommen durch die entstehende Dynamik erst richtig in Fahrt – Sie sehen den Unterhaltungswert.
- Sie nehmen die Mimik und Haltung einzelner Zuhörer wahr und registrieren Interesse und Aufmerksamkeit. Sie empfinden dies als positiv und bleiben mühelos bei Ihrem Thema. Auf eine Zwischenfrage reagieren Sie sachlich. Vereinzelte Unaufmerksamkeiten stören Sie nicht. – Sie agieren souverän.

Bei einer Reaktion handelt es sich um eine Antwort auf das vorausgegangene Verhalten. Wir lassen uns aber auch von Wahrnehmungen beeinflussen, die unabhängig von uns selbst oder dem Thema sind.

Welche nonverbalen Reaktionen sind denkbar? *Stirnrunzeln, lässige Haltung auf dem Stuhl, in die Hände gestützter Kopf, Gähnen, aus dem Fenster schauen, sich mit etwas anderem beschäftigen (Handy, Lektüre), Kaugummi kauen, Kopfschütteln, auffällig auf die Uhr schauen, Unruhe, den Raum verlassen, Schlafen, ...*

... und sicherlich noch einiges andere. Wie häufig sprechen wir für uns innerlich oder tatsächlich aus: „Der guckt so ...“, oder „Wie der da sitzt ...“. Ohne genau zu wissen, was hinter einer solchen Wahrnehmung steckt, messen wir ihr Bedeutung bei. Da es weitaus mehr Reaktionen gibt, die uns eher verunsichern als bestätigen, sind sie nicht unbedingt geeignet, unser Selbstvertrauen während des Vortrags zu festigen. Entscheidend ist es, Wahrnehmungen nicht auf sich selbst zu beziehen. Die wenigsten Verhaltensweisen werden von einem Zuhörer bewusst dazu benutzt, den Redner zu verunsichern, sondern geschehen aus einer gewissen Unaufmerksamkeit heraus. Berücksichtigen wir, a) dass beim Nur-Hören die Aufmerksamkeit ohnehin geringer ist als bei andersartiger Beschäftigung mit einem Thema, b) zusätzliche Wahrnehmungen beständig auf den Zuhörer einströmen und c) die Aufmerksamkeit und Konzentration schon nach 15-20 Minuten abnimmt, sind stets Faktoren vorhanden, die eine uneingeschränkte Aufmerksamkeit über die gesamte Dauer eines Vortrags behindern. Vielen

Wahrnehmungen können wir begegnen, indem wir sie ignorieren. Fragen Sie sich gemäß der rationalen Auseinandersetzung mit Lampenfieber, wie realistisch oder wahrscheinlich es ist, dass der Zuhörer sich aufgrund Ihrer Ausführungen so verhält. Ob ein Gesichtsausdruck tatsächlich gelangweilt ist oder ein Gähnen der Ausdruck von Langeweile, vermögen wir ohne näheres Wissen von der betreffenden Person kaum zu beurteilen. Es mag Anlässe geben, bei denen wir als Redner relativ zuverlässig sagen können, warum sich ein bestimmter Zuhörer gerade so verhält. (Bsp.: „Wenn mein Chef zuhört und den Kopf schüttelt, weiß ich genau, dass er nicht einverstanden ist.") Allzu leicht ziehen wir jedoch voreilige Schlüsse und manövrieren uns dadurch in Prophezeiungen, die sich manchmal auch erfüllen. Eine Interpretation der Wahrnehmungen ist daher grundsätzlich wenig vorteilhaft.

In besonders unangenehmen Fällen kann ein Konflikt bestehen, der nicht pauschal zu lösen ist. Stehen beispielsweise mehrere Personen auf und verlassen den Raum oder zeigen sonstige destruktive Verhaltensweisen, kann Ihr Vortrag ein Auslöser sein. Destruktives Verhalten dem Redner gegenüber muss nicht unbedingt in der Rede selbst seine Ursache haben und auch nicht gegen den Redner gerichtet sein. Machen Sie sich bewusst, dass dies bei sachlichen Vorträgen nur sehr selten vorkommt.

Konfliktträchtige Störungen

Sie sind als Vortragender nicht für jede Zuschauerreaktion verantwortlich. Im Gegenteil tragen auch die Zuhörer Verantwortung, indem sie ihre Bereitschaft zur Aufmerksamkeit mitbringen. Es mag durchaus Zuhörer geben, deren Absicht es ist, zu stören und dadurch auf sich aufmerksam zu machen. Dies hat meist nichts mit dem Redner zu tun. In schwierigen Situationen kann eine Ermahnung zur Ordnung angebracht sein und ein Hinweis auf das momentan Ihnen zustehende Rederecht. Droht eine Konfliktsituation (z.B. Wurfgeschosse) zu eskalieren oder lässt sich gar nicht lösen, muss u.U. Hilfe von außen (Ordner, Organisator, Geschäftsführer, Hausleitung) hinzugezogen oder ein Vortrag vorzeitig beendet werden.

Weil nonverbale Reaktionen so schwer einzuschätzen sind, können sie dazu führen, Lampenfieber zu fördern. Sich dann aber zu fragen, was man wohl falsch mache oder Falsches gesagt habe, führt Sie von sich weg; es ist eine Form, „außer sich“ zu sein. Bleiben Sie bei Ihren Ausführungen und fassen Sie Vertrauen zu dem, was Sie vorbereitet haben. Sie können hinsichtlich dessen, was Sie sagen, viel sicherer sein als hinsichtlich Ihrer Interpretation des wahrgenommenen Verhaltens von Zuhörern. Was Sie sagen wollen, wissen Sie, warum ein Zuhörer eine bestimmte Mimik zum Ausdruck bringt, wissen Sie nicht mit Sicherheit.

Eine gute Möglichkeit, gelangweilte Blicke zu vermeiden, ist eine transparente Gliederung des Vortrags. Rhetorische Fragen als Überleitung zum nächsten Abschnitt eignen sich gut, um die Aufmerksamkeit aufrecht zu erhalten. Setzen Sie zur Abwechslung Medien ein und fordern Sie Ihr Publikum durch Fragen zur Interaktion auf. Reaktionen werden dadurch konkreter. Eine reflektierende Frage (z.B. „Ich habe den Eindruck, Sie schauen kritisch, oder irre ich mich da?“) kann das Publikum auffordern, sich konkret zu äußern.

Strategien zum Umgang mit nonverbalen Reaktionen:

- Bleiben Sie bei Ihrem Thema und messen Sie augenscheinlichen Unaufmerksamkeiten im Publikum keine größere Bedeutung bei. Das wenigste bezieht sich auf Sie als Redner.
- Richten Sie an strategisch günstigen Stellen in Ihrem Vortrag Fragen (auch rhetorische oder Kontrollfragen) an das Publikum, z.B., „Was bedeutet das bis hierher für Sie?“, „Inwieweit ist das nachvollziehbar?“ Überlegen Sie sich je nach Thema und Situation vorher angemessene Fragen.
- Äußern Sie selbst eine mögliche kritische Reaktion, z.B. „Das werden Sie sicher für unwahrscheinlich halten“, „Ich kann mir vorstellen, dass Ihnen das nicht plausibel erscheint, aber ...“ Vermeiden Sie Formulierungen wie „Das wird Sie vermutlich langweilen.“ Zuhörer, die sich nicht langweilen, sehen sich als Außenseiter, andere fragen sich, warum der Redner, wenn er es weiß, es nicht interessanter machen kann.
- Eine unverhoffte, humorvolle Reaktion auf wahrgenommene Unaufmerksamkeiten kann durch den Überraschungseffekt sehr positiv wirken. So ziehen Sie sich die Lacher im Publikum auf Ihre Seite. Es kann jedoch sehr unangenehme, nicht absehbare Folgen haben, wenn der Betroffene sich bloßgestellt fühlt. Schlagfertig-

keit ist eine originelle, kurzfristig wirksame Methode, die Sie aber mit Bedacht einsetzen sollten.

- Vermeiden Sie, einzelne Personen, bei denen Sie Unruhe wahrnehmen, direkt anzusprechen. Dies führt Sie von Ihrem Thema weg und raubt Ihnen Ihre Souveränität. Lassen Sie sich auch nicht auf Diskussionen ein. Dies würde den „Unruhestifter" im Publikum stärken und könnte die Solidarisierung anderer zur Folge haben.
- Vermeiden Sie eine Herausforderung und lassen Sie sich nicht „anstacheln". Es jemandem auf niedrigem Niveau mit gleicher Münze heimzahlen zu wollen, nimmt Sie nicht für das übrige, wohlwollende Publikum ein. Sie könnten dabei nicht gewinnen.
- Verschanzen Sie sich nicht hinter Ihrem Thema oder einem Apparat von Medien. Konzentration auf das Thema und eine wache Aufmerksamkeit dem Publikum gegenüber gewährleisten Ihnen die nötige geistige Präsenz und führen selten zu unerwünschten Reaktionen.

Zwischenfragen

Fragen während eines Vortrags haben einen anderen Charakter als nonverbale Reaktionen. Sie sind konkreter und beziehen sich in der Regel auf das Gesagte. Deshalb fordern sie eine angemessene Antwort oder Reaktion seitens des Redners. Ein souveräner Umgang mit Zwischenfragen setzt Kompetenz, Mut und Sicherheit voraus. Kein Redner kann jedoch Zwischenfragen voraussehen. Die häufig vertretene Meinung, es gebe keine „dummen" Fragen, hat so lange ihre Berechtigung, wie eine Frage zu dem gerade Vorgetragenen passt. Ungünstig sind Fragen, wenn sie zu Details gestellt werden, die bereits erörtert wurden. Ein belehrendes „Das haben wir gerade besprochen" verbietet sich ebenso wie ein Hinweis der Kategorie „Sie haben wohl nicht richtig zugehört." In beiden Fällen würde der Redner die sachliche Ebene verlassen. Ratsam ist dagegen eine kurze, kompakte Wiederholung zur Beantwortung der Frage. Vorgreifende Fragen hingegen können beantwortet werden mit dem Hinweis, dies noch zu behandeln.

Bei moderierten Vortragsreihen oder Präsentationen werden normalerweise bestimmte Regeln vorgegeben. Meistens erhält das Publikum vom Moderator die Anweisung, Fragen erst im Anschluss an den Vortrag zu stellen. So wird sichergestellt, dass der Redner sein Rederecht behält und auf Zwischenfragen nicht eingehen muss. Für den Zuhörer hat dies den Vorteil, dass aufkommende Fragen eventuell im Verlauf des Vortrags beantwortet werden. Bei sehr formellen Anlässen, bei denen der Rahmen eine wichtige Bedeutung hat, verbietet die Situation Zwischenfragen.
Ähnlich den nonverbalen Reaktionen ist die Sorge vor Zwischenfragen bei vielen Rednern ebenso groß wie unberechtigt, denn sie beziehen sich nicht auf den Redner selbst. Viele befürchten, den Faden zu verlieren oder ertappt zu werden, etwas nicht zu wissen. Durch Zwischenfragen kann sich ein Vortrag sehr lebendig gestalten. Je offener die Vortragssituation, desto mehr können sie zugelassen werden. Sachliche Zwischenfragen sind immer ein Zeichen dafür, dass das Publikum mit großer Aufmerksamkeit folgt und sein Interesse bekundet.
Folgendes Beispiel zeigt, dass nicht nur Zwischenfragen selbst, sondern auch die Art, wie eine Frage gestellt wird, Einfluss darauf hat, wie wir damit umgehen können.

Herr V. hält einen Vortrag zum Thema digitale Übertragung in der Unterhaltungselektronik. Er tritt souverän auf und erläutert auch komplizierte technische Zusammenhänge verständlich. Ein Zuhörer stellt die Frage nach den Kosten. Obwohl Herr V. zufriedenstellend antwortet, fragt der Zuhörer weiter. Er formuliert seine Fragen im Stil von „Aber wie wollen Sie denn...?", „Aber müssen Sie denn nicht...?" Herr V. antwortet sachlich, präzise und detailliert, wodurch sein hohes Fachwissen zum Ausdruck kommt. Die „Fragetechnik" des Zuhörers fordert ihn immer weiter heraus, noch genauer zu antworten, so dass er schließlich nicht mehr zu seinem Konzept zurückkehrt. Bei den übrigen Zuhörern entsteht Unruhe und Widerstand. Im Anschluss an den Vortrag äußern sie sich verärgert. Sie fühlen sich um die Informationen betrogen, die in der verfügbaren Zeit zu Gunsten der Detailerklärungen an einen einzelnen Zuhörer gingen. Durch die herausfordernd gestellten Fragen geriet Herr V. in einen Rechtfertigungsmechanismus. Er fühlte sich mit seinem detaillierten Wissen auf sicherem Boden. Fachkompetenz war es jedoch nicht, mit der er den Zuhörer hätte überzeugen können.

Welche Möglichkeiten gibt es, auf Zwischenfragen zu reagieren? Zunächst muss der Redner spontan einschätzen, ob die Frage in diesem Augenblick in sein Konzept passt. Eine kurze Antwort ist auch im Sinne eines guten Zeitmanagements während der Rede besser als eine ausführliche Erörterung. Der Fragende ist mit einer knappen Antwort zufrieden. Die Antwort auf eine Zwischenfrage darf nicht soviel Zeit in Anspruch nehmen, dass Sie Ihre Argumente nicht mehr unterbringen oder sich mit dem Vortrag beeilen müssen. Überprüfen Sie, ob eine ausführliche Antwort dem Verständnis dienlich und der Wirkung Ihres Auftritts förderlich ist. Je länger der Vortrag, desto flexibler sind Sie mit der Zeitgestaltung. Führt eine Zwischenfrage auf einen Nebenschauplatz, können Sie leichter darauf eingehen als bei einem kurzen Vortrag. Um die – thematische und zeitliche – Gliederung für sich und das Publikum überschaubar zu halten, dürfen Zwischenfragen auch zurückgestellt werden. Manche Frage erledigt sich dann von selbst. Das Publikum wird es auch akzeptieren, wenn Sie eine Frage in seinem Interesse freundlich abweisen, z.B. „Es tut mir leid, aber darauf einzugehen würde zu weit führen.“ Verlangen Fragen sehr detaillierte Erklärungen, ist es sinnvoll, sie auf ein anschließendes Gespräch mit dem Zuhörer zu vertagen. Fragen, die sich kurz abhandeln lassen, sollten Sie immer entsprechend beantworten, z.B.: „Wo haben Sie die Zahlen her?“ – „Aus ...“, „Wie wurde das gemessen?“ – „Nach der Methode …“, „Wurde dabei auch ... berücksichtigt?“ – „Ja/Nein.“

Sie beantworten eine Zwischenfrage zwar für eine einzelne Person, aber dennoch für das gesamte Publikum. Es kann sich leicht benachteiligt fühlen, wenn ein Einzelner mehr Aufmerksamkeit bekommt. Führen Sie keinen Dialog, sondern beziehen Sie die anderen ein. Nehmen Sie erste Anzeichen von Unruhe unbedingt als ein Signal, eine Frage als ausreichend beantwortet zu betrachten.

Sie können nicht alles wissen. Niemand erwartet von Ihnen Perfektion. Es ist immer möglich, dass der Vortragende zu bestimmten erfragten Details keine genaue Antwort geben kann. Wirkungsvoller als um die Sache herumzureden oder kurz und knapp irgendetwas vielleicht Falsches zu sagen, ist eine selbstbewusste Reaktion im folgenden Stil: „Dazu kann ich momentan nichts sagen“ oder „So habe ich das noch gar nicht gesehen. Darüber muss ich noch einmal nachdenken“, „Dies ist der aktuelle Stand. Es kann sein, dass wir bei weiteren Untersuchungen neue Ergebnisse erhalten.“ Manchmal wird sachliche Kritik seitens des Zuhörers auch nur vorgeschoben, um recht zu bekommen. Hüten Sie sich jedoch davor, dem Zuhörer böswillige Absichten zu unterstellen. Geht es um machtpolitische Gründe, sind Folgen immer schwer abzuschätzen. Dann geht es aber generell nicht mehr um die Sache, sondern um die Beziehung zwischen Redner und Zuhörer. Unsachliche Zwischenfragen sollten Sie deshalb nicht thematisieren. Letztlich können Sie es niemals allen recht machen.

Empfehlungen für den Umgang mit Zwischenfragen:

- Antworten Sie knapp mit *Ja* oder *Nein*. Der Vorteil ist, dass der Zuhörer sich ernst genommen fühlt, indem Sie seine Frage kurz und sachlich beantworten. Nachteilig könnte sein, dass der Zuhörer sich mit der minimalen Antwort „abgespeist“ fühlt.
- Lassen Sie die *Frage wiederholen*. (z.B. „Ich bin nicht sicher, ob ich Sie richtig verstanden habe. Würden Sie die Frage noch einmal wiederholen?“) Vorteile sind: Der Zuhörer formuliert die Frage meistens etwas anders und arbeitet den sachlichen Aspekt noch deutlicher heraus. Sie selbst können sich bereits eine Antwort überlegen.
- *Geben Sie die Frage an das Publikum weiter*. (z.B. „Was meinen Sie dazu?“, „Wie sehen Sie das?“) Vorteil ist, Sie erhöhen die Aufmerksamkeit und sind nicht gezwungen, selbst zu reagieren. Schließlich kommen weitere Aspekte ins Spiel. Nachteil ist: Das Publikum muss überschaubar sein, und die konstruktive Interaktion ist nicht immer möglich.
- Stellen Sie eine *Gegenfrage*. Der Vorteil ist, der Zuhörer setzt sich selbst noch intensiver mit dem Aspekt auseinander und hat die Chance, selbst eine Antwort zu finden. Die Zwischenfrage ist „schnell“ abgehandelt. Ein Nachteil könnte sein, dass der Zuhörer sich durch die indirekte Aufforderung provoziert fühlen kann.

Diskussionsbeiträge

Beiträge einzelner Zuhörer innerhalb einer Diskussion folgen einem offiziellen Rahmen. Im Regelfall wird die Diskussion vorab schriftlich oder mündlich angekündigt und ein bestimmter Zeitraum dafür angegeben. Meistens sind Diskussionen bei sachlichen und fachspezifischen Vorträgen vorgesehen. Sie bieten dem Publikum eine Chance, sich mit eigenen Anregungen, Bemerkungen und Fragen an dem Gehörten zu beteiligen und sind daher eine sehr positive Form der Interaktion. Trotzdem sind viele Redner ähnlich wie bei Zwischenfragen zwiegespalten, ob sie Diskussionsbeiträge positiv oder negativ einschätzen sollen. Gar keine Reaktion kann je nach Rednertyp Erleichterung oder Enttäuschung auslösen; eine rege Beteiligung kann den Redner überfordern. Eine erleichterte „Flucht", nachdem Sie den Vortrag hinter sich gebracht haben, wird die Wirkung Ihres Auftritts nicht stärken, sondern schwächen. Suchen Sie deshalb mit Kompetenz und Selbstsicherheit Ihre Aussagen noch einmal zu unterstreichen. Die Wahl der „richtigen" Reaktion steht bei Diskussionsbeiträgen immer im Dienste der verfügbaren Zeit. Achten Sie darauf, bei der Diskussion nicht gleichsam den Vortrag zu wiederholen. Je nach Art des Diskussionsbeitrags sind verschiedene Antworten möglich und angemessen:

- Lassen Sie eine Bemerkung einfach so stehen und signalisieren Sie lediglich verstehende Rückmeldung (z.B. „mhm", „ja").
- Beantworten Sie die Frage knapp und kompakt.
- Manche Fragen lohnt es, ausführlicher zu besprechen. Eventuell kann auch das übrige Publikum beteiligt werden, indem man die Frage an es richtet. Behalten Sie bei einer solchen Diskussion die Zeit und die Aufmerksamkeit des gesamten Publikums im Auge.
- Antworten Sie mit einer Gegenfrage
- Stellen Sie die Frage zurück oder vertagen Sie sie auf ein Zwiegespräch im Anschluss an den Vortrag.

Nehmen Sie viele Diskussionsbeiträge positiv auf. Sie sind immer ein Zeichen dafür, dass beim Publikum etwas angeregt wurde und auf irgendeine Weise eine Auseinandersetzung mit Ihrem Thema stattgefunden hat. Erwarten Sie nicht uneingeschränkt Zustimmung. Gerade kritische Fragen bestätigen Interesse. Mit Ihrem Vortrag haben Sie Wirkung erzielt und man wird Ihr Thema mit Ihrer Person verknüpfen und in Erinnerung behalten.

Problematischer ist für viele die Frage, wie sie eine Diskussion in Gang bringen können. Der Vortrag ist beendet, es stehen fünf oder zehn Minuten Diskussionszeit zur Verfügung und niemand meldet sich zu Wort. Ziehen Sie auch hier nicht den voreiligen Schluss, die Zuhörer hätten sich gelangweilt oder wären nicht interessiert. Oftmals braucht es Zeit, bis eine Frage sich entsprechend formuliert und der Zuhörer sie stellen kann. Bei vielen besteht eine Scheu, sich durch Fragen in den Vordergrund zu spielen. Ähnlich wie auf der Seite des Vortragenden gehen sie davon aus, ihre Frage sei nicht bedeutend genug oder es gebe wichtigere Beiträge als der eigene. Wenn eine Diskussion erst einmal angeregt ist, entspinnt sie sich oft von selbst und es entsteht ein intensiver Austausch, der sich in Pausengesprächen noch fortsetzen kann.

- Regen Sie selbst die Diskussion an, indem Sie eine offene Frage an das Publikum richten, z.B. „Was hat Sie besonders interessiert?“ oder „Was halten Sie davon, wenn wir uns mit ... noch etwas intensiver beschäftigen?“
- Überlegen Sie sich vor Ihrem Vortrag selbst mögliche Fragen. Was finden Sie besonders interessant, eindrucksvoll, kritisch, erfolgversprechend etc.? Wovon glauben Sie, dass es für die Zuhörer besonders wichtig sein könnte? Geben Sie den Anstoß durch eine entsprechende Einleitung, z.B. „Sie haben sich sicher gefragt, ...“, „Vielleicht haben Sie sich über ... gewundert“, „Was meinen wir genauer mit ...?“
- Bei Konferenzen oder Tagungen ist es üblich, dass der Vorsitzende (Moderator, „Chairman“) am Ende des Vortrags eine Frage stellt. Wenn sich daraufhin keine weitere Diskussion entspinnt, ergreifen Sie selbst die Initiative mit Denkanstößen für das Publikum. Achten Sie darauf, dass die Beantwortung der Frage nicht zu einem Dialog zwischen Ihnen und dem Vorsitzenden wird.
- Manchmal besteht die Möglichkeit, sich Kollegen oder Bekannte im Publikum zu „Verbündeten“ zu machen, mit denen Sie vorab eine Frage vereinbaren und die Diskussion initiieren können.

Zwischenrufe

Im Gegensatz zu Zwischenfragen haben Zwischenrufe selten den Charakter, sich sachlich mit der Thematik auseinanderzusetzen. Eine Liste an Zwischenrufen kann sich jeder beliebig entwerfen, z.B. *Haha!, Aufhören!, Pause!, Mit uns nicht!, Typisch Mann!, Typisch Frau!*. Zwischenrufe werden vom Redner als besonders unangenehm empfunden, und beleidigende Zwischenrufe (z.B. „Sie Erbsenzähler!") können manchen aus dem Konzept bringen. Nicht wenigen Zuhörern fehlte bei direkter Konfrontation mit dem Redner der Mut, eine solche Beleidigung auszusprechen, und nur aus der Gruppe heraus sind sie dazu in der Lage. Durch Zwischenrufe äußern sie ihre Kritik spontan. Zwischenrufe sind immer emotionale Reaktionen. Der betreffende Zuhörer nimmt sich unberechtigt Rederecht und es fehlt das Respektieren des Redners. Zwischenrufe werden gemäß ihrer Bezeichnung fast immer gleichzeitig zur Rede geäußert und ähneln dem Ins-Wort-Fallen bei Gesprächen. Da keine sachliche Frage formuliert wird, ist nicht klar, worauf genau sich der Zuhörer bezieht und wie er zu dem Sachverhalt steht.

Die Motivation für Zwischenrufe kann sehr unterschiedlich sein. Es lohnt sich ein Blick auf die vier Seiten einer Nachricht: Ein Zuhörer kann auf sich aufmerksam machen wollen, indem er mitteilt, dass er auch etwas zu sagen hat. Der Aspekt der Selbstoffenbarung stünde im Vordergrund. Ein Zwischenruf kann ein Appell sein, der den Redner und das übrige Publikum herausfordern oder zum Handeln auffordern soll. Hier dominierte die Appellfunktion. Meistens offenbaren Zwischenrufe etwas über die Beziehung zum Redner, auch wenn die betreffenden Personen einander nicht bekannt sind, z.B. Neidgefühle oder der Wunsch nach Macht. Ein Zwischenruf würde vorwiegend etwas über die Beziehung aussagen. Manchmal verbirgt sich hinter einem Zwischenruf auch sachliche Kritik, die dann emotional geäussert wird, z.B. „Wo haben Sie das denn her?" Dies könnte ein Hinterfragen der angegebenen Zahlen sein. Der Zwischenruf würde auf der Sachebene vorgebracht. Wie ist die Wirkung? Um den sachlichen Aspekt aus einem Zwischenruf herauszubekommen, ist es weder zeitlich noch thematisch sinnvoll, sich mit einem Zuhörer auseinanderzusetzen. Mit einer Reaktion auf der emotionalen Ebene würden wir nicht nur Sympathien im Publikum verlieren, sondern auch riskieren, dass weitere Zwischenrufe aus dem Publikum geäußert würden, gemäß dem Prinzip, Öl ins Feuer zu gießen. Eine originelle, schlagfertige Reaktion kann wirkungsvoll sein. Dabei besteht jedoch immer die

Gefahr, sich vom sachlichen, themenbezogenen Vortrag zu entfernen. Es lohnt sich, je nach Publikum und Rahmen zu überlegen, ob Sie mit Fachkompetenz oder Originalität überzeugen wollen. Sobald Sie den Zwischenruf mit gleicher Münze parieren, begeben Sie sich von der Sachebene weg auf die Beziehungsebene und können schnell unglaubwürdig werden. Eine angemessene Reaktion auf Zwischenrufe ist deshalb so einfach wie wirkungsvoll: sie zu ignorieren.
Positive Zwischenrufe (z.B.: Genau!, Bravo!, Sehr gut!, nonverbal etwa Klopfen oder Applaus) können für den Redner eine angenehme Unterstützung sein, beweisen sie doch, dass er beim Publikum ankommt. Meist kommt dies in Reden vor, die sich mit einer emotionsgeladenen Thematik beschäftigen. Die Zuhörer identifizieren sich stark mit der Sache und der Redner spricht in ihrem Interesse (z.B. im Betriebsrat). Offenbar spricht er aus, was viele denken. Gleichwohl bleibt dem Redner auch hier nur, die Rufe zu ignorieren oder mit einer sachlichen Bemerkung die Aufmerksamkeit auf das Thema zu lenken, um den Vortrag ernsthaft und für das gesamte Publikum vorteilhaft zu präsentieren.
Überlegen Sie einmal selbst, wann und wie häufig Sie Zwischenrufe erleben, wenn Sie selbst vortragen. Sie werden feststellen, dass sie unter formellen Rahmenbedingungen eher selten sind und eine übertriebene Vorbereitung darauf nicht notwendig.

Einwände

Wenn Zuhörer das Gesagte so nicht akzeptieren wollen und sich in irgendeiner Form dazu äußern, sprechen wir von Einwänden. Sie können auf der Sach- oder auf der Beziehungsebene bestehen. Sie werden sie als Zwischenruf, Zwischenfrage oder als Bemerkung am Ende des Vortrags geäußert. Unsachliche Einwände können Vorwände, Taktiken, Strategien, Zweifel sein, sachliche Einwände beziehen sich auf das Thema und die Informationen, um die es geht. Welche Beweggründe für Einwände sind denkbar?

- Der Zuhörer will Macht demonstrieren, Wissen überprüfen, sich in den Vordergrund spielen, kontrollieren, Kritik suchen, manipulieren oder hat selbst Angst vor Manipulation.

- Der Zuhörer hat den Wunsch nach weiteren, genaueren Informationen, um sich überzeugt zu fühlen.
- Es bestehen innere Widerstände gegen das Thema, den Redner oder die Art, wie das Thema behandelt wird.
- Der Zuhörer will eigene Erwartungen erfüllt sehen.
- Der Zuhörer will den eigenen Wissensstand mit dem des Redners abgleichen.
- Der Zuhörer will den Informationsgehalt oder Nutzen erfahren.

Um mit Einwänden angemessen umzugehen, ist es weder erforderlich noch möglich, die genauen Motive des Zuhörers in Erfahrung zu bringen. Dieser ist sich manchmal selbst nicht darüber im Klaren. Auch wenn Sie sich bei sehr unangenehmen Einwänden persönlich angegriffen oder verletzt fühlen, ist dies nicht unbedingt die Absicht des Zuhörers. Unabhängig von der Wirkung eines Einwands auf Sie als Redner ist es notwendig und angebracht, professionell damit umzugehen. Beschränkt sich der Einwand nicht auf einen bloßen Zwischenruf, gilt grundsätzlich, ihn ernst zu nehmen. Damit zeigen Sie dem Publikum, dass Sie es wertschätzen, aber noch nicht, wie viel Bedeutung Sie dem Einwand beimessen. Zwischenfragen, die weiterführen und konstruktiv gestellt sind, können zur Diskussion anregen. In Ihrem Interesse als Redner wie auch im Interesse des Publikums ist es, einen Einwand knapp zu beantworten.

Mit den folgenden Reaktionen manövrieren Sie sich selbst in eine Defensivposition und kommen von der Sachebene weg.

Erklärungen	Bsp.: „Sie haben ja gar nicht X berücksichtigt.“ – „Was wir untersucht haben, beruht auf intensiven Vorbereitungen. Wir haben das Konzept A und das Konzept B entwickelt. Die Argumente aus beiden sprechen dafür, eine bestimmte Strategie zu verfolgen. Wenn man jetzt X dazunehmen würde, ... Besser wäre: „Dies war auch nicht notwendig.“ Oder „Das Konzept A hat sich als positiv herausgestellt.“
Rechtfertigungen	Bsp.: „Ich warte jetzt schon die ganze Zeit darauf, dass Sie endlich zu X Stellung nehmen.“ - „Ich dachte mir, es ist sinnvoller, sich auf A zu beschränken. Wenn ich X dazu genommen hätte, wären die Zusammenhänge nicht so plausibel gewesen.“ Besser wäre: „Dazu komme ich gleich.“ Oder „Im Interesse des Publikums

	muss ich das leider zurückstellen."
Belehrungen	Bsp.: „Aber das kann man doch so nicht machen." – „Sie werden schon sehen, dass wir mit unserer Vorgehensweise recht haben." Besser wäre: „Unsere Vorgehensweise hat sich als brauchbar/wirkungsvoll erwiesen."
Widerspruch	Bsp.: „Wir haben schon im vergangenen Jahr gegenteilige Ergebnisse festgestellt." - „Das kann aber nicht sein." Oder „Das ist aber der falsche Weg." Besser wäre: „Unsere Vorgehensweise basiert auf den neuesten Erkenntnissen." Oder „Wir haben uns bewusst für diesen Weg entschieden."

Eine für den Redner besonders unangenehme Form von Einwänden sind sogenannte *Killerphrasen*; Äußerungen, die den Redner und seine Argumente aushebeln und der Bezeichnung gemäß „platt" machen, „killen" sollen. Manchmal durchaus sachlich formuliert, will der Zuhörer recht bekommen, andere für sich und seine Meinung einnehmen, den Redner in die Enge treiben oder ihm eine parteiische Meinung entlocken. Killerphrasen haben zerstörerische Wirkung und mit der Sache nichts zu tun. Weil Provokationen und emotionale Reaktionen sich sehr leicht übertragen, sollte sich der Redner dies zunächst bewusst machen. Jede weitere emotionale Äußerung oder Diskussion mit dem Zuhörer wäre der seriösen Wirkung des Redners abträglich und würde nur weiter das Feuer schüren. Manchmal kann der Redner einen sachlichen Hintergrund erfragen (z.B. „Was genau meinen Sie mit…?", „Wie soll das konkret aussehen?", reflektierend etwa „Ihrer Meinung nach sollte also…?") und es gelingt, die Aufmerksamkeit damit wieder auf die Sache zu lenken. Für hartnäckige Einwände kann es sinnvoll sein, sich passende Reaktionen und Formulierungen vorzubereiten. Beispiele:

- „Woher wollen Sie das wissen?" – „Ich habe mich entsprechend informiert."
- „Es ist allgemein bekannt ..." – „Was meinen Sie selbst dazu?"
- „Sind Sie sicher?" – „Ja."
- „Ja, aber ..." – „Worauf bezieht sich Ihr Ja?"

Geben Sie nicht um jeden Preis eine knappe Antwort. Wichtiger ist es, mit genügend Kompetenz und Sicherheit aufzutreten und besonnen zu reagieren. Bedenken Sie, dass Sie mit einer schlagfertigen Antwort für den Augenblick zwar „gewinnen“, aber nichts weiter vom Zuhörer erfahren. Eine Rückfrage dagegen würde den Zuhörer auf sich selbst verweisen (z.B. „Sie meinen also, ich wäre mir nicht sicher?“, „Sie sagen, es sei allgemein bekannt …“) und die Chance bieten, die Aufmerksamkeit wieder auf die Sachebene zu lenken. Eine schlagfertige Reaktion hat wenig mit einem kommunikativen, partnerschaftlichen Miteinander zu tun. Wägen Sie bei Einwänden ab. Wertschätzung schadet im Zweifelsfall weniger als eine triumphierende Parade-Antwort.

Eine „Killerfrage“, die so manchen Redner nach einem sachlichen Vortrag aus dem Konzept bringt, ist „Und wofür machen Sie das?“ oder „Und wozu soll das gut sein?“ Eine Frage, die dem Thema, dem Vortrag und dem Redner selbst seine Berechtigung zu entziehen scheint. Aus dem ersten Impuls heraus beginnt jeder zu überlegen, wo man mit einer Erklärung am besten ansetzen könnte. Ob sich der Zuhörer damit zufrieden gäbe, ist zweifelhaft. Nehmen Sie die Selbstoffenbarungsebene in den Blick. Was teilt ein Hörer mit einer solchen Frage von sich mit? Darin zeigt sich ein Problem mit dem Thema oder seiner eigenen Motivation. Lassen Sie sich deshalb nicht auf eine grundsätzliche Diskussion ein. Sie haben sich für Ihr Thema entschieden, oder haben es gewählt, weil sie es als Ihre Aufgabe ansehen, sich damit zu beschäftigen, und letztlich, warum sollte man sich nicht damit beschäftigen? Wirkungsvoll mag daher eine entsprechende Gegenfrage sein: „Was glauben Sie, wofür das gut sein könnte?“

Je mehr Sie deutlich machen, dass Sie nicht an Macht interessiert sind oder daran, einen Vorteil zu erlangen, sondern an der Sache, desto positiver ist dies für die Wirkung Ihres Auftritts. Je selbstverständlicher Sie signalisieren, dass Sie bei der Sache bleiben, desto leichter ist das Publikum bereit zuzuhören und desto bereitwilliger bringt man Ihnen Respekt entgegen.

Reaktionen, wie sie auf Zwischenfragen zu empfehlen sind, lassen sich auch bei Einwänden einsetzen. Je offener die Vortragssituation, desto mehr Interaktion mit dem Publikum ist möglich und kommt zustande. Je mehr die Zuhörer sich mit Fragen und eigenen Gedanken beteiligen, desto weniger wird der Redner diese als Einwände erleben. Vielmehr entsteht der Eindruck eines konstruktiven Austausches, bei dem beide „Parteien“ nahezu gleichermaßen beteiligt sind. Gelingt es dem Redner, den roten Faden zu behalten, die nötigen Informationen zu vermitteln, indem das Publikum zu einem Teil selbst an der Erarbeitung beteiligt wurde, entsteht eine sehr wünschenswerte Form der Kommunikation. In diesem Sinne sind Einwände Impulse und Anregungen, die Sache aus einer anderen Perspektive zu betrachten. Das dialogische Prinzip des Teilhabens der an der Kommunikation beteiligten Partner wird so verwirklicht.

4. Kommunikation in Gesprächen und Besprechungen

Warum gibt es Besprechungen? Führungskräfte erhalten täglich einhundert und mehr E-Mails, die den Austausch von Informationen regeln und garantieren. Dennoch sind sie oftmals längere Zeit in Besprechungen involviert als sie an ihrem Arbeitsplatz verbringen. Die Kommunikation mittels elektronischer Post nimmt noch immer zu, kann aber die mündliche Kommunikation offenbar nicht ersetzen. Die Informationen, die wir im persönlichen Kontakt miteinander erhalten, scheinen unverzichtbar zu sein, wenngleich sie *zusätzlich* zur rein inhaltlichen Nachricht sind. Über eine Sache zu sprechen, währenddessen auch die Beziehung der Beteiligten untereinander spürbar ist, hat einen größeren Stellenwert als die bloße sachliche Mitteilung in Schriftform. Offenbar können wir eine Sache besser einschätzen und fühlen uns sicherer, die eigene Position darzustellen, wenn wir auch ein Gefühl dafür haben, wie die anderen dazu stehen. Nicht nur der digitale Wert einer Nachricht, d.h. der pure Informationsgehalt, hat für uns Bedeutung, sondern auch die Person und mit ihr die Art, wie etwas vermittelt wird. Die Beziehung zwischen Sprecher und Hörer, die Einstellung zur Sache, das, was wir über uns selbst mitteilen, sowie der Appell sind Steuerungsvorgänge, denen wir im Gespräch unterliegen. Es wird also auch neben den Worten verhandelt und diskutiert.
Indem wir etwas besprechen, nehmen wir andere in den Entwicklungs- und Entscheidungsprozess über eine Sache mit hinein. In Heinrich von Kleists Abhandlung „Von der allmählichen Verfertigung der Gedanken beim Reden“ erfahren wir, dass sich Gedanken durch das Aussprechen präzisieren. Ebenso wissen wir, dass das Formulieren eigener Gedanken Klärung schafft. In diesem Sinne dient eine Besprechung dazu, Ziele und Lösungsansätze innerhalb einer Arbeitsgruppe zu klären, Entwicklungen voranzutreiben und Entscheidungen zu finden.

Im Idealfall zielen die Beteiligten auf Verständigung und Einverständnis ab. Das zugrundeliegende Wort heißt „verstehen“. Wann und unter welchen Bedingungen erleben wir eine Besprechung und ihren Ausgang als befriedigend oder erfolgreich? Warum stoßen wir in Gesprächen an Grenzen? Warum kommt es zu Missverständnissen oder treten Konflikte auf? Wollen wir den Erwartungen aller beteiligten

Personen gerecht werden und das gesetzte Ziel nicht aus den Augen verlieren, stellt sich die Kommunikation in Gesprächen und Besprechungen als höchst anspruchsvoll dar.

4.1 Das Gesprächsklima

Wenn wir über ein Thema reden, stellt sich immer die Frage, welche Rolle oder Position jeder innehat. Besteht eine Hierarchie oder besteht Gleichwertigkeit? Gibt es einen Moderator, der dafür sorgen kann, dass das Gespräch sachlich geführt wird, oder gelingt es den Teilnehmern selbst, einen fairen, ausgeglichenen Gesprächsstil herzustellen? Inwieweit beeinflusst die Beziehung der Beteiligten untereinander ihre Kommunikation?

Herr W. zählt in einer Besprechung zum Thema Kostenplanung die erreichten Zwischenergebnisse auf. An einem bestimmten Punkt kommt von einem Vorgesetzten die Frage, wieso die Ergebnisse nicht besser seien. Weil er damit nicht einverstanden ist, äußert er sich mit lauter Stimme und in ungehaltenem Ton. Für Herrn W. ist der Widerstand seines Vorgesetzten deutlich zu spüren. Um die Besprechung konstruktiv fortsetzen zu können, ist es notwendig, auf der sachlichen Ebene zu bleiben. Wie soll er reagieren? Durch die Reaktion seines Vorgesetzten sieht Herr W. seine eigene Leistung schlecht bewertet. Er befürchtet sogar, seine Vorschläge zur Strategie würden künftig weniger zählen. Genau genommen fürchtet er, die Beziehung zu dem Vorgesetzten könnte gestört sein.

Was ist alles passiert? Zunächst einmal geht es um ein für das Unternehmen sehr bedeutsames Thema, das für sich genommen schon kontrovers genug ist, um Meinungsverschiedenheiten entstehen zu lassen. Eine andere Meinung kann Widerstand erzeugen, der sich je nach Persönlichkeit stärker oder schwächer wahrnehmbar äußert. Der Gesprächspartner reagiert je nachdem, welches Kommunikationsverhalten er bevorzugt und wie die Umstände liegen.

Obwohl im vorliegenden Fall die Rolle und Hierarchieebene der beiden Partner eindeutig war, entstand aufgrund der unerwarteten Nachricht eine emotionale Reaktion. Nehmen wir an, die Äußerung des Vorgesetzten „Wieso sind denn die Ergebnisse nicht besser?“ ließe sich als Selbstoffenbarung interpretieren. Neutraler formuliert könnte sie lauten: „Die Ergebnisse erstaunen mich. Ich hätte bessere erwartet.“ Wenn Herr W. der Meinung wäre „Das ist Ihr Problem“, aber sagen würde „Tja, damit müssen Sie sich abfinden“, wäre es eine mögliche Reaktion auf die Selbstoffenbarung, aber in der Situation nicht akzeptabel. Die vom Vorgesetzten vorgebrachte Frage bezog sich zwar auf die Sache, ließ sich aber durch ihre Formulierung auf der Beziehungsebene interpretieren. Sie verlangt scheinbar nach Erklärung oder Rechtfertigung. Eine entsprechende Antwort wäre z.B. „Aber wir haben alles getan, um bestmögliche Resultate zu erzielen...“ Um auf der sachlichen Ebene zu bleiben, hat Herr W. fast nur eine Möglichkeit, nämlich die Frage sinngemäß zurückzugeben: „Sie meinen, die Ergebnisse wären zu schlecht?“, „Sie glauben, aufgrund der Vorgaben hätten wir bessere Ergebnisse erwarten dürfen?“, „Sie finden die Ergebnisse schlecht.“ Es ist möglich, dass der Vorgesetzte Verständnis zeigt, lässt sich jedoch nicht garantieren. Bliebe er trotzdem auf der Beziehungsebene, könnte er beispielsweise erwidern: „Natürlich, wie sollen wir das denn vor dem Kunden vertreten?“

Das Beispiel zeigt: Auch wenn es kaum möglich ist, über die emotionale Ebene hinwegzusehen, ist es für jeden von uns von Interesse, sich mit den eigenen, „automatischen“ Reaktionsmustern auseinanderzusetzen und sie zu reflektieren. Jede Äußerung, die auf der Sachebene gemacht wird, ist eine Chance für einen befriedigenderen Ausgang einer Besprechung. Daher ist auch jeder Teilnehmer herausgefordert, sich nicht nur mit Thema und Inhalt auseinanderzusetzen, sondern einen sachlichen, konstruktiven Kommunikationsstil zu pflegen. Die Teilnehmer sind Partner (lat. pars = Teil, particeps = teilhabend). So gesehen ist nicht nur der Vorgesetzte, Moderator oder moderierende Teilnehmer für das Gelingen der Besprechung verantwortlich, sondern alle Teilnehmer durch ein verantwortliches, konstruktives Vorgehen. Für ein positives Gesprächsklima ist es zunächst unerheblich, in welcher Rolle wir sind.

Was hinter Formulierungen steckt

Aus der Transaktionsanalyse nach dem Psychologen Eric Berne ist bekannt, dass unsere Persönlichkeit auf der Grundlage von drei sogenannten Ich-Zuständen beschrieben werden kann: dem Kind-Ich, dem Eltern-Ich und dem Erwachsenen-Ich. Unsere Gedanken, unser Verhalten und demnach unsere Art zu kommunizieren werden davon geleitet. Je mehr wir uns im Zustand des Erwachsenen-Ichs befinden, desto partnerschaftlicher und konstruktiver wird unser Kommunikationsverhalten sein. Agieren wir hingegen aus dem Kind- oder dem Eltern-Ich, desto stärker wird auch unsere Kommunikation emotional gefärbt, von unserem Gemütszustand oder unseren Vorstellungen von Normen und Regeln dominiert sein.

Die Transaktionsanalyse blickt zurück, indem sie mit den verschiedenen Ich-Zuständen nach den Hintergründen für unsere Verhaltensmuster fragt. Das Modell der Vier Seiten einer Nachricht des Kommunikationswissenschaftlers Schulz von Thun (vgl. Kap. 2.1) blickt in die Gegenwart, und zeigt mit der Beobachtung des Kommunikationsverhaltens Wege zu einem konstruktiveren Ablauf. Was besagt das Modell? Eine Äußerung nehmen wir nicht unbedingt so auf, wie sie gemeint war. Schon der Volksmund weist durch die Redensart „er hatte kein Ohr dafür" darauf hin, dass wir eine Äußerung manchmal völlig anders aufnehmen, als der Sprecher sie intendiert hatte. Diese Muster, Äußerungen zu verstehen, laufen im Allgemeinen unbewusst ab, und zwar für beide Gesprächspartner. Hört der Gesprächspartner die Äusserung mit einem anderen als dem sachlichen Ohr, spielen auch emotionale Wahrnehmungen eine Rolle, die subjektiv sind und dem Gesprächsverlauf eine unerwünschte Richtung geben können. Sie können sogar für die weitere Beziehung und Gestaltung der Kommunikation richtungsweisend und nicht immer förderlich sein. Mit welchem Ohr kann der Gesprächspartner nun hören?

Macht der Gesprächspartner das sogenannte Appellohr auf, fühlt er sich aufgefordert, sich zu verteidigen, zu rechtfertigen, eine Erklärung für sein Handeln abzuliefern oder schlicht, etwas tun zu müssen. Hört der Gesprächspartner auf dem sogenannten Selbstoffenbarungsohr, interpretiert er die Äußerung des Sprechers als Mitteilung zu dessen Einschätzung der Situation oder momentaner Stimmung. Hört er auf dem Beziehungsohr, wird die Einschätzung der Beziehung und der Position der Gesprächspartner zueinander (partnerschaftlich, hierarchisch, geprägt von eigenen Wertvorstellungen, Orientierung an der Norm, erwartetes Rollenverhalten etc.) über seine Reaktion entscheiden.

Frau A. berichtet von der Klage eines ihrer Mitarbeiter: „Dort kriegen wir niemals einen Auftrag." Sie weiß, dass der Mitarbeiter beunruhigt ist über die Zurückhaltung der potentiellen Anzeigenkunden und fragt: „Sie sorgen sich, keinen Auftrag verbuchen zu können?" Damit bleibt sie auf der Sachebene und gewährleistet auch genügend persönliche Distanz, um ihren Mitarbeiter nicht noch mit ihren eigenen Vorstellungen zu verwirren. Sie gibt ihrem Mitarbeiter die Möglichkeit, sich weiter zu öffnen, die Lage detaillierter zu schildern und selbst Lösungswege zu finden. Er antwortet: „Ja, bei H. rufe ich gar nicht erst an, nachdem ich gehört habe, wie unkooperativ der ist. Von der Klientel lassen wir besser die Finger." Hätte Frau A. das Appellohr aufgemacht, hätte sie ihren Mitarbeiter vielleicht angetrieben („Das kann doch nicht sein, Sie müssen dort anrufen.") oder vielleicht ihre Hilfe angeboten („Soll ich einmal anrufen und nachhaken?") Hätte sie eine Selbstoffenbarung des Mitarbeiters gehört, wäre eine tröstende Reaktion denkbar wie: „Nun lassen Sie doch nicht gleich den Kopf hängen." Das Beziehungsohr könnte zu einer Reaktion verleiten wie „Sie Ärmster, Sie ziehen aber auch immer den kürzeren."

Nun ist es fast unmöglich, jede Äußerung danach zu analysieren, wie sie gemeint gewesen sein könnte oder welche Reaktion wir bevorzugen, zumal eine Äußerung kaum rein sachlich existiert, sondern, wenn wir in die Situation eingebunden sind, durch die eigene Sichtweise automatisch eine emotionale Färbung besitzt. Das Wissen darum gibt uns aber die Möglichkeit zur Selbstreflexion. Je besser wir darüber Bescheid wissen, zu welchem Reaktionsmuster wir tendieren, desto leichter ist es uns möglich, uns anders zu entscheiden. Emotionen führen uns von der sachlichen Ebene weg und lassen uns unser Ziel aus dem Auge verlieren.

Äußerungen, die nicht auf der Sach-, sondern auf der Beziehungsebene stattfinden, kommen im Alltag häufig unüberlegt vor. Betrachten wir beispielhaft folgende Formulierungen:

1. „Sie sind immer so unsachlich."
2. „Nun seien Sie doch nicht immer gleich beleidigt."

3. „Bleiben Sie doch mal ein bisschen gelassener."
4. „Machen Sie doch nicht so ein griesgrämiges Gesicht."

Selbst wenn derjenige, der dies äußert, sich auf einen Sachverhalt bezieht, kommt das Gesagte durch die emotionale Formulierung verzerrt an. Besonders kritisch stehen wir Äußerungen gegenüber, in denen der Gesprächspartner scheinbare Tatsachen feststellt oder uns zu einem bestimmten Verhalten auffordert. Schuldzuweisungen, Vorwürfe, und besonders persönliche Kritik können sehr verletzend sein und provokativ wirken. Wenn jemand Fehler bei uns diagnostiziert und uns korrigiert wie im ersten Fall, empfinden wir dies als Diagnose vermeintlicher Unzulänglichkeiten. Die Botschaft geht vom Eltern-Ich an das Kind-Ich und hat meistens entsprechende Reaktionen zur Folge, z.B. Widerstand oder Trotz. Zurechtweisungen wie im zweiten Beispiel stehen im gleichen Zusammenhang und werden in der Regel ebenfalls mit Abwehr erwidert. Das dritte Beispiel sieht nach einer wohlmeinenden Aufforderung aus. Der andere weiß scheinbar besser, was uns fehlt. Kaum jemand wird sich aufgrund dessen sachlicher verhalten. Auch das vierte Beispiel diagnostiziert einen vermeintlichen Fehler und fordert zu dessen Korrektur auf, verbindet also eine Feststellung mit einer Aufforderung. Problematisch daran ist, dass etwas wie eine objektive Tatsache hingestellt wird, obwohl es sich lediglich um eine subjektive Wahrnehmung handelt. Imperative („Sei", „Machen Sie...") implizieren vorausgegangenes Fehlverhalten und verlangen dessen Korrektur, was sich kaum ohne weiteres umsetzen lässt, selbst bei „gutem Willen" der betroffenen Person, denn sie müsste die Fähigkeit und Kontrolle zur Selbstkorrektur mitbringen oder dem Gesprächspartner die Kontrolle überlassen. So etwas erleben wir immer als Beschränkung der eigenen Entscheidungs- oder Handlungsfreiheit. Der andere scheint besser zu wissen, was für uns gut ist. Kommen Verallgemeinerungen hinzu, wie „immer", „doch mal", ist der Gesprächspartner zwangsläufig herausgefordert, sein angebliches Fehlverhalten zumindest für die gegenwärtige Situation richtig zu stellen. Entsprechend „passende" Erwiderungen zu den vier Beispielen sind den meisten von uns vertraut, z.B.:

1. „Wieso unsachlich? Ich sage doch nur ..."
   Aus Betroffenheit lässt die angesprochene Person eine Erklärung zu ihrer Verteidigung folgen.

2. „Man wird doch wohl noch fragen dürfen."
   Die angesprochene Person wehrt die Beschuldigung ab und verteidigt ihre Reaktion.
3. „Sie tun gerade so, als könnten Sie mit mir nicht normal reden."
   Auch hier versucht die angesprochene Person sich zu verteidigen.
4. „Sie gucken ja selbst immer so mürrisch."
   Mit der Rückgabe signalisiert die angesprochene Person Abwehr, um sich selbst vor dem Angriff zu schützen.

Ebenso denkbar und wenig konstruktiv sind beispielsweise Reaktionen wie „Das kann Ihnen doch egal sein.", „Das geht Sie nichts an.", „Was bilden Sie sich eigentlich ein?", bei denen die angesprochene Person aus persönlicher Betroffenheit antwortet.

Mit vermeintlichen Tatsachen, Unterstellungen oder Aufforderungen bezieht sich der Gesprächspartner auf sein Gegenüber. Er nimmt die andere Person in den Blickwinkel und spricht eine sogenannte Du-Botschaft aus. Die angesprochene Person ist dann unterschwellig als erstes aufgefordert, den Sachverhalt richtig zu stellen, als zweites ihn entweder zu bestätigen oder zu widerlegen. Auf diese Weise kann nur ein Mechanismus der Verteidigung, Rechtfertigung und Abwehr entstehen und eine Spirale, die zu negativen Gefühlen und destruktiver Kommunikation führt. Um auf solche Äußerungen sachlich zu reagieren, benötigen wir Distanz zu der eigenen wahrgenommenen Emotion. Die Mechanismen müssen ins Bewusstsein dringen. Bis es einem der beiden Partner gelingt, das Gespräch wieder auf die Sachebene zu bringen, ist zumindest wertvolle Zeit vergangen.

Gerade wenn es um Sachverhalte geht, die uns persönlich wichtig sind, fällt es uns schwer, Distanz zur emotionalen Wahrnehmung zu finden. Mit welchen Mitteln können wir formulieren, ohne dass die angesprochene Person sich persönlich betroffen fühlt?

Machen Sie es sich zur Gewohnheit, aus Ihrem subjektiven Blickwinkel heraus zu sprechen. Eine solche Formulierung geht immer von der eigenen Wahrnehmung aus. Es entsteht eine sogenannte *Ich-Botschaft*. Anstelle eines „Sie sind immer so unsachlich" wäre „Mir scheint, Sie fühlen sich persönlich angegriffen" besser. „Nun seien Sie doch nicht immer gleich beleidigt" ersetzt durch „Ich habe den Eindruck, Sie sind mit unserer Entscheidung nicht zufrieden" macht einen konstruktiven Dialog wahrscheinlicher. „Bleiben Sie doch mal ein bisschen gelassener“ könnte aus der Ich-Perspektive lauten „Ich frage mich, ob das nicht zuviel für Sie ist.“ „Machen Sie doch nicht so ein griesgrämiges Gesicht“ wäre ersetzbar durch „Sie wirken momentan nicht sehr zufrieden auf mich“, ohne die Person zu brüskieren. Der Vorteil, aus der eigenen Wahrnehmung heraus zu sprechen ist, dass es zunächst bei dieser Wahrnehmung bleiben kann. Die angesprochene Person wird nicht mit einer unumstößlichen Tatsache oder einer Feststellung konfrontiert, die sie womöglich noch vor anderen bloßstellt und die sie dann dementieren muss. Dennoch wird sie mit der Wahrnehmung des Gesprächspartners konfrontiert. Sie hat aber nun andere Möglichkeiten, damit umzugehen. Sie fühlt sich zunächst einmal ernst genommen. Gleichzeitig wird sie konkret auf eine Sache hingewiesen, auf die sie reagieren kann. Die Wahrscheinlichkeit, sich dann auf der Sachebene auseinanderzusetzen, ist groß. Achten Sie darauf, nicht zu verallgemeinern, sondern bei einem konkreten Sachverhalt zu bleiben. Bringen Sie Ihre *eigene Wahrnehmung* als solche zum Ausdruck. Damit vermeiden Sie Verallgemeinerungen und scheinbare Tatsachen. Alles, was Sie wahrnehmen, ist zunächst subjektiv. Wichtig bei einer solchen Aussage ist ihre Einleitung: „Mir scheint, ...“, „Ich habe den Eindruck, ...“, „Ich habe das Gefühl, ...“, „Das klingt so/wirkt auf mich so, als ob ...“ Der große Vorteil ist das Ernstnehmen und Wertschätzen. Auf eine derartige Äußerung wird kaum jemand mit Abwehr reagieren. Selbst unangenehme Gefühle können so zur Sprache kommen und dadurch abgebaut werden. Ein wutschnaubender Mitarbeiter, der auf diese Weise „abgeholt wird“ und „Dampf ablassen“ darf, wird bald wieder kooperativer sein, als wenn jemand zu ihm sagen würde „Nun regen Sie sich doch nicht so auf.“ Der zweite Vorteil liegt darin, wahrgenommene Unstimmigkeiten bereits im Keim ersticken zu können. Für den Leiter einer Besprechung kann dies eine sehr wichtige Strategie sein, ihren Verlauf zu steuern. Wenn Unruhe wahrgenommen wird, kann eine Äußerung wie „Ich habe den Eindruck, das Thema ist nicht für alle von gleichem Interesse“ dies zur Sprache bringen. Eine Frage wie „Interessiert sich eigentlich überhaupt jemand dafür?“ würde dagegen sofort provokativ wirken.

Brisant sind Äußerungen, die zwar wie eine Ich-Botschaft aussehen, aber dennoch Feststellungen oder Unterstellungen enthalten, z.B. „Ich verstehe nicht, wieso Sie sich beschweren.“ Selbst wenn die ange-

sprochene Person sich über etwas beschwert hat, wird ihr dies zwar bestätigt („Sie beschweren sich"), aber gleichzeitig die Berechtigung dafür abgesprochen („Ich verstehe das nicht."). Bringen Sie auch hier die eigene Wahrnehmung durch eine Reflexion zum Ausdruck „Sie sind also mit ... nicht einverstanden/unzufrieden."
Spiegeln Sie mit Fragen Ihrem Gesprächspartner, was er selbst zum Ausdruck gebracht hat, d.h. formulieren Sie *reflektierende Fragen* („Ich frage mich, ob…", „Ihrer Ansicht nach ist…"). Damit vergewissern Sie sich nicht nur, ob Sie etwas richtig verstanden haben, sondern geben dem Gesprächspartner auch die Gelegenheit, das Gesagte weiter auszuführen oder zu differenzieren. Solche Fragen sind im Grunde ebenfalls Ich-Botschaften, denn sie spiegeln das Gesagte so, wie man selbst es gehört hat. Ebenso wie die eigene Wahrnehmung werden sie durch die Einleitung markiert: „Kann es sein, dass...?", „Stimmt es, dass...?", „Verstehe ich Sie richtig, wenn...?" Auch indem Sie das Gehörte zuerst zusammenfassen und dann die Frage stellen, etwa „Habe ich Sie da richtig verstanden?", signalisieren Sie Ihre Wertschätzung. Der Gesprächspartner fühlt sich darin unterstützt, seine Sache zu konkretisieren und auf der Sachebene zu besprechen. Vermeiden Sie dagegen provokativ gemeinte Fragen, z.B. „Sie sind heute wohl nicht gut aufgelegt?" Durch reflektierende Fragen denken Sie gewissermaßen laut nach. Sie werfen den Gesprächspartner auf sein eigenes Handeln zurück und lassen ihm die Verantwortung dafür.
Beziehen Sie sich mit einer Äußerung auf eine *konkrete Situation*. Dazu ein Beispiel: Frau B. beschwert sich in einer Mitarbeiterbesprechung, dass sie als zentrale Anlaufstelle für vielerlei Fehler verantwortlich gemacht werde, die ihrer Meinung nach woanders ihre Ursache haben. Sie sagt: „Ob es ums Kopieren geht oder die Reisekostenanträge, jedes Mal heißt es, das Sekretariat sei daran schuld." Es kann leicht passieren, dass die anderen Mitarbeiter mit Abwehr reagieren („Wieso, was soll denn damit sein?", „Wieso denn jedes Mal?") oder aber sich gar nicht angesprochen fühlen („Komisch, ich hatte damit noch nie Probleme."). Es können viele Situationen gemeint sein. Nun kann eine lange Diskussion entstehen, die Mitarbeiter halten sich bei einer vergangenen Situation auf und spielen sie gedanklich durch, um den scheinbar Verantwortlichen auszumachen. Besser wäre es, von vornherein eine konkrete Sache zu benennen. Frau B. könnte sagen:

„Es kann sein, dass es bei der Abwicklung der Reisekostenanträge manchmal zu Problemen kommt. Es stört mich, wenn ich höre, im Sekretariat wäre der Fehler zu suchen. Bitte kommen Sie künftig gleich zu mir, dann können wir das gemeinsam analysieren."
Durch das Reflektieren der Aussagen mittels Ich-Botschaften, Fragen und dem Ansprechen der eigenen Wahrnehmung beziehen Sie sich immer auf den Kern dessen, was ausgesagt wird. Die beteiligten Personen können sicherstellen, das Gemeinte verstanden zu haben. Die Wahrscheinlichkeit ist groß, dass sie in wechselseitiger Wertschätzung agieren, die Beziehung auf einer guten Basis steht und auf der Sachebene verhandelt und diskutiert wird. Jeder weiß gewissermaßen, woran er ist und fühlt sich nicht falsch verstanden. Auch wenn die Art der Gesprächsführung vordergründig aufwendiger erscheint, birgt sie die Chance einer partnerschaftlichen Kommunikation.

Wie Sie auf eigene Formulierungen achten können:

- Machen Sie es sich zur Gewohnheit, in Gesprächen das Gehörte sinngemäß wiederzugeben und eigene Eindrücke zu verbalisieren (z.B. „Es ist dir wichtig, …", „Sie sagen …"), bevor Sie Ihre eigene Meinung kundtun. Dadurch stellen Sie sicher, das Gehörte auch verstanden zu haben.
- Gefühle haben die ungünstige Eigenschaft, dass sie sich leicht auf den anderen übertragen. Wo eben noch Neutralität herrschte, entsteht plötzlich eine emotionale Reaktion. Geben Sie unsachliche Äußerungen nicht kampflustig zurück. So vermeiden Sie einen verbalen Schlagabtausch.
- Nehmen Sie die erwartete Reaktion auch einmal vorweg, z.B. „Vielleicht erstaunt es Sie, wenn ich…", „Möglicherweise halten Sie mich für ungeduldig …", „Ich weiß nicht, ob Sie interessiert, wie ich das sehe." Die Reaktion des anderen wird mit großer Wahrscheinlichkeit respektvoll sein und der Dialog konstruktiv.
- Agieren Sie höflich und signalisieren Sie dies entsprechend, z.B. „Vielen Dank, dass Sie sich Zeit für mich nehmen", „Ich danke Ihnen für das Gespräch." Als Vorgesetzter sollten Sie ein Ihnen unwichtig erscheinendes Thema nicht abfällig kommentieren (z.B. „Kommen Sie mir doch nicht schon wieder damit", „Das ist doch keine große Sache, stellen Sie sich nicht so an").

- Niemand hat eine große Motivation, ein wichtiges Anliegen „zwischen Tür und Angel“ zu besprechen. Sichern Sie sich bei Ihrem Gesprächspartner die Bereitschaft, mit Ihnen über Ihr Thema zu sprechen, indem Sie ihn danach fragen, z.B. „Herr/Frau X, wann kann ich Sie einmal zu ... sprechen?“ Es kann sinnvoll sein, einen konkreten Zeitrahmen zu benennen, z.B. „Es wird sicher nicht länger als zehn Minuten dauern.“
- Wenn Sie nicht sicher sind, ob Ihr Gesprächspartner Ihnen Zeit schenken kann oder sich für Ihr Thema interessiert, sprechen Sie dies an, z.B. „Ich bin mir nicht sicher, ob ich Sie gerade störe“, „Ich frage mich, inwieweit es Sie interessiert, ...“ Damit gewährleisten Sie, dass Sie Ihrerseits Ihrem Gesprächspartner Wertschätzung entgegenbringen und erhöhen seine Bereitschaft, sich auf ein Gespräch mit Ihnen einzulassen.

Rollenverhalten

Eine gute Besprechung setzt Disziplin, Konzentration auf das Thema und ein wohlwollendes Miteinander der beteiligten Personen voraus. Einfluss auf die Qualität einer Besprechung hat auch das Rollenverständnis und -verhalten. Hat eine Person die alleinige Aufgabe zu moderieren, kann sie sich auf die Leitung der Besprechung und die Rahmenbedingungen konzentrieren. Der Moderator regelt ausschließlich den Ablauf, beteiligt sich aber nicht durch eigene Argumente und Meinungen. Um konstruktiv und der Sache dienlich vorzugehen, muss er den inhaltlichen Überblick wahren, das Thema, die Zielvorstellung oder Vorgabe sowie die zur Verfügung stehende Zeit im Auge behalten.

Die Rolle der Teilnehmer definiert sich durch ihre Funktion als Mitarbeiter. Sie äußern Beiträge zum Thema, stellen Vorschläge zur Diskussion und sind grundsätzlich gefordert, sich am Entwicklungsprozess und der Entscheidungsfindung zu beteiligen. Gleichzeitig sind sie zu einem gleichberechtigten Verhalten untereinander herausgefordert. Manchmal wird dies durch dominantes Verhalten Einzelner verletzt, z.B. indem jemand das Wort an sich reißt und pausenlos redet. Teilnehmer, die von sich aus zurückhaltender auftreten, kommen dann

bisweilen gar nicht zu Wort. Besonders in emotionsgeladenen Diskussionen ist ein ausgewogenes Verhältnis der Redebeiträge selbst durch einen Moderator nicht immer leicht herzustellen. Fühlen sich Teilnehmer an der Entscheidungsfindung buchstäblich nicht beteiligt, kann dies das Rollenverständnis ungünstig beeinflussen, z.B. indem sie sich als unwichtig einordnen und durch ihr Verhalten Desinteresse zeigen.
Laufen Besprechungen nicht diszipliniert ab, entsteht schnell eine Art offener Schlagabtausch wie es manchmal in Talk-Shows geschieht. Hier scheint nicht möglichst genaues Zuhören im Vordergrund zu stehen, sondern möglichst vieles und häufiges Reden. Weniger die Entscheidungsfindung oder der Konsens in einer Sache sind von Bedeutung als vielmehr die möglichst wirkungsvolle Darstellung einer Person. Es scheint so zu sein, dass jeder Teilnehmer sich gleichsam seinen Platz erkämpfen und um Anerkennung ringen muss.
Folgendes Beispiel schildert eine vergleichbare Situation:

Frau B. ist als Mitglied verschiedener pädagogischer Gremien stets gefordert, ihre Meinung zu äußern. Für sie geht es darum, sich mit ihrer Überzeugung Gehör zu verschaffen, sich durchzusetzen oder eine Wortmeldung beizusteuern. Sie schildert, dass es ihr schwer falle, sich im Kreise der Gesprächsteilnehmer zu Wort zu melden und für ihren Beitrag einen Platz zu finden. Wie soll sie verbal eingreifen, wenn schon mehrere gleichzeitig reden? Sekunden später hat sich der Themenschwerpunkt verlagert, und ihre Wortmeldung passt nicht mehr so recht dazu. Frustriert schweigt sie und wartet auf eine neue Gelegenheit zu sprechen.

Während der Besprechung sind die Möglichkeiten für Frau B. begrenzt. Durch Ich-Botschaften kann sie versuchen, auf ihr Anliegen hinzuweisen, z.B. „Ich möchte gerne zu … Stellung nehmen. Herr X. sagte vorhin, es gehe ihm um … Wenn wir uns darauf konzentrieren, gebe ich folgendes zu bedenken: …“ Damit bezieht sie sich auf eine konkrete Aussage, die alle anderen gehört haben und kann nun präzise ihre eigene Position darstellen. Alternativ könnte Frau B. das Gesagte kurz zusammenfassen, um dann ihre eigene Argumentation vorzubringen, z.B. „Sie sagten, es müsste … Dann weise ich aber darauf hin …“ Der Vorteil liegt in beiden Fällen darin, dass die Aufmerksamkeit auf ihre Argumentation und damit auf die Sache gelenkt wird. Dass ihr der Ablauf der Besprechung missfällt, könnte Frau B. ansprechen, indem sie ihre eigene Wahrnehmung äußerte, z.B. „Ich habe den Eindruck, hier reden alle durcheinander. Ich möchte, dass einer nach dem anderen zu der Sache Stellung nehmen kann." Dies birgt die Chance, dass der Gesprächsablauf den Teilnehmern bewusst wird. Gäbe es einen Moderator, könnte Frau B. diesen vorher oder nachher ansprechen und ihm ihre Wahrnehmungen deutlich machen.

Viele Besprechungen im Berufsalltag laufen so ab, dass einer der Gesprächsteilnehmer gleichzeitig als Moderator fungiert, teilweise, weil es sich aus Zeitgründen oder hinsichtlich der Problemstellung so ergibt, teilweise, weil er die Funktion eines Vorgesetzten hat. Ihm fallen damit gleichzeitig die Aufgaben der Lenkung sowie der Beteiligung am Thema zu. Diese Rolle verlangt Disziplinierung und Eigenkontrolle, vor allem hinsichtlich der Anzahl und Dauer der Redebeiträge. Neigt der Vorgesetzte dazu, häufige und lange Ausführungen zu machen, wird ihm kaum ein Mitarbeiter das Rederecht nehmen. Andererseits hat der Vorgesetzte oft auch den inhaltlichen Überblick und Entscheidungsbefugnis. Werden Sachverhalte diskutiert, bei denen es schließlich zu einer Vereinbarung kommen soll, kann es für die Mitarbeiter auch von Vorteil sein, wenn der Vorgesetzte selbst auf das gewünschte Ergebnis hinsteuert. Verzögert der Vorgesetzte durch seine Redebeiträge den Ablauf der Besprechung oder ist er in Bezug auf Thema und Problemstellung unzureichend vorbereitet, wird dies von den übrigen Teilnehmern oft als zäher und unbefriedigender Ablauf erlebt, dem sie durch eigenes Eingreifen nur bedingt begegnen können. Um eine Entscheidung nicht im Alleingang herauszufordern, muss ein Vorgesetzter in der Rolle des moderierenden Teilnehmers die Übersicht wahren und gleichzeitig die Perspektive seiner Mitarbeiter einnehmen.

Konflikte in Gesprächen

Als Führungsperson liegt es in Ihrem Interesse, mit zufriedenen Mitarbeitern zu arbeiten. Eine Besprechung, bei der die Teilnehmer das Gefühl haben, sie hätten besser etwas anderes erledigen können, ist für alle Beteiligten von zweifelhaftem Wert. Wenn Sie den Eindruck haben, bestimmte Teilnehmer ziehen sich in Besprechungen zurück oder spielen sich in den Vordergrund, suchen Sie das persönliche Gespräch. Dadurch helfen Sie nicht nur, mögliche Unstimmigkeiten oder Konflikte ans Licht zu holen und zu klären, sondern unterstützen Ihre Mitarbeiter auch darin, selbst Lösungswege zu finden und verbessern schließlich die Beziehung.

Die meisten von uns scheuen Auseinandersetzungen. Immer wenn Emotionen im Spiel sind, fällt es schwer, sich von der Beziehungsebene zu lösen und auf die Sache zu konzentrieren. Hier ist das Aussprechen der eigenen Wahrnehmung in Form einer Ich-Botschaft förderlich. Wer sich ernst genommen und respektiert fühlt, reagiert seinerseits mit Wertschätzung. Ich-Botschaften geben keine Richtung vor und ermöglichen dem Gesprächspartner, dass er sich öffnen kann und nicht von vornherein Widerstand äußert. Etwaigen Konflikten können Sie so frühzeitig konstruktiv begegnen oder sie sogar verhindern.

Wo Ursachen und Wirkungen für ein bestimmtes Kommunikationsverhalten liegen, ist in einer Besprechung nicht auszumachen. Alle Beteiligten sind sachlich, situativ und emotional eingebunden (vgl. Kap. 2.2). Die sachliche Ebene macht manchmal nur die Spitze eines Eisbergs aus. Häufig dominiert die emotionale Ebene, indem – z.T. unbewusst – persönliche Ziele gemeinsamen Zielen vorangestellt werden.

Wie können sich situative Bedingungen niederschlagen? Es ist von Bedeutung, zu welchem Zeitpunkt ein Gespräch stattfindet und durch welche Bedingungen es zustande gekommen ist, wer zu wem in welcher Beziehung steht und welche Erwartungen jemand mitbringt.

Einen Konflikt in diesem Zusammenhang erlebte ich selbst als Referentin mit Teilnehmern einer pädagogischen Arbeitsgruppe und zwei fachspezifischen Moderatoren. Zum Zeitpunkt meines Arbeitsblocks war die Atmosphäre bereits vom Widerstand der Teilnehmer geprägt. Durch eine Ich-Botschaft machte ich die gegenwärtige Kommunikation zum Thema (= Meta-Kommunikation): „Ich habe den Eindruck, Sie sind mit dem Ablauf der Arbeitswoche unzufrieden.“ In der Reaktion der Teilnehmer kam Widerstand gegen zum Teil schon länger zurückliegende auferlegte Dienstvorschriften zum Ausdruck. Ein Konflikt war entstanden. Die beiden Moderatoren sprachen die Teilnehmer auf gleicher Ebene an (sinngemäß „Wir sind einander ebenbürtig."), setzten aber deren Akzeptanz der Teilnehmerrolle voraus („Wir sagen, was gemacht wird."). Die Teilnehmer ihrerseits verletzten diese Rolle, indem sie selbst Führungsansprüche erhoben („Wenn wir gleichwertig sind, können *wir* ja bestimmen, was gemacht wird."). Welche Erwartungen wir an eine Rolle haben und wie wir die Rolle ausstatten, sagt etwas über die situativen Bedingungen im Kommunikationsprozess aus. Rollen sind also auch abhängig von der Situation und wie die Beteiligten darin „aufgestellt" sind.

Der Umgang mit Macht

Führungspositionen bringen es mit sich, dass der betreffenden Person Entscheidungsgewalt zukommt. Sie hat die Macht, Ja oder Nein zu sagen, Vorhaben zu bewilligen oder abzulehnen. Nicht immer ist ein Vorgesetzter wohlwollend, nicht immer diskussionsbereit. Mitarbeiter haben oft das Gefühl, ihre Vorschläge werden nicht gehört, nicht ernst genommen oder haben für die Entscheidung auf höherer Ebene keine Bedeutung. Die Mitarbeiter werden zwar gefragt, aber letztlich scheint ihre Meinung nicht zu zählen. Frustrationen lassen nicht lange auf sich warten, und eine positive Gesprächsbasis kann sich so nicht entwickeln.

Es ist ein Unterschied, ob jemand Macht hat oder Macht ausübt, ebenso, ob jemand eine Autorität ist oder sich autoritär verhält. Bei einem autoritären Führungsstil – wenn er gleichzeitig mit mangelnder Wertschätzung des Gegenübers gekoppelt ist – werden Entscheidungen von Äußerungen begleitet wie „Das ist mir egal", „Streichen Sie das aus dem Programm", „Das interessiert mich nicht" und ähnliches, wenn nicht sogar persönlich verletzende Bemerkungen (z.B. „Was haben Sie sich denn da ausgedacht? Was Sie da machen, ist vollkommener Unsinn."). Mitarbeiter erleben, dass sich auf einer sachlichen Ebene nichts ausrichten lässt. Es ist für sie kaum möglich, die Motivation für dieses Verhalten herauszufinden. Wir können davon ausgehen, dass das Problem weniger in Bezug auf die Mitarbeiter oder die Sache besteht, sondern bei der Person selbst zu suchen ist. Je nach Bezugsrahmen kann es gelingen, in einem persönlichen Gespräch behutsam durch Ich-Botschaften oder das Ansprechen der eigenen Wahrnehmung das Verhalten bewusst zu machen.

Manchmal zeigt es sich erst in Besprechungen oder Gesprächen, wenn Störungen auf der Beziehungsebene vorliegen. Konflikte scheinen völlig unerwartet an die Oberfläche zu kommen, wo man eigentlich auf der Sachebene diskutieren wollte. Konflikte haben immer eine Vorgeschichte. Für den Zeitraum einer Besprechung ist es manchmal erforderlich, persönliche Unstimmigkeiten auszuklammern. Auch eine positive Beziehung setzt nicht notwendigerweise Sympathie und Freundschaft voraus. Wohl aber gewährleistet gegenseitiger Respekt sachliches Diskutieren und Verhandeln.

Empfehlungen für Ihre Rolle in Besprechungen:

- Gibt es einen Moderator, überlassen Sie ihm oder ihr die Führung einer Besprechung. Äußern Sie keine Kritik und drängen Sie sich nicht selbst in die Führungsrolle.
- Wenn Sie als Vorgesetzter eine Besprechung leiten, bereiten Sie sich gut vor. Halten Sie die Ziele, die Sie sich vorstellen und die Vereinbarungen, die Sie treffen, schriftlich fest. Noch besser ist es, jemanden aus der Gruppe dafür zu bestimmen. Legen Sie einen präzisen Rahmen fest, indem die Dauer für ein Gesprächsthema und die Reihenfolge der Stellungnahmen dazu definiert ist.
- Als Vorgesetzter kennen Sie im Regelfall das Gesprächsverhalten der beteiligten Personen. Unterstützen Sie zurückhaltende Teilnehmer, indem Sie gezielt das Wort an sie richten, z.B. „Herr X, dazu würde mich Ihre Meinung interessieren." Geben Sie Vielrednern keine zusätzliche Unterstützung.
- Wenn Sie als Vorgesetzter bei der Besprechung in die Gruppe integriert sind, tragen Sie Ihre Meinung oder Position durch Ich-Botschaften vor und fragen Sie bewusst nach der Meinung der anderen (z.B. „Aus meiner Sicht verhält es sich so...", „Wie sehen Sie …?"). Sie verhindern dadurch eine dominierende Rolle.
- Stellen Sie sich als Teilnehmer einer Besprechung auf eine aktive Rolle ein. Mit der Einstellung teilzunehmen, Sie könnten sowieso nichts beitragen, verlieren Sie Zeit. Bereiten Sie sich vor, indem Sie Argumente und Fakten sammeln und sich Formulierungen überlegen. Begegnen Sie der Befürchtung, Ihr Beitrag könnte bei der Entscheidung nicht berücksichtigt werden, vorausblickend: „Ich bin mir nicht sicher, welchen Stellenwert mein Beitrag hat."

Gespräche aktiv steuern

Viel mehr als bei einer Präsentation, bei der jemand mehr oder weniger alleine für seine Darstellung verantwortlich ist und ihm währenddessen auch das Redemonopol zugebilligt wird, hängt in Besprechungen der Verlauf und Ausgang von der Interaktion der Beteiligten ab. An einer gelungenen Besprechung teilzunehmen verbinden Mitarbeiter mit einem Gefühl der Verantwortung für einen positiven Ausgang und mit der Gewissheit, an der Entscheidungsfindung oder Problemlösung beteiligt zu sein. Individuelle Erwartungen lauten etwa:

- „Ich will meinen Standpunkt überzeugend vertreten."
- „Ich möchte ein Thema kontrovers diskutieren."
- „Ich möchte schlüssig argumentieren."
- „Ich will eine Besprechung souverän leiten."

Am meisten als störend wird empfunden, wenn

- eine Person zuviel redet
- jemand häufig das Wort an sich reißt
- man vom Thema abkommt
- jemand nicht zu Wort kommt
- eine Person anderen ins Wort fällt.

Gute Voraussetzungen für einen positiven Gesprächsablauf kann ein Moderator schaffen. Er lenkt das Gespräch oder die Besprechung und macht Arbeitsschritte und Entscheidungen transparent. Indem der Moderator selbst inhaltlich nicht eingreift, besteht die Grundlage für eine faire, partnerschaftliche Besprechung.

Moderates Handeln

Das Wort moderat bedeutet seinem Ursprung nach gemäßigt, moderieren entspricht sich mäßigen. Dies weist nun weniger darauf hin, „sich beschränken" zu müssen, als vielmehr darauf, das rechte Maß zu finden. Der Benediktinerpater Anselm Bilgri beschreibt die Führung anderer Menschen als einen Prozess, der als Basis Zuhören, aufeinander Hören, besonnenes Verhalten und Unterscheidungsvermögen erfordert, um mit dem richtigen Maß zu handeln und Entscheidungen zu treffen. Die Wörter „besonnen", „sich besinnen", führen uns auf die Bedeutung der Sinne. Wir verwenden Ausdrücke wie „Das sehe ich anders", etwas ist offensichtlich oder spektakulär. Im Volksmund finden wir den Ausdruck „mit Augenmaß handeln", und meinen damit, etwas maßvoll abzuwägen. Ein Moderator muss seine Sinne einschalten und sich selbst zurücknehmen, um eine Arbeitsgruppe zu einer Entscheidung zu führen.

Was bedeutet dies für den Moderator? Um ein zielorientiertes und entscheidungsfähiges Verhalten der Teilnehmer zu unterstützten, muss er die Zuhörbereitschaft aller fördern. Auf dieser Grundlage kann er das Gespräch steuern und den Gesprächsablauf lenken.

Die Haltung des Zuhörens
Zuhören gilt als Zauberwort für gelingende Kommunikation. Wie groß der Schritt vom Hören zum Zuhören ist, kann sich jeder verdeutlichen, der schon einmal gesagt hat „Hörst du mir überhaupt zu?“ Zuhören fordert Aufmerksamkeit. Etwas hören bedeutet, es dringt an mein Ohr, Zuhören dagegen heißt, es dringt ins Bewusstsein. Es heißt also auch, etwas wahrnehmen, erfassen, verstehen.
Der große Vorteil aufmerksamen Zuhörens liegt in der Klärung von Sachverhalten durch den Sprecher selbst, eben weil er darüber spricht. Berücksichtigen wir, dass wir 90% von dem am besten behalten, worüber wir sprechen, wird einerseits klar, warum wir geneigt sind, mehr zu reden als zuzuhören, andererseits zeigt sich gerade darin der Wert des Zuhörens. Um das, was wir zu sagen haben, auch loszuwerden, sind wir auf einen zuhörenden Partner angewiesen. Ernst genommen zu werden und das Gefühl, Wertschätzung zu erfahren, sind Werte, die uns am meisten in unserer Persönlichkeit bestätigen. Als der zuhörende Partner sind wir dadurch aufgewertet, dass wir Vertrauen erfahren. Wer hat es nicht schon erlebt, dass jemand mehr von sich erzählte, als wir hören wollten, eben weil wir zuhörten?

Wenn ernsthaftes Interesse am Gesprächspartner und seiner Botschaft besteht, gestaltet sich das Zuhören als bewusster, aktiver Prozess, der Aufmerksamkeit verlangt und nicht nur passive Anwesenheit bedeutet. Deshalb gelten die folgenden Elemente auch als Bestandteile des sogenannten *aktiven Zuhörens*:

- Nonverbale Signale
- Verbale Rückmeldungen
- Zusammenfassungen
- Paraphrasieren oder Umschreibendes Erwidern

Was bedeutet dies im einzelnen? Zu den nonverbalen Signalen zählen die zugewandte Körperhaltung, Blickkontakt, ermunterndes, verstehendes oder zustimmendes Nicken, Lächeln. Verbale Rückmeldungen

können sich auf „ja, mhm, hm“ beschränken. Durch Zusammenfassen und umschreibendes Erwidern wird das Gesagte sinngemäß wiedergegeben. Die Elemente des aktiven Zuhörens bilden die Basis für Vertrauen und eine gute Beziehung.
Für das umschreibende Erwidern dient ein Beispiel:

Die Mitarbeiterin eines Unternehmens berichtete von einem Journalisten, der für den abendlichen Bericht im regionalen Fernsehprogramm Stimmen einiger ortsansässiger Unternehmer senden wollte. Obwohl die Mitarbeiterin, Frau A., es schwierig einschätzte, ihren Geschäftsführer so kurzfristig zu gewinnen, antwortete sie nicht mit Abwehr, sondern wiederholte die Äußerung des Journalisten mit eigenen Worten: „Für einen überzeugenden Bericht bräuchten Sie also unbedingt ein Interview mit unserem Chef.“ Mit einer solchen umschreibenden Erwiderung stellt sie sicher, dass sie das Gesagte auch tatsächlich wahrgenommen hat und signalisiert dem Sprecher, dass sie sein Anliegen verstanden hat. Beide bewegen sich auf der gleichen Ebene der Verständigung.

Fällt bei der umschreibenden Erwiderung das Gesagte nicht so aus wie vom Sprecher gemeint, kann dieser es korrigieren. Diese Technik im Gespräch ermöglicht es dem Sprecher, sich zu öffnen und seine Situation vielleicht selbst klarer vor Augen zu haben, fordert hingegen vom zuhörenden Partner, sich mit seiner eigenen Meinung zunächst zurückzuhalten. Hätte Frau A. erwidert „Wie stellen Sie sich das denn vor? Da hätten Sie ein bisschen früher anrufen müssen“, wäre das Gespräch sofort beendet gewesen oder eine womöglich für beide Partner unbefriedigende Konfrontation entstanden.
Wenn es in Besprechungen um harte Fakten und „heiße“ Themen geht, wird es den gerade zuhörenden Partnern schwer gemacht, sich zurückzuhalten. Wir wollen lieber eigene Argumente äußern und nicht geduldig abwarten, was der andere zu erläutern hat. Auf das Gehörte *angemessen* zu reagieren setzt jedoch Verstehen voraus. Wir dürfen daher nicht, während jemand noch spricht, schon in Gedanken ein Gegenargument formulieren. Aktives Zuhören erlaubt nicht nur eine angemessene Reaktion, sondern gewährleistet einen gleichberechtigten Umgang ohne Gewinner oder Verlierer.

Schweigen als Strategie
Aktiv Zuhören bedeutet nicht, nur still zu sein. Als eine besondere Taktik im Gespräch erleben wir es manchmal, dass jemand strategisch unverhältnismässig lange schweigt oder eine gestellte Frage gar nicht beantwortet. Dies hat manipulativen Charakter. Es ist fraglich, ob sich der Gesprächspartner bestätigt oder alleingelassen fühlt. Möglicherweise interpretiert er das Schweigen. Ein offener, vertrauensvoller Austausch auf der persönlichen Ebene ist so schwer möglich. Der andere fordert mehr von seinem Partner als er selbst in die Kommunikation einbringt.

Im Modell der vier Seiten einer Nachricht erfahren wir, wie leicht der Gesprächspartner etwas anderes hören kann als der Sprecher meint. Je besser er aber weiß, was der Sprecher meint, desto größer ist die Wahrscheinlichkeit, dass beide sich auf gleicher Ebene verständigen. Gerade wenn Botschaften so formuliert sind, dass die Absicht nicht offensichtlich ist, haben die Mittel des aktiven Zuhörens verständigende Wirkung. (z.B. eine Aussage mit Appellfunktion, die aber sachlich wirkt, etwa im Restaurant auf der Terrasse „Hier ist es kalt", gemeint als „Ich möchte, dass wir reingehen.")
Folgendes Beispiel stellt verkürzt eine Gesprächssituation zwischen einer Verkaufsrepräsentantin und einer potentiellen Kundin dar. Die Strategie von Frau V. war es zunächst, mit möglichst vielen Informationen Neugier zu wecken. Auf die explizite Ablehnung von Frau A. geht sie nicht ein.

Frau V.: Guten Tag, Sie kennen doch sicher unser Produkt XY.
Frau A.: Ja, aber es tut mir leid, das ist nicht interessant für mich.
Frau V.: Ein X-Gerät hat jeder im Haushalt. Das Produkt XY ist aber etwas ganz besonderes und mit einem herkömmlichen X-Gerät überhaupt nicht mehr zu vergleichen... Ich bin mir sicher, dass Sie das auch überzeugen wird...
Frau A.: Ich bin nicht bereit, dafür Zeit zu opfern, denn ich arbeite gerade.
Frau V.: Ah, Sie arbeiten gerade.
Frau A.: Genau, meine Kinder sind in der Schule.
Frau V.: Ah, Ihre Kinder sind in der Schule.
Frau A.: Ja, und ich arbeite zu Hause.
Frau V.: Ah, Sie arbeiten zu Hause.
Frau A.: Ja, und damit möchte ich jetzt gerne fortsetzen.
Frau V.: Ah, dann arbeiten Sie sicher im Bereich Networking?
Frau A.: Das ist für unser Gespräch doch unerheblich. Ich bin nicht bereit, mich mit Ihrem Produkt auseinanderzusetzen.

Frau A. wählte ein Argument („Ich arbeite gerade."), von dem sie glaubte, dass es Frau V. überzeugen könnte. Nun beginnt eine interessante Serie: Frau V. tut nichts anderes, als das von Frau A. Gesagte zu wiederholen. Dabei erfährt sie immer mehr, weil Frau A. immer neue Argumente finden muss. Es scheint so, als würde Frau V. zum ersten Mal zuhören.

In diesem Gespräch erfahren wir, welch außerordentlich geschickte Strategie es ist, lediglich durch eine Wiederholung des Gesagten nicht nur Aufmerksamkeit zu signalisieren, sondern immer mehr zu erfahren. Der andere wiederholt und spiegelt damit seinem Gesprächspartner das Gesagte. Dieser stimmt zu und erweitert seine ursprüngliche Antwort. Je mehr der Gesprächspartner vom anderen weiß, desto besser kann er sich in dessen Situation versetzen und den Sachverhalt aus der Perspektive des anderen beleuchten. Es gelingt, eine persönliche Beziehung aufzubauen. Bei Verkaufsgesprächen ist der manipulative Charakter unübersehbar. Für andere Gespräche dominiert eine Atmosphäre von Wertschätzung und einem großen Interesse am Gesprächspartner. Wenn wir Gespräche aktiv steuern wollen, beginnt dies beim Zuhören.

Empfehlungen für eine aktive Gesprächssteuerung:

- *Zuhören*: Machen Sie es sich unabhängig von Ihrer Rolle und Funktion zur Gewohnheit, anderen zuzuhören. Eine „Kultur des Zuhörens" erfordert andauerndes Beobachten auch der eigenen Gewohnheiten. Ein Gesprächspartner, dem zugehört wird, fühlt sich aufgewertet. Einander ins Wort zu fallen oder vom Thema abzukommen wird verhindert. Die Kommunikation wird optimiert, weil Zuhören und Reden in Wechselwirkung stehen.
- *Zusammenfassen*: Fassen Sie das Gehörte zusammen. Als Moderator ist dies ein Element der Gesprächssteuerung, aber auch als Teilnehmer können Sie dies nutzen, um Kerngedanken zu präzisieren und mit der eigenen Position daran anzuknüpfen. Diese Vorgehensweise eignet sich besonders gut, wenn Sie argumentieren und eine Gegenposition darstellen wollen, z.B. „Sie sagten, wir müssten ... – Ich dagegen meine, ..."
- *Umschreibendes Erwidern*: Sie bestätigen Ihren Gesprächspartner, wenn Sie seinen Kerngedanken in eigenen Worten wiedergeben.

Sie erfragen damit auch die Gewissheit hinsichtlich seiner Sichtweise, wenn er noch einmal mit seiner Aussage konfrontiert wird. Daran anschließend können Sie eine neue Perspektive besonders gut eröffnen und begründen („Inwieweit können Sie sich vorstellen …?“).

- *Die Antwort überlegen*: Es macht einen souveränen Eindruck, sich explizit die Antwort zu überlegen, d.h. Sie denken laut nach. Leiten Sie dies ein durch „Ich überlege mir gerade …“, „Ich frage mich, ob …“. Damit stellen Sie Ihre Meinung nicht als unumstößlich hin, sondern regen an, sie zu diskutieren. Eine Antwort sinngemäß zurückzustellen untermauert Ihre zuhörende Haltung, z.B. „Darüber muss ich einen Augenblick nachdenken.“
- *Entscheidungsspielraum geben*: Bieten Sie durch Ihre Formulierung Alternativen an, z.B. „Den Betriebsausflug können wir wie immer im Sommer machen. Für dieses Jahr hat Herr X. eine Skifreizeit vorgeschlagen. Wir können dies gleich diskutieren, Sie können mir aber auch bis nächste Woche mitteilen, wofür Sie sich entschieden haben.“ Dadurch signalisieren Sie Wertschätzung, gewähren den Mitarbeitern Verantwortung und Spielraum für eine Entscheidung.
- *Thema und Ziel im Auge behalten*: Wenn Sie für den Gesprächsablauf verantwortlich sind, behalten Sie das Thema und Ziel im Auge. Legen Sie vorher Zeitrahmen und Agenda fest und visualisieren Sie die Tagesordnungspunkte (TOPs). Wird eine Sache zu lange diskutiert, verweisen Sie auf den vereinbarten Zeitplan. Nimmt eine Person besonders viel Redezeit für sich in Anspruch, lenken Sie dies durch Vorgaben, z.B. „Lassen Sie uns dies etwas abkürzen, um auch noch andere Meinungen zu hören.“
- *Smalltalk*: Bei Gesprächen unter vier Augen kommt dem Einstieg ein hoher Stellenwert zu. Eine leichte Anspannung können Sie abpuffern, indem Sie mit einem nebensächlichen (engl. small = kleinen) Thema Ihren Gesprächspartner abholen und seine Bereitschaft fördern, sich auf das eigentliche Thema einzulassen. Mit Smalltalk schaffen Sie Verbindlichkeit. So kann für den Gesprächszeitraum auch eine Hierarchieebene überbrückt werden.

Fragen

Wer etwas wissen und vorantreiben will, fragt. So gesehen sind Fragen elementar, um Gespräche aktiv zu steuern. Durch Fragen kommen andere Sichtweisen ins Spiel und es werden Informationen zu Tage gefördert, die der Problemlösung dienen. Fragen können für den Gesprächspartner, an den sie gerichtet sind, motivierend sein und dazu beitragen, dass Entscheidungen eher akzeptiert und von allen mitgetragen werden. Wer gefragt wird, fühlt sich verantwortlich. Fragen spielen auch auf der Beziehungsebene eine Rolle. Aber zu welchem Zeitpunkt eines Gespräches müssen Fragen gestellt und wie müssen sie formuliert werden, um zielführend vorzugehen und partnerschaftlich miteinander umzugehen?
Das folgende Beispiel zeigt, dass Fragen keineswegs nur der Informationsvermittlung dienen, sondern auch die Beziehung der beteiligten Gesprächspartner widerspiegeln.

Frau L. sucht zu Details ihres Aufgabenschwerpunkts das Gespräch mit ihrem Vorgesetzten. Sie meldet sich in seinem Arbeitszimmer mit den Worten: „Herr H., haben Sie ein paar Minuten Zeit?“ Ihr Vorgesetzter sitzt mit ihr zugewandtem Rücken am Schreibtisch. Er wendet sich halb um und fragt: „Um was geht’s denn?“ Frau L. hat aufgrund seiner Körpersprache den Eindruck, ungelegen zu kommen und fragt: „Es geht um die Aufgabenverteilung in unserem Projekt. Können wir darüber sprechen oder passt Ihnen ein anderer Zeitpunkt besser?“ Herr H. erwidert „Bitte, kommen Sie, nehmen Sie Platz.“ Trotzdem hat Frau L. während des Gesprächs das Gefühl, ihr Vorgesetzter wäre nicht ganz bei der Sache.

Der Einstieg in das Gespräch bestand fast nur aus Fragen. Warum aber gestaltete er sich nicht befriedigend für die beiden Beteiligten? Um sich der Gesprächsbereitschaft ihres Vorgesetzten zu vergewissern, hätte Frau L. ihre Wahrnehmung verbalisieren können, z.B. „Ich bin mir nicht sicher, ob ich Sie gerade bei Ihrer Arbeit störe.“ Noch besser hätte sie dies mit ihrem Anliegen verknüpft: „Ich würde Sie gerne zu … sprechen, bin mir aber nicht sicher, ob …“. Schon vorab um einen Gesprächstermin zu bitten (z.B. „Herr H., ich möchte mit Ihnen über … sprechen. Ich gehe davon aus, dass es nicht länger als eine Viertelstunde dauern wird. Welche Zeit wäre Ihnen recht?“), hätte ihrem

Vorgesetzten mehr Entscheidungsspielraum überlassen als unmittelbar mit der von ihr vorgeschlagenen Alternative eines anderen Zeitpunkts konfrontiert. Begeben wir uns auf die andere Seite, die des Vorgesetzten. Die Frage „Um was geht's denn?“ wirkt auf den ersten Blick einfach und konstruktiv, denn sie fragt nach einer konkreten Information. Die Wirkung auf den Gesprächspartner ist jedoch so, dass nicht der Zeitpunkt für das Gespräch darüber entscheidet, ob Herr H. sich darauf einlassen will, sondern das Thema, und wie viel Bedeutung er diesem beimisst. Um eine gute Gesprächsbasis herzustellen, hätte Herr H. den unvermittelten Einstieg seiner Mitarbeiterin beispielsweise mit einer umschreibenden Frage auffangen können: „Sie möchten gerne etwas mit mir besprechen?“

Fragestellung und Fragewirkung

Fragen sind ein selbstverständlicher Bestandteil in unserem Gesprächsalltag. Weil Fragen die Denkrichtung vorgeben und den Blickwinkel des Befragten einengen, sind sie in der Gesprächsführung kein Allheilmittel. Wir fühlen uns immer herausgefordert, eine Frage zu beantworten und können uns einer Antwort nicht entziehen. Dies weckt nicht immer positive Gefühle; wir reagieren mit Abwehr oder antworten ausweichend. Selbst bei symmetrischer Kommunikation, d.h. gleichwertiger Ebene der Gesprächspartner, kann sich der Fragende in eine „höhere“ Position begeben und kann das entstandene Machtgefälle ausnutzen. Demnach kommt dem Fragenden Verantwortung für die Kommunikation zu. Wertschätzende Fragen, bei denen der Fragende um Verständnis bemüht ist, wecken Interesse und die Bereitschaft, sich zu öffnen. Wenn es gelingt, die richtigen Fragen zum richtigen Zeitpunkt zu stellen, auch die eigene Überzeugung zu *hinterfragen*, können Fragen der Königsweg der Gesprächsführung sein.

Für einen zielführenden Gesprächsablauf und ein positives Gesprächsklima ist eine „Fragedramaturgie“ nützlich. Mit welcher Art von Fragen lässt sich dies entwickeln?
Als Fragetypen lassen sich zunächst *direkte und indirekte Fragen* unterscheiden. Während direkte Fragen Aufforderungscharakter haben (z.B. „Was halten Sie von diesem Vorschlag?“, „Können Sie den Kontakt zu unserem Produktionsleiter herstellen?“, „Bis wann können Sie uns das liefern?“), indem sie geradezu eine Antwort provozieren, verfolgen indirekte Fragen eine bestimmte Strategie und fragen nicht unbedingt nach der eigentlich gewünschten Information. Sie sind im

positiven Sinne dazu geeignet, eine gute Beziehung zwischen den Gesprächspartnern herzustellen (z.B. „Wie wahrscheinlich ist es, dass Sie Herrn A. auf der Dienstreise begleiten können?“, „Was genau meinen Sie mit ...?“). Je nach Absicht des Sprechers können sie manipulativ oder suggestiv eingesetzt werden (z.B. „Sie legen doch sicher Wert auf Qualität?“). Indirekte Fragen legen den Gesprächspartner weniger fest; eher fordern sie ihn auf, seine Antwort zu präzisieren. Je nach Situation und Sachlage sind beide Varianten akzeptabel und einsetzbar.
Eine geläufige Unterscheidung von Fragearten ist die Einteilung in *offene und geschlossene Fragen*. Letztere fordern ein Ja oder Nein und sind geeignet, die gewünschte Information schnell und knapp zu erhalten. Offene Fragen lassen dem Gesprächspartner Spielraum bei der Antwort; ihnen haftet weniger der fordernde Charakter an, sofort und unumwunden antworten zu müssen. In der Regel indizieren Fragewörter (wer, was, wann, etc.) eine offene Frage (sogenannte w-Fragen). Brauchen wir Informationen, bieten sich offene Fragen an, wohingegen geschlossene Fragen dazu geeignet sind, ein Gespräch allmählich zu einer Entscheidung oder Vereinbarung zu bringen. Das Modell eines Trichters, in den oben durch offene Fragen viele Informationen fließen, und aus dem mit einer geschlossenen Frage ein Ja oder Nein herausgefiltert wird, macht die Vorgehensweise anschaulich.

Der „Fragetrichter“ für den Einsatz von Fragen im Gespräch

Entscheidend für den Umgang mit Fragen ist weniger, von welchem Typ die gestellte Frage ist, sondern vielmehr, wie sie auf den Gesprächspartner wirkt. Dem Fragenden kommt dafür die Verantwortung zu. Von großer Bedeutung ist daher die Formulierung.

Frau V. ist in ihrem Unternehmen verantwortlich für die Betreuung der Mitarbeiter. Sie begrüßt die eingeladene Bewerberin freundlich mit der Frage „Haben Sie gut hergefunden?" Die Bewerberin antwortet knapp mit „Ja". Frau V.: „Und einen Parkplatz zu finden war auch kein Problem?" Die Antwort der Bewerberin ist „Nein". Sie fragt weiter: „Möchten Sie einen Kaffee trinken?" Die Bewerberin antwortet mit „Ja, gerne, vielen Dank."

Wie das Beispiel zeigt, sind die Fragen zum Gesprächseinstieg höflich und positiv; eine Aneinanderreihung geschlossener Fragen trägt jedoch nicht dazu bei, dem Gesprächspartner längere Redeanteile zu entlocken, besonders, wenn vielleicht Lampenfieber mit im Spiel ist. Gerade zum Gesprächseinstieg geht es darum, die Anspannung aufzufangen und die bestehende Distanz abzubauen. Hier sind offene Fragen die bessere Alternative, z.B. „Was kann ich Ihnen anbieten?". „Wie war Ihr Weg hierher?" Die Anreise lässt sich fast immer thematisieren.
Im Umgang mit geschlossenen Fragen zeigt sich häufig, dass sie keineswegs nur mit Ja oder Nein beantwortet werden. Oftmals antwortet der Gesprächspartner ausführlicher und lässt eine Erklärung oder Begründung folgen, die freundlicher und verbindlicher wirken soll als ein knappes Ja oder Nein. Je nach Thema und Zusammenhang antwortet der Gesprächspartner ausweichend oder interpretiert die Frage gemäß seiner Sichtweise. Wenn er sich durch die Frage bedrängt oder unter Druck gesetzt fühlt, kann er sich durch eine ausweichende Antwort diesem Druck entziehen. Die geschlossene Frage wird dann wie eine offene gehandhabt.

Die Teamassistentin Frau B. fragt ihren Computerspezialisten: „Haben Sie sich die neue Software schon angeschaut?" Seine Antwort: „Ja, es sieht so aus, als hätte sich da eine Menge verändert. Wahrscheinlich muss ich einige Programme neu installieren. Auf jeden Fall muss ich mir noch etwas Zeit dafür nehmen." Für Frau B. war die Erklärung nützlich. Ein einfaches Ja oder Nein hätte ihr als Information vermutlich nicht ausgereicht.

Frau F. bittet Herrn L. in Form einer Frage um seine Hilfe am Computer: „Können Sie sich um mein ...-Programm kümmern?" Da Herr L. dafür zuständig ist, muss er sich darum kümmern. Es geht daher um den Zeitpunkt, und er antwortet mit einer Erklärung: „Wir haben gestern neue Hardware bekommen. Für die Abteilung X muss ich diese zuerst installieren. Das wird etwas aufwendig sein. Vielleicht kann ich mich zwischendurch einmal um Ihr Programm kümmern. Ich gebe Ihnen dann Bescheid." Auch in diesem Beispiel hätte ein Ja nicht genügt, um Frau F. die gewünschte Information zu geben. Die geschlossene Frage war nicht die richtige Frageform.

In beiden Beispielen hätte die jeweilige Frage sehr leicht durch eine offene Frage ersetzt werden können, z.B. „Wie weit sind Sie mit der neuen Software gekommen?" oder „Was glauben Sie, wann ich damit rechnen kann, die neue Software zu benutzen?", im zweiten Beispiel etwa „Ich brauche Ihre Unterstützung bei dem ...-Programm. Wann könnten Sie sich darum kümmern?"
Die Formulierung der Frage ist vor allem für die Beziehung der Gesprächspartner von Bedeutung. Offene Fragen gewährleisten einen wertschätzenden Umgang der beteiligten Personen und gleichzeitig eine bessere Konzentration auf die Sache.
Um im Gespräch Dinge zu konkretisieren und zu präzisieren, empfiehlt sich das *Nachfragen*. Beispiele: „Was meinen Sie mit ...?", „Was bedeutet ...?", etc. Auch hier sind offene Fragen vorteilhafter. Vielfach wird auch dem Gesprächspartner erst durch das genaue Verbalisieren eines Sachverhalts deutlich, worum es geht oder was ihm selbst wichtig ist. Das Aussprechen einer Sache macht diese deutlich. In diesem Zusammenhang sagt ein Gesprächspartner oft „Jetzt wird mir das erst richtig klar." Das Nachfragen und zunehmende Konkretisieren heißt, dass die Fragen immer detaillierter gestellt werden müssen und aufeinander aufbauen. So können die beteiligten Gesprächspartner konstruktiv auf eine Lösung hinarbeiten. Um einen Sachverhalt oder eine Überzeugung zu präzisieren, kann die Frage mit einer Begründung verknüpft werden, z.B. „Ich frage das deshalb, weil ..." Dies macht es dem Gesprächspartner leichter, Ihre Überzeugung oder Ihr Verhalten zu respektieren. Achten Sie jedoch darauf, dass Fragen in einem angemessenen Verhältnis zu Gesprächsbeiträgen stehen, damit keine Situation des Ausfragens entsteht.

Wir haben bereits erfahren, welche Bedeutung reflektierende Fragen haben. Formal stellen sie sich nicht als Frage dar. Ihr Wert liegt darin, den Gesprächspartner mit seiner eigenen Aussage zu konfrontieren.
In der Rolle des Befragten oder als Mitarbeiter sollten Sie sich nicht scheuen, selbst eine reflektierende Frage oder eine Rückfrage zu stellen. Nur so können Sie sicherstellen, das Gemeinte verstanden zu haben. Machen wir uns noch einmal die Grundlagen der Wahrnehmung bewusst: Wir behalten das am besten, worüber wir selbst sprechen. Was wir nur hören, vergessen wir zu einem Großteil schnell wieder. Darüber hinaus neigen wir dazu, vorwiegend auf einem bestimmten Ohr zu hören und das Gehörte gemäß der eigenen Erfahrungswelt einzuordnen. Es ist also im eigenen Interesse, durch Nachfragen das Verständnis zu sichern.

Die Frage Warum

Die Frage Warum begegnet uns im Alltag außerordentlich häufig. Auch wenn sie als sogenannte w-Frage wie eine offene Frage aussieht, hat sie wenig zielführenden Charakter, sondern wirkt im Gegenteil besonders herausfordernd. Warum fragt immer nach einer Erklärung oder Begründung des Verhaltens. Oft genug kann oder will der Befragte diese aber gar nicht angeben. Wer offenbart schon gerne die Motive für sein Handeln? Selbst wenn äußere Umstände das Handeln des Befragten begründen können, bringt dies die Beteiligten nicht weiter. Kann der Befragte seine Motive im Moment nicht genau benennen, fühlt er sich sogar beschämt, bringt er doch damit die scheinbare Zufälligkeit seiner Handlungen zum Ausdruck. Anstatt nach der Ursache des Verhaltens zu fragen, wäre eine Frage nach der Absicht sehr viel zielführender und erfolgversprechender. Fragen in dieser Hinsicht sind „Was wollen Sie mit … erreichen?“, „Was versprechen Sie sich von …?“, „Wie können wir nun weiter verfahren?“

Wie sehr unser Kommunikationsverhalten von unseren Gewohnheiten und unserer Absicht abhängt, erfahren wir nicht zuletzt durch die *pragmatische Dimension* der Kommunikation. Wer fragt, will etwas wissen und erfährt auch etwas. Oft genug verbirgt sich hinter einer Frage aber eine völlig andere kommunikative Absicht, z.B. eine Aufforderung („Können Sie uns das per Fax schicken?“), eine Bitte („Haben Sie Feuer?“), ein Angebot („Wollen Sie sich unsere Broschüre mitnehmen?“), oder eine spontane emotionale Äußerung, die der Pflege der Beziehung dient und Zustimmung einfordert („Ist die Aussicht

hier nicht wundervoll?“). Ebenso wie wir bestimmte Aussagen grammatisch in eine Frage kleiden, können wir uns umgekehrt anderer grammatischer Konstruktionen bedienen, um unseren Wunsch nach Information auszudrücken, und den provozierenden Charakter einer Frage vermeiden (z.B. „Für die Bearbeitung der Software werden Sie sicher noch etwas Zeit brauchen“, „Sie haben heute vermutlich keine Zeit mehr, sich um meine Software zu kümmern“, „Es wäre schön, wenn Sie uns das per Fax schicken könnten.“). Je nach Thema und Situation können solche Äußerungen suggestiv oder manipulativ wirken, denn die Antwortmöglichkeiten sind begrenzt. Ob Sie diese Möglichkeit, eine Information einzuholen, gegenüber der offenen Frage vorziehen, hängt nicht zuletzt auch von Ihrem Gesprächspartner ab. Wenn Sie wissen, dass der Befragte sich bei einer offenen Frage leicht herausgefordert fühlt und mit dem Appellohr hört, kann eine alternative Formulierung die bessere Wahl sein.
Die pragmatische Kommunikationsebene zeigt die vielfältigen Möglichkeiten des verbalen Austausches, die zum Teil durch Regeln des sprachlichen Handelns festgelegt, aber kaum bewusst sind. Ein typisches Beispiel dafür ist die Frage nach der Uhrzeit, die höflicher gestellt erscheint, wenn ein schlichtes Ja die richtige Antwort wäre („Können Sie mir sagen, wie spät es ist?“) gegenüber der direkten Frage („Wie spät ist es?“). Auch durch diese unbewusst präsenten Regeln der Kommunikation stellen wir Verständigung her.

Empfehlungen für den Einsatz von Fragen:

- Erfragen Sie nur eine Information, nicht mehrere.
- Formulieren Sie Ihre Frage kurz und verständlich. Schicken Sie keine längeren Erklärungen voraus, die Ihren Gesprächspartner verwirren würden.
- Konstruktive, zielführende Fragen zu stellen, setzt aufmerksames Zuhören voraus; nur so bekommen Sie ausreichend Informationen. Fragen Sie nach, um sich zu vergewissern, das Gemeinte auch verstanden zu haben.
- Durch Fragen fordern Sie die Mitarbeit der Anwesenden und gehen gleichzeitig selbst zielführend vor. Stellen Sie offene Fragen, um möglichst viele Informationen zu bekommen („Was ist aus Ihrer Sicht der Dinge notwendig?“). Geht es im Gespräch allmählich

um die Entscheidungsfindung oder Vereinbarung von Maßnahmen, stellen Sie geschlossene Fragen („Können Sie das bis morgen herausfinden?“).

Geschlechtsspezifische Kommunikation

Grundsätzlich kommunizieren wir geschlechterübergreifend. Ist es also überhaupt gemäß, Kommunikation für Männer oder Frauen differenziert zu betrachten? Frauen wie Männer empfinden es vor allem in Gesprächsrunden als unangenehm, wenn verbale Rangeleien, Übervorteilung, größere Redeanteile einer Partei oder der Eindruck, zurückgesetzt oder „niedergebügelt“ zu werden, entsteht. Es geht nicht darum, die Kommunikation der Frauen über die der Männer oder umgekehrt zu stellen, sondern darum zu sehen, ob spezifische Muster in unserem Kommunikationsverhalten liegen, die ein positives Gesprächsklima beeinträchtigen.

Landläufig entsteht der Eindruck, Frauen seien stärker als Männer an Sprache und Kommunikation interessiert. In von mir durchgeführten Seminaren beobachte ich, dass unter Personen, die noch nicht im Berufsleben stehen (z.B. Studenten, Oberschüler) mehr Frauen als Männer teilnehmen. Erst wenn konkrete Anforderungen im Beruf die Notwendigkeit fordern, sich mit dem eigenen Kommunikationsverhalten auseinanderzusetzen, gleicht sich das Verhältnis männlicher und weiblicher Teilnehmer an. Auch auf anderer Ebene lässt sich dies beobachten. Schon in Kindergärten und Schulen interessieren und engagieren sich nachweislich mehr Mädchen als Jungen für Projekte, die soziales Verhalten, Zugewandtheit, Hören und Wahrnehmungsprozesse als Schwerpunkt behandeln. Die Beobachtungen lassen vermuten, dass gute Kommunikation für Frauen einen hohen Stellenwert hat und zeigen ihr Bestreben, ihre ohnehin ausgeprägten Fähigkeiten noch zu verbessern.

In zahlreichen Seminaren, die ich nur oder vorwiegend mit Frauen durchführe, erlebe und erfahre ich immer wieder die spezifisch weibliche Perspektive in der Kommunikation. Stets beeindruckt es mich,

- wie sehr Frauen Verbindlichkeit und Verständigung im Gespräch anstreben,

- wie intensiv Frauen um einen für alle Beteiligten positiven Ausgang von Gesprächen bemüht sind,
- wie sensibel Frauen für Störungen in Gesprächen sind, d.h. wie gut sie darin sind, "zwischen den Zeilen zu lesen",
- wie ausgeprägt ihre Fähigkeit ist, sich selbst zu beobachten („Self-Monitoring"),
- wie sie bei all diesen Vorzügen gleichzeitig eine große Furcht erkennen lassen, unzureichend kompetent oder für ein Misslingen von Gesprächen verantwortlich zu sein.

Zum einen ist dies selbstverständlich nicht immer so. Ebenso wie Frauen einander gegenseitig verbal unterstützen, können sie durch Sticheleien, Häme und andere subtile Mittel Konkurrenzkämpfe untereinander austragen. Zum anderen haben diese scheinbaren Vorzüge auch ihre Kehrseite: Die Verbindlichkeit kann bewirken, selbst vollkommen zurückzustecken, um anderen den Vortritt zu lassen und dann zu beklagen, dass man nicht genug beachtet werde; die Wahrnehmung von Störungen im Gespräch kann übertrieben oder falsch interpretiert sein und konstruktive Kommunikation behindern; die Selbstbeobachtung kann aus Angst, Fehler zu machen, allzu große Zurückhaltung bewirken; die Furcht vor mangelnder Kompetenz oder Verantwortlichkeit kann ebenfalls Zurückhaltung bewirken und Selbstvertrauen und Durchsetzungswillen einschränken. Wer solche Muster wahrnimmt, hat leichtes Spiel, Frauen ein emotionaleres Kommunikationsverhalten zuzusprechen.

In Seminaren mit ausschließlich männlichen Teilnehmern erlebe ich bisweilen verbale Rangeleien, die eine Art Hierarchie festlegen. Stets überrascht es mich, dass es den Männern vordergründig um die Sache geht, immer aber auch darum, dabei gut dazustehen. Der bei Frauen stärker zu beobachtende Gemeinsinn geht bei Männern zugunsten der Eigendarstellung verloren.

In einem Seminar fielen zwei männliche Teilnehmer auf, die sich intensiv mit sachlichen Argumenten einbrachten, aber immer wieder die Überzeugungen des anderen in Zweifel zogen. Bei anderen Teilnehmern erweckte dies zeitweilig den Eindruck, als kämpften sie um die Position des „Platzhirschen". Viele Äußerungen zwischen den beiden Herren waren viel mehr auf der Beziehungsebene als auf der Sachebene gefallen.

Gerade wenn es in Gesprächen besonders „zur Sache" geht, reden sich die Beteiligten „die Köpfe heiß". Unterschwellig können persönliche Interessen wie Karriere oder Positionsgerangel im Spiel sein. Im Gespräch zu dominieren, laut zu sprechen, die eigene Meinung und Argumente nachhaltig zu vertreten bedeutet für Männer, sich durchzusetzen und in der Sache gewonnen zu haben. Dies wird von Frauen tendenziell als dominant, überheblich und unkooperativ eingeschätzt. Wo es für Männer noch um die Sache geht, empfinden Frauen früher einen unfairen Umgang. Ein ähnliches Gesprächsverhalten bei Frauen wird weniger akzeptiert, weil es als dominierend eingeschätzt wird. Fragen zu stellen, die anderen einzubeziehen, sich zurückzunehmen, nicht laut zu reden entspricht eher weiblichem Kommunikationsverhalten und bedeutet für Frauen, konstruktiv und partnerschaftlich vorzugehen. Nehmen Männer dies wahr, gehen sie bei den Frauen von mangelnder Kompetenz oder fehlendem Durchsetzungswillen aus. Ihre Äußerungen – und mit ihnen die Person – werden von Männern als weniger bedeutsam eingeschätzt. Viele schließen daraus, dass, wenn es um anstehende Entscheidungen geht, sie selbst aufgefordert seien, diese zu treffen. Tatsächlich sind Frauen an einer Lösung interessiert, die, wenn sie nicht von allen gemeinsam getragen werden kann, zumindest von allen verstanden und respektiert wird. Oft formulieren sie dies so, z.B. „Wir könnten doch ...", „Wie sehen Sie das?", „Sollten wir nicht ...?", „Man könnte vielleicht…" Männer hingegen reden selbstverständlicher und scheinbar objektiv über Sachverhalte: „Ich sehe das so:", „Wir müssen...", „Ich habe…", „Das ist ganz klar." Es scheint so zu sein, dass Frauen ihre Wahrnehmungen während des Gesprächsablaufs in ihr Gesprächsverhalten einbeziehen. Was bei Frauen emotional aussieht, ist von einem Interesse an einer gemeinsam erarbeiteten, für alle Beteiligten befriedigenden Lösung motiviert. Dass Frauen dabei manchmal zu Mitteln greifen, die emotional sind, lässt sich nicht leugnen und kann manche Männer verwirren, ihre Empathie oder ihren Widerstand hervorrufen. Gehen wir davon aus, dass Männer sich sachorientierter verhalten und an schnellen, konkreten Entscheidungen interessiert sind, müssen wir auch annehmen, dass sie generell weniger dazu neigen, Äußerungen auf der Beziehungsebene zu interpretieren. Dies scheint Konflikte zunächst zu verhindern. Wenn es ihnen mit scheinbar sachorientiertem Verhalten aber auch

darum geht, die eigene Position zu stärken, spielen dennoch emotionale Motive eine Rolle.
Wie sieht es bei emotionaler Betroffenheit in Bezug auf einen Gesprächspartner aus? Wo Frauen eher mit Anteilnahme und Empathie reagieren, ziehen Männer eine nüchterne, sachliche Äußerung vor. So kann der Eindruck entstehen, dass sie Emotionen von sich fernhalten. Schon hinsichtlich der Darstellung der eigenen Person beobachte ich in Seminaren immer wieder deutliche Unterschiede.

Ein junger Mann stellte sich vor mit den Worten: „Ich bin ziemlich gut in unserem Kurs. Wahrscheinlich werde ich einen Abi-Durchschnitt von 1,4 bekommen." Ein anderer: „Nach dem Abitur werde ich wohl studieren. Auf jeden Fall will ich mit Geld zu tun haben, am liebsten an der Börse."

Im Gegensatz dazu könnte man jungen Frauen vorhalten, sie wüssten nicht genau genug, was sie wollten oder sie seien nicht zielstrebig genug. Es ist jedoch eher zu vermuten, dass sie ihre Ziele anderen gegenüber nicht so konkret formulieren. Darüber hinaus reden sie weniger über künftige Errungenschaften, solange diese noch nicht Realität geworden sind. Möglicherweise signalisieren sie dadurch unbewusst, sich selbst nicht so wichtig zu nehmen und werden von Männern als weniger wichtig eingeschätzt.

Eine Teilnehmerin stellte sich vor: „Meine Leistungskurse sind Deutsch und Geschichte, und nach dem Abitur möchte ich auf jeden Fall einmal ins Ausland gehen, wahrscheinlich nach Osteuropa." Im persönlichen Gespräch stellte sich heraus, dass die junge Frau ausgezeichnete Noten und sehr klare Vorstellungen über ihre Zukunft hatte. Sie machte es nur auf andere Weise deutlich als manche ihrer männlichen Kollegen.

Aus den Beobachtungen können wir folgendes schließen:

- Männer neigen dazu, die Position des „Entscheiders" einzunehmen. Frauen neigen dazu, Vorschläge und Lösungswege zur Diskussion zu stellen und eine Entscheidung gemeinsam zu finden.
- Wo Frauen auf Missstände hinweisen und etwas zur Diskussion stellen, um gemeinsamen Konsens zu erreichen, neigen Männer dazu, Forderungen zu stellen, die der subjektiven Meinung entstammen.

- Frauen neigen dazu, ihre gefühlsmäßige Wahrnehmung ernst zu nehmen und Äußerungen und Verhaltensweisen anderer im Gespräch zu interpretieren. Dadurch weichen sie im Gespräch auch einmal von der eingeschlagenen Richtung ab, sagen weniger oder relativieren sich (z.B. „vielleicht“, „meine ich“, „oder so“, „man“). Männer neigen auch bei einem „unbehaglichen“ Gefühl eher dazu, das ursprünglich gesetzte Ziel umso konsequenter zu verfolgen.
- Frauen neigen eher als Männer zu empathischem Zuhören, d.h. sie signalisieren dem Gesprächspartner, dass oder wie gut sie sich in seine Situation hineinversetzen können. Von Vorteil ist dies, wenn der Gesprächspartner sich dadurch besser verstanden fühlt.

Im folgenden Beispiel schildert Herr S. eine Situation aus seinem Berufsalltag:

Seine Kollegin Frau L. bat ihn um Unterstützung bei der Bedienung eines technischen Gerätes. Sie schildert ihm ihr Problem: Schauen Sie mal, Herr S., ... funktioniert nicht. Ich habe schon ... ausprobiert, aber das funktioniert auch nicht. Ich dachte mir, es könnte vielleicht mit ... zusammenhängen. Herr S. sagt nur „Zeigen Sie mal.“ und macht sich wortlos daran, verschiedene Schritte durchzuprobieren, während Frau L. daneben steht. Anfangs kommentiert sie seine Aktion noch „Das habe ich auch schon gemacht“, doch schließlich schweigt sie. Herr S. arbeitet, ohne Frau L. weiter zu beachten. Er ist zufrieden, als er das Problem gelöst hat. Frau L. ist zwar auch zufrieden, weil sie so schnell wieder weiterarbeiten kann, sie kam sich aber überflüssig und hilflos vor. Um das Problem konstruktiv zu lösen, hatte sie ihren Kollegen erst um Hilfe gebeten, als sie selbst schon entsprechende Schritte ausprobiert hatte. Mit ihren Hinweisen wollte sie ihn unterstützen. Herr S. hatte sich dafür aber nicht interessiert. Für Herrn S. stellte sich die Situation so dar: Er musste sich erst einmal selbst ein Bild machen, um das Problem alleine lösen zu können. Äußerungen der Kollegin waren ihm dabei weder hilfreich noch wichtig erschienen.

Das Beispiel scheint eine Symptomatik aufzuzeigen: Aus weiblicher Sicht ist bei der Problemlösung Kommunikation wichtig, aus männlicher Sicht nicht. Herr S. fühlt sich bestätigt, weil er ein Problem lösen konnte. Frau L. fühlt sich frustriert, weil sie an der Lösung ihres eigenen Problems unbeteiligt war. Sicherlich ist die Art der Bewältigung individuell verschieden. Und sicher ist es so, dass wir unbewusst auch

psychosoziale und kulturelle Regeln befolgen, um uns zu verständigen. Es bleibt die Frage, wie die beiden Mitarbeiter das Problem unter gleichgeschlechtlichen Kollegen angehen würden.
Hilfreich, um vergleichbare Situationen zu begreifen, ist das Vier-Ohren-Modell. Frauen neigen sicherlich mehr als Männer dazu, von ihnen als Appell Gemeintes als Selbstoffenbarung zu verkleiden. Formulierungen wie „Ich meine, wir sollten ..., Könnte man nicht ...?" etc. bestätigen dies. Von Männern wird dies als das gehört, was es ist, nämlich als Selbstoffenbarung und eben nicht als Appell. Warum also sollten sie reagieren? Wird dies nonverbal sowie stimmlich und sprachlich entsprechend zum Ausdruck gebracht, ist die Wirkung umso stärker missverständlich. Frauen signalisieren dies unbewusst z.B. durch leises Sprechen, die Stimme in der Schwebe lassen anstatt sie am Satzende abzusenken, den Blick senken, etc. Überdies machen Frauen auch Äußerungen auf der Beziehungsebene, die sonst keine Funktion haben, weil ihnen eine gute Beziehung am Herzen liegt (z.B. „Es freut mich, dass Sie so schnell herkommen konnten", „Oh, Sie haben eine neue Frisur, damit sehen Sie viel jünger aus."). Männer sprechen seltener bewusst auf der Beziehungsebene; sie wollen in der Regel etwas erreichen und eine Lösung finden. Was sie auf der Beziehungsebene hören, ordnen sie als nicht so wichtig ein. Natürlich gibt es auch unter Männern Äußerungen auf der Beziehungsebene, die auch mit dem Beziehungsohr aufgenommen werden, dennoch haben sie fast immer mit dem Positionsgefüge der Beteiligten zu tun.

Stimmliche Aspekte
Frauen haben naturgemäß eine höhere Stimmlage als Männer. Was bedeutet dies für die Wahrnehmung? Wenn Frauen besonders laut sprechen, wird die Stimme leicht schrill, weil tiefere, durch Körperresonanz entstehende Klanganteile wegfallen. Sie kann dadurch sehr unangenehm wirken und die Person auf Ablehnung stoßen. Als maskulin wird bei Frauen ein heiserer, tiefer Stimmklang eingeschätzt. Eine erhöhte Stimmlage bei Frauen kann kritisch sein, weil sie jugendlich klingen und auch so eingeschätzt werden.
Bei Männern wird eine laute, „erhobene" Stimme durch die naturgemäß tiefere Lage nicht so intensiv wahrgenommen. Eine erhöhte Stimmlage bei Männern kann besonders kritisch sein. Die Stimme wirkt dann nicht jugendlich, sondern enthält Brüche zwischen Tief und Hoch. Dieses Phänomen sollte fachkundig behandelt werden.
Das Stimmtimbre ist naturgegeben. Ein fachkundiges Training kann jeden

darin unterstützen, die Stimme volltönend und resonanzreich zu entwickeln und eine präzise Artikulation zu erreichen. (vgl. Kap. 3.4)

Wenn heutzutage danach gestrebt wird, einen weiblicheren Führungsstil in Unternehmen zu entwickeln, steht sicherlich die Motivation nach mehr gegenseitiger Wertschätzung dahinter. Es scheint so zu sein, dass Frauen sich in erster Linie wertgeschätzt und verstanden fühlen wollen und Konsens suchen, um dies zu erreichen; für Männer scheint es wichtiger zu sein, etwas durchzusetzen. Ein angenehmes Gesprächsklima ist für sie ebenfalls bedeutsam; sie schenken ihrer gefühlsmäßigen Wahrnehmung jedoch weniger Beachtung.

Empfehlungen für eine positive Kommunikation zwischen Männern und Frauen:

Als Frau:	Als Mann:
• Überlegen Sie sich genau *Ihr Ziel* und überlegen Sie sich eine *präzise Formulierung* für das, was Sie möchten, auch wenn Ihnen dies sehr direkt oder offensiv vorkommen mag. • Sprechen Sie in *kurzen Sätzen.* • Sprechen Sie mit *klarer Stimme* und *„bestimmt*“. Relativieren Sie Ihre Überzeugung nicht durch unpräzise Formulierungen und leises, zaghaftes Sprechen. Vermeiden Sie Räuspern und Verzögerungslaute. Dies gelingt, wenn Sie kurze Sätze und Pausen machen (s. Kap. 3.4). • Machen Sie *ausreichend Pausen* und lassen Sie sich Zeit zum Atmen. • Stellen Sie evtl. *Kontrollfragen*, z.B. „Verstehen Sie, was ich meine?“ • Nehmen Sie *Blickkontakt* auf bzw. behalten Sie ihn bei. • Sprechen Sie Ihre *Wahrneh-*	• Achten Sie auf eine *freundliche Mimik* und scheuen Sie sich nicht zu lächeln. Setzen Sie dies aber nicht krampfhaft oder maskenhaft auf. • Nehmen Sie *Blickkontakt* auf bzw. behalten Sie ihn bei. • Achten Sie auf möglichst *gleiche Redeanteile* der beteiligten Gesprächspartner. Reden Sie selbst nicht zu viel und zu lange. • Machen Sie *ausreichend Pausen* und achten Sie auf die Reaktionen Ihrer Gesprächspartner. • Stellen Sie öfter *offene Fragen*, z.B. „Wie sehen Sie das?“, „Was schlagen Sie vor?“ • Stellen Sie öfter *Kontrollfragen*, z.B. „Ist Ihnen klar, was ich damit meine?“ • *Beziehen Sie weibliche Gesprächspartner* bewusst *ein*, z.B. „Dazu möchte ich gerne Ihre Meinung hören, Frau …“ • Setzen Sie gelegentlich *empathi-*

mung an durch *Ich-Botschaften* und *reflektierende Fragen,* z.B. „Ich bin mir nicht sicher, ob Sie mich richtig verstanden haben.“ Vermeiden Sie Korrekturen, z.B. „Nein, da haben Sie mich falsch verstanden“, „Das meine ich nicht.“ • Setzen Sie *empathisches Zuhören dosiert* ein; Ihr Gesprächspartner könnte sonst den Eindruck bekommen, Sie wären nicht sachlich genug.	*sches Zuhören* ein. • Achten Sie auf eine *verbindliche Einleitung* und einen *verbindlichen Abschluss* einer Besprechung mit freundlicher, wertschätzender Formulierung und Blickkontakt. • Achten Sie auf eine *deutliche Artikulation.*

4.2 Gesprächsabläufe

Jeder Kontakt zwischen Personen, bei dem Worte fallen und die beteiligten Gesprächspartner sich äußern, ist eine Form des Gesprächs. Die Gesprächspartner befinden sich in einem steten Wechsel zwischen der Rolle als Sprecher und als Hörer. Wie entwickelt sich die Kommunikation durch dieses Wechselspiel? Weil jede Äußerung, ja sogar jeder nonverbale Ausdruck den Charakter einer Mitteilung hat, wird Sprechen auch als eine Form des Handelns bezeichnet. Wählen wir die Möglichkeit zu schweigen, transportiert auch dies eine Botschaft. Sobald eine andere Person anwesend ist, treten wir in Interaktion. Der Grundsatz des Kommunikationswissenschaftlers Paul Watzlawick, nicht nicht kommunizieren zu können, besagt dies. Typische Beispiele sind Situationen im Fahrstuhl, im Wartezimmer einer Arztpraxis, in der Straßenbahn. Schon unser nonverbales Verhalten hat Informationscharakter. Wir können zwar scheinbar neutral sitzen oder stehen, die Hände im Schoß ruhen lassen und neutral blicken, können aber nicht verhindern, dass andere Anwesende auf diese Weise einen Eindruck von uns bekommen und sich ein Bild von uns machen. Wie weit dies mit unserer eigenen Einschätzung übereinstimmt, finden wir selten heraus.

Immer haben wir auch andere Möglichkeiten, uns zu verhalten. Der Bezugsrahmen und unsere Rolle begrenzen diese zwar, aber im Prinzip können wir uns auch anders hinsetzen, in eine Zeitung schauen oder ein Gespräch beginnen. Weniger missverständlich scheint da das verbale Verhalten. Durch das, was wir sagen, bringen wir eine Botschaft zum Ausdruck. Wenn ein Fahrstuhl anhält und eine automatische Stimme beispielsweise sagt „4. Etage“, können die Anwesenden mit dieser Information durchaus etwas anfangen; wer weiß, dass er dorthin will, muss aussteigen. Wenn eine Arzthelferin von der Rezeption aus ins Wartezimmer ruft „Frau Schmidt bitte!“ ist auch dies eine sinnvolle Information für die Anwesenden. Die betreffende Person weiß, dass sie an der Reihe ist, die anderen, dass sie es noch nicht sind. Würde eine solche Aussage z.B. in einem Supermarkt ausgerufen, hätte sie für uns zwar Mitteilungscharakter, aber keinerlei Bedeutung. Schließlich transportiert auch die Stimme Informationen und teilt vermutlich am intensivsten etwas über uns mit, weil es uns hier am wenigsten bewusst ist und wir am wenigsten darauf Einfluss nehmen. Von jemandem, der ruft „Lassen Sie mich durch“ erwarten wir ein schnelles Tempo und auch sonst Gesten der Eile. Würde jemand dies leise und gedehnt sprechen, würde uns dies alleine nicht genügen, um die Botschaft von Eile zu verstehen. Doch obwohl wir mit dem Gesagten eine Absicht verknüpfen, entstehen Missverständnisse, entweder weil Sprache und Körpersprache keine kongruente Botschaft vermitteln oder weil der Gesprächspartner das Mitgeteilte anders versteht, ein anderes Ohr aufmacht. Beim Sprechen befolgen wir immer bewusst oder unbewusst Regeln des sozialen Handelns. Je nach Situation passen wir unsere Reaktion den Rahmenbedingungen an. Tun wir dies nicht, hat dies für die Beziehung zwischen den Gesprächspartnern Konsequenzen.

Vielen Gesprächen im Geschäftsleben ist der Rahmen vorgegeben, manchen Gesprächstypen auch das Ziel. Wie laufen vor diesem Hintergrund Gespräche ab? Gibt es dadurch standardisierte Abläufe, die den „Handlungsspielraum“, den Äußerungsspielraum einschränken? Inwieweit lassen sich Äußerungen kategorisieren und was lösen sie beim Gesprächspartner aus? Inwieweit schaffen wir es, auf unseren Gesprächspartner einzugehen und wie verhält es sich mit Feedback, Kritik und Reklamationen?

Gesprächsziele und Gesprächsstrukturierung

Vom Bewerbungsgespräch bis zum Smalltalk haben wir es mit bestimmten Gesprächstypen zu tun. Überlegen Sie einmal selbst, welche der folgenden Typen Ihnen bekannt sind und Sie selbst oft darin beteiligt, ohne dass Ihnen dies bewusst ist: Beratungsgespräche, Besprechungen, Gespräche zum Gedanken- und Erfahrungsaustausch, zur Aufgabendelegation oder -verteilung, Verkaufs- oder Informationsgespräche, Vorstellungsgespräche, Interviews, u.a.
Nun beziehen sich die Beispiele mehr auf geschäftliche als auf private Szenarien. Viele von uns haben auch schon Gespräche mit „fließendem" Übergang geführt, bei denen die Beteiligten zwar geschäftlich miteinander zu tun haben, die Situation aber losgelöst vom beruflichen Rahmen stattfindet, wie z.B. bei Feierlichkeiten, Ausflügen oder dem Stehempfang mit Kollegen und Bekannten. Die Situation, in der wir uns befinden, beeinflusst immer unser sprachliches Verhalten und wir beachten unbewusst Regeln.
Viele Gesprächstypen bringen in ihrer Bezeichnung das Ziel zum Ausdruck. Wenn wir wissen, weshalb wir in ein Gespräch hineingehen, scheint die Absicht offen zu liegen; wir wollen alles daran setzen, unser Ziel auch zu erreichen. Wie sich Gesprächsabläufe abhängig von der Zielsetzung entwickeln, zeigen die angeführten Beispiele.
Frau E. berichtet im Seminar von einem Beratungsgespräch mit einem Verkäufer. Sie hatte die Absicht, bald einen neuen Wagen zu kaufen und besuchte ein Autohaus. Vorher hatte sie sich durch einige Prospekte bereits über einzelne Modelle informiert. Zunächst war sie sehr zufrieden damit, sich umschauen zu können und den Wagentyp, für den sie sich interessierte, in Augenschein zu nehmen. Glücklicherweise erschien bald ein Verkäufer, Herr H., der sie nach ihren Wünschen fragte.

Herr H.: Guten Tag, wie kann ich Ihnen helfen?
Frau E.: Ich interessiere mich für einen Zweitwagen. Er soll aber nicht zu klein sein, und vor allem möchte ich vier Türen, weil ich auf dem Rücksitz einen Kindersitz anbringen muss.
Herr H.: Was fahren Sie denn jetzt für ein Auto?
Frau E.: (hat mit der Frage nicht gerechnet. Sie will nicht sagen, dass sie einen Zweitwagen eines anderen Typs fährt und antwortet auswei-

chend) Mein Mann fährt einen Kombi. – Ich habe mich schon ein wenig umgeschaut, und dieses Modell gefällt mir recht gut.

Herr H.: Ja, das ist auch geradezu ein ideales Zweitauto, den Wagen gibt es auch mit vier Türen. Setzen Sie sich ruhig einmal rein.

Frau E.: (tut dies und prüft ihre Sitzposition) Ist der Fahrersitz auch höhenverstellbar, oder das Lenkrad verstellbar?

Herr H.: Ja, ja, der Sitz ist höhenverstellbar. Da gibt es hier einen Hebel, schauen Sie.

Frau E.: Der Sitz kommt mir sehr weich vor.

Herr H.: Dann müssen Sie die Sportversion nehmen. Da sind Sportsitze serienmäßig drin.

Frau E. (geht auf die Äußerung nicht ein und schaut sich noch ein wenig die Ausstattung an.)

Herr H.: Wollen Sie denn mal eine Probefahrt machen?

Frau E.: (antwortet ausweichend, weil sie noch weitere Informationen möchte, bevor sie den Wagen Probe fahren will) Ja, da muss ich erst noch mal sehen, wann es am besten passt. (Sie steigt wieder aus dem Wagen und sieht ihn sich von außen genauer an.) Darf ich mal den Kofferraum anschauen?

Herr H.: (öffnet die Heckklappe und sagt) Aber selbstverständlich. – Schauen Sie mal, wie viel Platz Sie da haben. Sie können auch die Rückbank umklappen, warten Sie, ich zeige Ihnen das mal. (Er klappt die Rückbank um und zeigt auf die Ladefläche. Er wiederholt:) Schauen Sie mal, wie viel Platz Sie da haben. Riesig. Sie können einfach alles unterbringen, wenn sie einkaufen gehen. Auch wenn Sie mal was Größeres kaufen. Überhaupt kein Problem.

Frau E.: (denkt daran, dass sie dem Verkäufer eingangs gesagt hatte, sie wolle den Wagen als Zweitwagen und ihr Mann hätte einen Kombi. Dass sie auf der Rückbank einen Kindersitz anbringen will, scheint der Verkäufer vergessen zu haben.)

Herr H.: Soll ich Ihnen mal durchrechnen, was der Wagen kostet? Kommen Sie doch mal mit in mein Büro. Und wenn Sie ihn mal Probe fahren wollen, können Sie das jederzeit.

Für Frau E. war das Ziel des Gespräches, sich möglichst genau über einen Wagen zu informieren und ein Gefühl dafür zu bekommen, ob sie mit einem Wagen dieses Typs gerne fahren würde. Für Herrn H. war die Sachlage schwieriger und einfacher zugleich. Schwieriger, weil er die Ziele der Kundin noch nicht kannte, einfacher, weil er in seiner Rolle als Verkäufer überwiegend mit dem gleichen „Gesprächsmaterial“ zu tun hat. Er kannte sein Produkt sehr detailliert. Sein Ziel dürfte gewesen sein, einen neuen Wagen zu verkaufen. Die

Kunst für ihn besteht darin, der Kundin jeweils schrittweise die Information zu geben, die beide ihrer Zielsetzung näherbringt.
In jedem Gespräch ist das Ziel für die beteiligten Gesprächspartner eine wichtige Perspektive. Je mehr die Ziele voneinander abweichen, desto mehr Schritte sind notwendig, die klären und konkretisieren. Idealerweise entspricht der Gesprächsverlauf grob einem Drei-Schritt-Modell: Einleitung, Hauptteil bzw. Verhandlungsteil, Abschluss. Bei genauerer Differenzierung kann dies – ähnlich dem Aufbau von Vorträgen – in einen fünfphasigen Ablauf unterteilt werden:

1. Eröffnungsphase
2. Erarbeitungsphase
3. Argumentationsphase
4. Vereinbarungsphase
5. Abschlussphase

Weil beim Einstieg immer der Kontakt und die Beziehung im Vordergrund stehen, dient diese Phase vor allem dazu, eine positive Atmosphäre zu schaffen. Niemand hat ein gutes Gefühl, wenn jemand mit einer Nachricht „mit der Tür ins Haus fällt". Die Eröffnungsphase darf andererseits nicht zu lange dauern, um nicht den Eindruck entstehen zu lassen, die eigentliche, wichtige Mitteilung werde auf die lange Bank geschoben. Bei unangenehmen Nachrichten wollen wir schließlich gleich erfahren, „was los ist". In der Erarbeitungs-, Argumentations- und Vereinbarungsphase geht es „ans Eingemachte". Wie ihre Bezeichnung schließen lässt, sollten in der Erarbeitungsphase Informationen eingeholt und gesammelt, das Gesprächsziel festgelegt und je nach Gesprächstyp die Tagesordnungspunkte oder Agenda vorgelegt werden. In der Argumentationsphase werden Meinungen geäussert, Argumente vorgebracht, auch Widerstände, Gegenargumente und gegenteilige Meinungen kritisch beleuchtet und kontrovers diskutiert. Im Verlauf dieser Phase kommt es auch zu Bewertungen, wobei einzelnen Vorschlägen oder Argumenten der Vorzug gegeben wird. Im Sinne einer Entscheidungsfindung ist dies auch sinnvoll. In der Vereinbarungsphase geht es schließlich darum, Maßnahmen festzulegen, die für das Erreichen des Ziels notwendig sind. Je nach Gesprächstyp werden Aufträge erteilt, Termine und Zeiträume angegeben, bis Pläne umgesetzt werden sollen. Die Abschlussphase dient wiederum einer

positiven Atmosphäre. In der Regel ist den Gesprächspartnern daran gelegen, weiterhin in einer guten Beziehung zu stehen.
Im obigen Beispiel war das Gespräch durch die Frage des Verkäufers nach den Wünschen der Kundin eröffnet, der Kontakt hergestellt. Die Erarbeitungsphase beginnt mit der Schilderung der Bedürfnisse durch Frau E. Der Verkäufer Herr H. verfügt durch ihre Informationen über einiges Wissen, an das er anknüpfen kann. Möglicherweise um weitere Anhaltspunkte zu bekommen, stellt er die offene Frage nach dem jetzigen Wagen der Kundin. Mit der Antwort erhält er jedoch keinerlei nützliche Information. Selbst wenn die Kundin ehrlich geantwortet hätte, hätte er Vergleiche anstellen müssen, um die Vorzüge eines neuen Modells herauszustellen, was nicht möglich gewesen wäre, ohne gleichzeitig das andere Modell abzuwerten. Um wie viel besser wäre eine Zusammenfassung oder umschreibende Erwiderung gewesen („Sie interessieren sich für einen Zweitwagen und sind oft mit Ihrem Kind unterwegs."). Frau E. hätte vielleicht nur mit „Ja genau" geantwortet, vielleicht hätte sie aber auch noch mehr zu ihren Bedürfnissen gesagt. Beim Thema Sitzkomfort entsteht scheinbar Widerstand seitens der Kundin. Herr H. hätte mit einer Frage das Gesagte konkretisieren können „Inwiefern finden Sie den Sitz zu weich?", und hätte vielleicht erfahren, dass Frau E. öfter längere Strecken unterwegs ist und eine festere Polsterung bevorzugt. Mit dem Angebot, ein Sportmodell wählen zu müssen, lenkt er ihre Aufmerksamkeit von dem aktuellen Modell weg zu einem ganz anderen, das sie vermutlich gar nicht in Betracht ziehen will. Nun macht Herr H. das Angebot einer Probefahrt, was zunächst nahe liegend ist, um den Sitz zu testen. Weil Frau E. aber noch Informationen fehlen, geht sie nicht darauf ein. Beim Betrachten des Kofferraums liefert Herr H. eine Reihe von Informationen, die zwar korrekt und überzeugend, für Frau E. aber von untergeordneter Bedeutung sind. Schließlich bewertet er selbst, indem er die Vorteile herausstellt. Auch wenn die Kundin zustimmen kann, wird es ihren Bedürfnissen nicht gerecht. Über die Kosten zu sprechen ist wiederum ein Angebot, das für die Kundin noch zu früh kommt.
Die Kundin hat nach diesem Gespräch einige Informationen mehr an der Hand, ist aber noch zögerlich. Ihr Ziel war nicht die sofortige Probefahrt und der Kauf des Wagens, sondern sich Klarheit darüber zu verschaffen, ob dieser Wagen für sie in Frage kommen könnte. Dazu

bedurfte es für sie einer längeren Argumentationsphase mit Informationen, Bewertungen, und Überlegungen. Der Verkäufer hatte die Bedürfnisse der Kundin unzureichend herausgearbeitet und sein Ziel, wenigstens den Kaufwunsch zu erhöhen, nicht erreicht. Ihre eigenen Vorstellungen hätte Frau E. zum Teil sogar als Einwand vorbringen müssen (z.B. „Aber ich brauche doch gar keinen großen Kofferraum …“).
An dem Gespräch lässt sich gut verfolgen, dass eine Zielsetzung für jeden Gesprächspartner sein muss, dass es aber in jeder Gesprächsphase notwendig ist, sich aufeinander abzustimmen und die Vorgehensweise zu kontrollieren.
Das folgende Beispiel zeigt, wie die Vorgesetzte (Frau S., Leiterin einer naturwissenschaftlichen Fachabteilung) durch eine kluge Gesprächsführung nicht nur zielführend vorging, sondern auch ihre Mitarbeiterin dazu bewegen konnte, sich kooperativ zu zeigen. Mit einer Labormitarbeiterin, Frau M., gibt es Probleme, weil sie unzuverlässig arbeitet. In einem früheren Gespräch hatte Frau S. schon nach Lösungsansätzen gesucht. Frau M. war jedoch so stark auf ihre schwierige persönliche Situation konzentriert, dass sie an ihrem Arbeitsplatz Zugeständnisse erwartete.

Frau S.: Guten Morgen, Frau M., vielen Dank, dass Sie sich Zeit nehmen, zu mir zu kommen.

Frau M.: Ja, ich muss aber gleich ins Labor, ich muss nämlich schon um halb zwölf wieder gehen.

Frau S.: Was ist denn passiert?

Frau M.: Ich habe nur bis zwölf Uhr eine Kinderbetreuung.

Frau S.: Ich kann mir vorstellen, dass es für Sie nicht leicht ist, für Ihre Familie da zu sein und Ihre Arbeit hier zu erledigen.

Frau M.: Manchmal weiß ich wirklich nicht, wie ich es unter einen Hut kriegen soll.

Frau S.: Ich beobachte, dass Sie häufiger früher nach Hause gehen. Das wäre nicht so dramatisch, wenn Arbeiten nicht einfach unerledigt liegen bleiben würden. Problematisch ist das dann, wenn die Präparate einfach da stehen und niemand weiß, was damit passieren soll.

Frau M.: Ja, aber wenn ich doch nach Hause muss. Wie soll ich denn rechtzeitig zu Hause sein, wenn ich hier alles fertig machen soll?

Frau S.: Es ist schwierig für Sie, die Arbeitszeit hier mit Ihren familiären Verpflichtungen zu vereinbaren.

Frau M.: Ja, das ist ja nicht immer so. Aber schließlich muss ich mich um alles kümmern. Und wenn ich nicht zu Hause bin, geht alles drunter und drüber.

Frau S.: Wie schätzen Sie es ein, Ihre Arbeit mit Ihrer familiären Situation vereinbaren zu können?

Frau M.: Ich muss ja arbeiten, von irgendetwas muss ich ja leben.

Frau S.: Ihre Arbeit ist Ihnen also wichtig, weil sie Ihnen als Lebensgrundlage dient.

Frau M.: Ja, ich brauche ja auch eine Kinderbetreuung.

Frau S.: Ohne Ihre Stelle hier bei uns könnten Sie das nicht finanzieren.

Frau M.: Nein.

Frau S.: Wie wäre es für Sie, ausschließlich für Ihre Familie da zu sein?

Frau M.: Hm, nicht so stressig. Aber das geht ja nicht.

Frau S.: Was glauben Sie, passiert mit den Präparaten, wenn Sie um halb zwölf statt um ein Uhr gehen?

Frau M.: Weiß ich auch nicht. Wird sich schon einer drum kümmern.

Frau S.: Ihre Kollegen sind also für Sie zur Stelle, wenn es darauf ankommt.

Frau M.: Hm, ja, ich denke schon.

Frau S.: Was könnten Sie selbst denn tun, um sicherzustellen, dass die Proben nicht vergessen werden?

Frau M.: Na ja, ich müsste sie zumindest noch markieren und an ihren Platz stellen. – Und vielleicht könnte ich die Assistentin fragen, ob sie die restlichen übernehmen kann.

Frau S.: Eine ordnungsgemäße Bearbeitung der Proben ist Ihnen wichtig.

Frau M.: Ja, das finde ich schon sehr wichtig.

Frau S.: Wir sind darauf angewiesen, aussagekräftige und unverfälschte Ergebnisse zu bekommen. Deshalb liegt mir daran, dass Sie die Proben unter Ihrer Verantwortung sorgfältig bearbeiten.

Frau M.: Hm, ja.

Frau S.: Melden Sie sich bitte bei mir oder, wenn ich nicht da bin, im Sekretariat ab, wenn Sie früher gehen müssen. Ich werde Sie dann danach fragen, wann wir mit den Ergebnissen rechnen können.

Frau S. gelingt es, ihrer Mitarbeiterin durch aktives Zuhören zu vermitteln, dass ihr Verhalten nicht ohne Konsequenzen ist. Sie hätte von Anfang an auch mahnend reagieren können, z.B. „Sie können nicht einfach mitten in einem Arbeitsablauf gehen. Das ist verantwortungslos.“ Es ist jedoch fraglich, ob Frau M. dann weiterhin aufgeschlossen gewesen wäre. Zu welchen Veränderungen sie in der Lage ist, kann Frau M. nur aus eigenem Antrieb entwickeln und weder durch Ratschläge noch Forderungen seitens ihrer Chefin. Für Frau S. ist es daher sinnvoll, sich im Gespräch auf die momentanen Gegebenheiten zu konzentrieren und ihr Ziel zu staffeln. Sie kann Frau M. emotional unterstützen und ihr Mut machen, die gemeinsame Vereinbarung umzusetzen. Im Verlauf dieses Kritikgesprächs lassen sich die einzelnen Phasen gut nachvollziehen: die freundliche Eröffnung, die Erarbeitungsphase mit dem Einholen der Informationen und der Gesprächsgrundlage, die Argumentationsphase (eingeleitet mit der Frage „Wie schätzen Sie es ein, Ihre Arbeit mit der familiären Situation vereinbaren zu können?") und die Vereinbarung („Was könnten Sie selbst denn tun, ...?"). Es wäre unklug, eine Vereinbarung zu einem Zeitpunkt zu treffen, zu dem der Gesprächspartner ihren Zweck noch gar nicht einsieht.

Beiden Gesprächen ist gemeinsam, dass die Ziele der jeweiligen Gesprächspartner keineswegs identisch sind. Je weiter sie auseinander liegen, desto mehr ist es angebracht, sie durch Reflexion zu klären und schrittweise Konsens zu suchen.

Viele Privatgespräche laufen vordergründig ohne erkennbares Ziel ab; eine Planung und Strukturierung findet im Allgemeinen nicht statt. Schaut man genauer hin, eröffnet sich häufig zumindest bei einem der Partner ein Ziel, z.B. die Verständigung über gemeinsame Unternehmungen, der Wunsch nach Bestätigung und Zustimmung des Partners, etc. Um einer positiven Beziehung Rechnung zu tragen, erwarten wir Konsens. Gespräche unter Personen, deren Sympathie uns wichtig ist, empfinden wir daher manchmal schwieriger als geschäftliche Gespräche. Kritisch für den Gesprächsablauf ist 1. die persönliche Beziehung, die durch die Dominanz der emotionalen Ebene für mehr Konfliktpotential sorgen kann als ein Gespräch auf sachlicher Ebene und 2. die Tatsache, dass selten einer der Gesprächspartner mit Elementen des aktiven Zuhörens die führende Rolle übernimmt. Einem unbefriedigenden Ausgang eines Gespräches gehen oft Äußerungen aus dem Eltern- oder Kind-Ich voraus, die den Gesprächsablauf „regeln" (vgl. Kap. 4.1).

Im folgenden Beispiel berichtet Frau A. von einem Gespräch mit ihrem Mann F., das sie als unbefriedigend empfunden hatte. Nach dem ersten Seminartag erkundigt er sich nach ihrem Befinden.

F.: Na, wie war's heute?
A.: Wir mussten alle einen Kurzvortrag halten. Aber meiner wurde noch nicht besprochen.
F.: Wieso?
A.: Ich war als letzte dran. Die Besprechung findet erst morgen statt.
F.: Das ist ja wieder typisch. Du weißt doch, dass man als letzter sowieso schon verloren hat.
A.: Wieso verloren? Es ging in loser Reihenfolge. Und dann ergab es sich eben so.
F.: Aber die letzten haben doch nie eine Chance.
A.: Wie kommst du darauf?
F.: Als ich kürzlich das Bewerbungsgespräch hatte, da konnten die, die als letzte dran waren, nach Hause gehen. Am Anfang interessieren sich alle noch für einen, aber wer als letztes kommt, da passt doch keiner mehr auf. Heutzutage muss man sich ein bisschen anstrengen, sonst bleibt man auf der Strecke.
A.: Aber ich bin eben nicht sofort losgerannt. Warum soll ich mir denn mehr Stress machen als nötig?
F.: Du musst halt was dafür tun, dass du einen Job bekommst. Wer als erster da ist, der kriegt den Job. Wenn ganz viele kommen, interessiert sich keiner mehr für den letzten. Da muss man schon die Ärmel aufkrempeln.
A.: Es ist ja gar nicht gesagt, dass ich schlechter bin als die anderen. Es hat sich halt so ergeben.

An dieser Stelle brach das Gespräch ab. Das vordergründige Ziel war das gegenseitige Interesse der beiden Partner an den Aktivitäten des anderen. Frau A. war erstaunt darüber, wieso ihr Mann auf ihre sachliche Bemerkung hin einen Bogen schlug zu einer von ihm länger zurückliegenden unangenehmen Erfahrung. Sie war jedoch emotional zu sehr beteiligt, um die Äußerungen nicht auf sich zu beziehen („Aber ich bin eben nicht sofort losgerannt."). Bei den Reaktionen von F. ist nur in der einleitenden Frage ein Bezug zu den Erfahrungen von Frau A. erkennbar. Im weiteren Verlauf redet F. nur noch von sich selbst und seinen eigenen Erlebnissen, obwohl es sicherlich nicht sein Ziel war, die damalige Erfahrung in Zusammenhang mit der seiner Frau zu bringen. Frau A. versucht immer wieder, ihn auf ihre konkrete Situation zu lenken, was jedoch nicht gelingt. Zusammenfassen oder umschreibendes Erwidern von F.'s Äußerungen hätte einen konstruktiveren Verlauf bewirken können (z.B. „Du meinst also, wer als letzter dran ist, hinterlässt einen schlechten Eindruck oder wird gar nicht

mehr wahrgenommen", an späterer Stelle z.B. „Die Erfahrung in deinem Bewerbungsgespräch lässt dich vermuten, dass ich eine schlechte Figur mache?"). Möglicherweise hätte sich dadurch eine Themenverlagerung auf F.'s Erfahrung ergeben, was wahrscheinlich bei beiden gar nicht das Ziel war. Die Bestätigung der positiven Beziehung als unterschwelliges Gesprächsziel wäre so aber leichter möglich gewesen.
Um sowohl dem Gesprächsziel als auch einer positiven Beziehung zum Gesprächspartner gerecht zu werden, ist es umso wichtiger, mit den Elementen des aktiven Zuhörens Verständigung herzustellen. Vor dem Hintergrund, dass unser gesamtes Verhalten Mitteilungscharakter hat und die Reaktionen des Gesprächspartners nicht vorhersehbar sind, bleibt aber jede Interaktion auch bei noch so differenziert geplantem Gesprächsablauf einmalig.

Empfehlungen für den Überblick im Gesprächsablauf:

- Bereiten Sie sich auf ein Gespräch vor, indem Sie sich Ihr Ziel verdeutlichen.
- Eröffnen Sie das Gespräch freundlich und wohlwollend. Halten Sie die Phase umso kürzer, je kürzer das Gespräch ist, um den Gesprächspartner nicht ungeduldig werden zu lassen.
- Legen Sie in der Erarbeitungsphase die Bedingungen für die Gesprächsinhalte fest: Was wollen Sie wissen oder ansprechen? Wer ist am Gespräch oder am Arbeitsprozess beteiligt? Wie liegen Ihrer Meinung nach die Dinge? In dieser Phase muss angesprochen und geklärt werden, worum es geht. Wenn mehrere Gesprächspartner beteiligt sind, sorgen Sie dafür, dass ein Meinungsbild erhoben werden kann.
- In der Argumentationsphase geht es um die Sache. Lassen Sie kontroverse Meinungen und Diskussion zu. Sorgen Sie dafür, dass keine persönlichen Angriffe oder verletzende Bemerkungen im Raum stehen.
- Um sicherzugehen, was der Gesprächspartner meint, nutzen Sie das aktive Zuhören: Fassen Sie zusammen, umschreiben Sie, stellen Sie offene Fragen.
- Greifen Sie nicht in eine spätere Phase vor und springen Sie nicht in eine frühere Gesprächsphase zurück. Sobald Vereinbarungen

getroffen oder Maßnahmen festgelegt wurden, unterbinden Sie sachlich nachträgliche Argumente (z.B. „Aber ich wollte doch noch einmal sagen ...“ – „Wir haben die Argumente gehört und bereits Maßnahmen festgelegt.“) Dies sorgt für einen stringenten und für alle transparenten Gesprächsverlauf.

- Bei Fachgesprächen kann es sinnvoll sein, die vereinbarten Maßnahmen schriftlich festzuhalten. Geschieht dies nicht, sollten Sie sie auf jeden Fall noch einmal zusammenfassen.
- Verdeutlichen Sie in der Eröffnungs- und in der Abschlussphase, wie wichtig Ihnen die Beziehung zu Ihrem Gesprächspartner ist. Eine freundliche Begrüßung und ein verbindlicher Dank für die investierte Zeit vermittelt Wertschätzung und untermauert das Verantwortungsgefühl der Beteiligten.

Äußerungskategorien

Alle Möglichkeiten, die wir bisher als positiv für den Gesprächsverlauf kennengelernt haben, können als förderlich und konstruktiv bezeichnet werden. Durch die Kategorien des aktiven Zuhörens werden sie konkret benannt. Ihnen ist gemeinsam, dass sie aus dem Erwachsenen-Ich kommen und es ermöglichen, sich auf die Sachebene zu konzentrieren. In Gesprächen wählen wir manchmal jedoch auch weniger geschickte Formulierungen, die destruktive Folgen für den Gesprächsverlauf haben können. Sie werden vom Eltern- oder vom Kind-Ich bestimmt.

Sicherlich haben Sie es schon einmal erlebt, dass Gespräche an einem bestimmten Punkt plötzlich eine unerfreuliche Wendung nahmen. Vielleicht haben Sie eine Äußerung anders aufgefasst, als sie gemeint war oder sie war verletzend formuliert. Sie fühlten sich betroffen. Eine Äußerung, die *trifft*, ruft naturgemäß Abwehr, Widerstand oder Flucht hervor. Als Reaktion ziehen wir uns zurück, indem wir schweigen, widersprechen, oder signalisieren, dass wir das Gespräch nicht mehr ernst nehmen. Äußerungen, die zu Brüchen im Gesprächsverlauf führen, haben immer Auswirkungen auf die Beziehung der Gesprächspartner. Andererseits sind sie so alltäglich und vertraut, dass uns ihre

Verwendung – und häufig leider auch ihre Wirkung – gar nicht bewusst ist.
Was ist das Kritische an Äußerungen, die ein Gespräch auf die Beziehungsebene geraten und beim Gesprächspartner ein Abwehrverhalten entstehen lassen? Im Erwachsenen-Ich begegnen sich die Gesprächspartner auf gleicher Ebene; wird diese verlassen, entsteht ein Gefälle. Der Unterlegene sucht dieses wieder auszugleichen, indem er entsprechend reagiert – vielleicht nicht im gegenwärtigen Gespräch, sondern erst zu einem späteren Zeitpunkt oder durch sein Verhalten in einem anderen Zusammenhang.

Frau S. berichtet von einer Mitarbeiterbesprechung zwischen ihrer Vorgesetzten und außer ihr noch zwei weiteren Kollegen, eine davon Frau R. Es geht um die Verteilung der anfallenden Aufträge. Als Frau R. darauf hinweist, einen bestimmten Auftrag nicht ohne Hilfe bearbeiten zu können, wendet sich die Vorgesetzte an Frau S. „Vielleicht hätten Sie sich bisher etwas mehr Zeit nehmen müssen für Frau R." Das Gespräch wird sachlich weitergeführt und es wird eine Kooperation vereinbart. Im Anschluss daran wird Frau S. klar, wie sehr die Äußerung ihrer Vorgesetzten sie getroffen hat. Sie fühlte sich vor den anderen bloßgestellt und empfand es als enttäuschend, dass ihrer Vorgesetzten ihr Arbeitseinsatz und ihre Leistungsbereitschaft offenbar entgangen waren. Die Konsequenzen auf der Beziehungsebene hatten auch Folgen auf der Sachebene: Frau S. fühlte sich nicht wertgeschätzt und verlor Vertrauen. Sie arbeitete künftig mit weniger Motivation und Interesse am Unternehmenserfolg.

Die Äußerung der Vorgesetzten bestand in einem Vorwurf, gekoppelt an eine Unterstellung. Sie gibt Frau S. zu verstehen, dass ihre Einweisung nicht ausreichend war und entschuldigt damit ihre Kollegin. Ausserdem stellt die Vorgesetzte die Gegebenheiten als Tatsachen hin: Frau R. könnte eigenständig arbeiten, wenn Frau S. sie richtig eingewiesen hätte. Das scheinbare Defizit muss sie verursacht haben. Vermutlich war die Äußerung von der Vorgesetzten ganz unverfänglich gemeint. Doch gerade hier liegt der Kern der Sache. Die Gedankenlosigkeit, mit der wir scheinbar unverfängliche Aussagen machen, kann beim anderen fatale Wirkungen auslösen.
In welche Kategorien lassen sich derlei Äußerungen fassen?

Kategorie	Formulierungsbeispiele	Mögliche Interpretation	Alternativen
Ratschläge geben, Vorschläge machen	„Du musst einfach nur…“ „Also an deiner Stelle würde ich …“ „Probier’ doch mal …“	Der Gesprächspartner wird geringer geschätzt; die eigene Sichtweise und Lösungskompetenz höher eingeschätzt. Jemand, der auf dem Appellohr besonders empfänglich ist, wird leicht mit Abwehr reagieren.	„Ich frage mich, ob dich interessiert, wie ich das sehe.“ „Ich überlege mir gerade, wie man damit umgehen könnte.“
Befehlen	„Lassen Sie mich ausreden.“ „Komm’ nicht so spät nach Hause.“ „Schäm’ dich.“ „Bring’ mir bitte … mit.“	Kritisch ist mehr die Formulierung als die Sache, um die es geht. Der Sprecher bevormundet den Gesprächspartner und stellt sich dadurch über ihn.	„Es stört mich (Ich fühle mich nicht wertgeschätzt), wenn Sie mich unterbrechen.“ „Es beunruhigt mich, wenn du so spät nach Hause kommst.“
Ausfragen	„Wo warst du so lange?“ „Wieso kommst du erst jetzt?“	Der Sprecher will seine Neugier befriedigen oder sich bestätigt fühlen und setzt sich damit in eine überlegene Position.	„Ich bin erstaunt/Es beunruhigt mich, wie lange du weg warst.“
Überreden	„Nun stell’ dich doch nicht so an.“ „Du würdest mir eine Freude machen, wenn du … tätest.“	Die Interessen des Gesprächspartners werden nicht wahrgenommen oder nicht ernst genommen.	„Wie stellst du dir… vor?“ „Welche Möglichkeiten siehst du mit …?“

Kategorie	**Formulierungsbeispiele**	**Mögliche Interpretation**	**Alternativen**
Von sich reden	„Ich kenne das. Bei mir war das genauso. Damals dachte ich, …“ „Ja, ich weiß, wie das ist.“ „Kommt Zeit, kommt Rat.“	Das Anliegen des Gesprächspartners hat weniger Bedeutung als die eigenen Erfahrungen. Auch Lebensweisheiten und Sprüche fallen in diese Kategorie.	„… hat sehr viel Bedeutung für dich.“ „Ich kann verstehen, dass dich das berührt.“
Werten	„Das ist ja wieder typisch.“ „Das ist ja blöd.“ „Das ist eine ganz tolle Sache.“ „Du bildest dir wohl ein, damit was zu erreichen?“	Das Bewerten hat verschiedene Varianten, z.B. das Herunterspielen (Abwerten), ins Lächerliche ziehen, Besserwissen. Statt die Äußerung neutral und wertschätzend aufzunehmen, wird der andere durch die Wertung kleiner gemacht.	„Du siehst das also so …“ „Deiner Meinung nach …“
Ursachen aufzeigen	„Also wenn du mich fragst, liegt das Problem bei X. Als der in unsere Abteilung kam, fing alles an.“	Die eigene Sichtweise wird als besser eingeschätzt: die vom Gesprächspartner gezeigte Problematik ist weniger wichtig.	„Ich frage mich, ob dich meine Sicht der Dinge interessiert.“
Beschwichtigen (= dem Wortursprung nach Beruhigen, zum Schweigen bringen)	„Du schaffst das schon. Das haben andere auch geschafft.“ „So schlimm ist das doch gar nicht.“ „Irgendwann lachst du darüber.“	Dem Gesprächspartner wird Schwäche unterstellt, für die er Trost und scheinbare Unterstützung bekommen soll. Eine Beschwichtigung schwächt aber, anstatt die Lösungskompetenz zu stärken.	„Für dich ist also wichtig, dass …“ „Wie wäre es, … zu schaffen?“ „Was bedeutet … für dich?“

Die Liste ist sicher nicht vollständig. Sie zeigt symptomatisch Kategorien, die besonders häufig verwendet werden. Manche Äußerungen können als Bestandteil einer übergeordneten Kategorie aufgefasst werden. Etwas besser zu wissen ist immer eine Form des Wertens, ebenso das Interpretieren und Beschwichtigen. Von sich selbst zu reden stellt auch eine Form des Ratgebens dar. Immer „weiß“ der Sprecher besser, wie die Dinge liegen, als es der Gesprächspartner zum Ausdruck bringen kann. In den Äußerungen liegt der Wunsch des Sprechers verborgen, der Gesprächspartner möge seine Sichtweise annehmen.
Viele Kategorien sehen auf den ersten Blick positiv aus, denn sie sind vom Gesprächspartner „gut gemeint“, lassen auf sein Wohlwollen schließen und drücken Empathie aus. Wer will jemandem verdenken, wenn er seinen Gesprächspartner tröstet, ihm einen guten Rat gibt, ihm dadurch, dass er von sich redet, ein passendes Beispiel gibt, ihn zu etwas überredet, zu dem er sich nicht durchgerungen hätte, ihm Ursachen aufzeigt, die ihn etwas besser verstehen lassen? Die Kategorien zeigen aber, dass der Sprecher, der sie benutzt, sich auf seine eigene Perspektive bezieht. Wie sein Gesprächspartner dazu steht, um den es ja eigentlich geht, „sieht“ der Sprecher nicht.
Allen Kategorien ist gemeinsam, dass der Sprecher sich insgeheim bedeutsamer einschätzt und den Gesprächspartner weniger wertschätzt. Wer dem anderen sagt, was Sache ist oder wie er sich zu verhalten hat, ist überlegen, der andere automatisch unterlegen. Dass sich auf dieser Basis kein partnerschaftliches Gespräch auf gleicher Ebene entwickeln kann, liegt auf der Hand. Die wenig konstruktive Reaktion geschieht aus Gewohnheit, Bequemlichkeit, der mangelnden Fähigkeit oder Bereitschaft zuzuhören, aus Ungeduld oder aus dem Druck heraus, handeln zu müssen. Genau genommen fehlt dem Sprecher das Vertrauen in den Gesprächspartner und seine Kompetenz, mit seinem Problem konstruktiv umzugehen und sein Leben zu gestalten. Dies läuft meist unbewusst ab, denn wir würden unserem Gesprächspartner kaum unterstellen, er sei nicht fähig, eine Lösung für seine Probleme zu finden und man müsse ihm sagen, was er zu tun hätte oder ihm Hilfen anbieten, die ihn scheinbar weiterbringen. Indem wir solche Äußerungskategorien verwenden, handelt es sich um Gewohnheiten,

die aus dem Eltern-Ich bestehen und unreflektiert übernommen werden.
Tatsächlich ist selten jemand wirklich ratlos, auch wenn es im Moment den Anschein hat und der Gesprächspartner dies vielleicht auch so ausdrückt. Häufig braucht er jedoch einfach Zeit und die Möglichkeit, sich jemandem mitzuteilen. Das „Verfertigen" und Aussprechen der Gedanken verhelfen ihm dann selbst zur Lösung. Eigene Gedanken zu ordnen und Handlungsalternativen gegeneinander abwägen zu können, gelingt am besten einem Gesprächspartner gegenüber. Was es schwer macht, die „Hilfsangebote" in Form von Ratschlägen, Trost, etc. anzunehmen, ist das Gefühl, der Handlungsspielraum und sogar die eigene Freiheit werde eingeschränkt. Ein solches Hilfsangebot kommt einer verfrühten Vereinbarung im Gespräch gleich, wenn sich der Gesprächspartner noch in der Erarbeitungs- oder Argumentationsphase befindet. Nach dem Hilfsangebot kann ich als Gesprächspartner nicht mehr so handeln, wie ich möchte und es für richtig halte, sondern soll das vorgeschlagene Verhaltensmuster des „Ratgebers" annehmen. So manches Abwehrverhalten resultiert aus dem berechtigten Gefühl heraus, der andere könne nicht besser wissen, was für einen selbst richtig ist. Gleichwohl werden nicht wenige Ratschläge befolgt mit der Gewissheit, dafür keine Verantwortung zu tragen, da sie ja nicht aus eigener Überzeugung in Angriff genommen wurden. Ein Verhaltensmuster im Alltag finden wir, wenn Patienten ihren Arzt wechseln, weil der erste ihnen einen nicht passenden Rat erteilte, und einen weiteren aufsuchen in der Erwartung, dort einen passenderen, im Sinne von bequemen, Rat zu bekommen, der dem eigenen Verhaltensmuster besser entspricht. Was uns in Gesprächen stört, ist, dass uns mit einem Rat Kompetenz abgesprochen wird. Indem uns jemand vermeintlich leicht und unmissverständlich eine Lösung präsentieren kann für etwas, mit dem wir uns schon lange auseinandersetzen, stehen wir schlechter da.
Was können wir als Empfänger dafür tun, mit solchen Äußerungskategorien ohne Reaktanz umzugehen, d.h. ohne das Gefühl, der Gesprächspartner argumentiere scheinbar in unserem Sinne, überfährt uns aber mit seiner Lösung? Sehen wir als erstes, dass der Sprecher uns mit seiner Reaktion „helfen" will. Sehen wir weiter, dass er uns dabei zu übersehen scheint, denn er hat nur seine eigene Perspektive

vor Augen. Sehen wir schließlich, dass er sich unter Druck fühlt, uns schnell und optimal helfen zu müssen, so erweist sich jede dieser Äusserungen als nichts weiter als eine Selbstoffenbarung. Reaktanz wird nur ausgelöst, wenn wir sie als Appell auffassen.
Welche Alternativen gibt es? Vom Gesprächspartner, der sich mit destruktiven Äußerungen konfrontiert sieht, verlangt es Distanz zur emotionalen Reaktion aus dem Kind-Ich. Mit den Elementen des aktiven Zuhörens spiegeln Sie dem Sprecher seine Äußerung, machen sie bewusst und geben ihm die Verantwortung dafür zurück.

Hinweise für einen bewussten Umgang mit eigenen Formulierungen:

- Beachten Sie Ihr eigenes Kommunikationsmuster in Gesprächen. Oft reicht eine kleine Veränderung in der Formulierung, die die Wirkung auf den Gesprächspartner positiv beeinflussen kann. Achten Sie auf Ihre innere Haltung. Ein besonnenes „Was der andere wohl mitzuteilen hat" erleichtert eine partnerschaftliche Einstellung und fördert Ihre Bereitschaft zuzuhören.
- Achten Sie darauf, zuzuhören und geben Sie Rückmeldung durch „mhm", „ja" etc. Vielleicht werden Sie enttäuscht sein, dass der andere Ihre Meinung gar nicht hören will. Sie können sich aber seiner Wertschätzung, seiner Sympathie und sogar seines Vertrauens sicher sein.
- Vergewissern Sie sich bei Ihrem Gesprächspartner, inwieweit er bereit oder empfänglich dafür ist, Ihre Meinung, Ihren Rat oder Lösungsvorschlag zu hören. Leiten Sie dies reflektierend ein:
  „Ich bin mir nicht sicher, ob Sie meine Sichtweise interessiert."
  „Ich überlege gerade, ob ich Ihnen dazu einen Rat geben könnte."
  „Ich frage mich, ob dir meine Interpretation nützlich sein könnte."
- Sehen Sie als Empfänger die Äußerungen als Selbstoffenbarung des Sprechers an. Die fast automatische Reaktion des Widerstands und der Abwehr lässt sich so leichter vermeiden.
- Nehmen Sie destruktive Äußerungen nicht einfach hin, etwa aus Freundlichkeit, gutem Willen oder „guter Erziehung", sondern bemühen Sie sich um Klärung, die gleichwertige Ebenen herstellt. Suchen Sie durch reflektierende Fragen die Überzeugung Ihres Gesprächspartners zu präzisieren. Letztlich stellen Sie sich die Frage, wie viel Ihnen an einer guten Beziehung zu ihm liegt.

Feedback und Kritik

Im Gespräch und im Kontakt mit anderen geben und empfangen wir ständig Rückmeldungen. Beim Feedback (wörtl. „Rückfütterung") werden einer Person gegenüber Rückmeldungen gezielt zu ihrem Verhalten vermittelt. Es wird offen geäußert, wie die Verhaltensweise in einer konkreten Situation wirkt. Dabei geht es immer darum, wie dies wahrgenommen wird, sagt also nichts darüber aus, ob eine Person sich generell so verhält. Die Absicht liegt darin, das Verhalten der Person zu steuern oder dem Feedback-Empfänger Möglichkeiten zu geben, sein Gesprächsverhalten künftig zu beeinflussen.
Ohne Feedback und Kritik kommen wir als Menschen gar nicht aus. In der Arbeitswelt trägt es zu unserer Motivation bei, generell hilft es, sich in der Gesellschaft einordnen zu können und in den Beziehungen zu unseren Mitmenschen zu orientieren. Im besten Fall wirkt Feedback wie ein Spiegel, der einem das eigene Verhalten bewusst macht und durch dieses Bewusstsein Veränderung ermöglicht. Somit haben Feedback und Kritik zwei Seiten: Einerseits können sich neue Perspektiven eröffnen und unsere persönliche Entwicklung positiv beeinflussen, andererseits kann es auslösen, dass wir in unserem Selbstwertgefühl angegriffen sind und unsere Beziehung zu anderen neu definieren.
Positives Feedback hat für den Gesprächspartner ausgesprochen positiven Nutzen. Regelmäßig und wirkungsvoll geäußert, schärft es die Selbstwahrnehmung und kann dafür sorgen, sich konstruktiv, situationsspezifisch und zielorientiert zu verhalten und das Selbst- und Fremdbild in immer größere Übereinstimmung zu bringen. Jemand, der häufig konstruktives Feedback erhält, fühlt sich als Person bestätigt und findet Wege, eigenes Entwicklungspotenzial auszuschöpfen.
Fast automatisch gehen wir bei Feedback und Kritik von einer Hierarchie zwischen den Gesprächspartnern aus. Wer kritisieren und Feedback erteilen darf, steht auf einer höheren Ebene, als Vorgesetzter, Auftraggeber oder als Eltern dem Kind gegenüber. Während wir bei Feedback von einer gedämpften, neutralen Form der Rückmeldung ausgehen, verstehen wir Kritik als wertend. Entweder äußert jemand etwas Positives oder etwas Negatives. Dies beunruhigt oder macht uns

misstrauisch. Auf Seiten zu stoßen, die anderen scheinbar bekannt sind, uns selbst aber nicht, erleben wir immer als unangenehm.
Bei Feedback- und Kritikgesprächen ist die Perspektive außerordentlich heikel. Da es normalerweise um das Verhalten des anderen geht, wird dies in den Blick genommen. Der Gesprächsführende nimmt eine „Du-Perspektive“ ein. Nichts liegt näher als dann auch eine Du-Botschaft zu formulieren (z.B. „Du kommst schon wieder zu spät“, „Sie sind sehr unzuverlässig.“). Für den Empfänger des Feedback oder den in der Kritik stehenden Mitarbeiter würde eine Du-Botschaft jedoch die (ab-)wertende Wirkung verstärken und seinen spontanen Impuls nach Widerstand oder Abwehr hervorrufen. Der Schritt von der Sach- auf die Beziehungsebene ist klein. Es ist daher für die Person, die Feedback erteilt, unerlässlich, in Ich-Botschaften zu formulieren und durch aktives Zuhören den Gesprächspartner wertschätzend zu behandeln. Dies gelingt umso leichter, je weniger beide Beteiligten emotional gefangen sind.

Lob als Positives Feedback
Lob ist eine Form der Anerkennung und stellt eine wünschenswerte Art von Feedback dar. Lob ist die angenehme Kehrseite der Kritik und bedarf ebenso eines klugen Unterscheidungsvermögens, ein Verhalten als besonders positiv einzuschätzen. Für die meisten ist es „normal“, dass sie für eine Leistung, noch weniger für ein Verhalten wenig oder gar nicht gelobt werden. Viele fühlen sich dadurch zurückgesetzt und ihre Leistung nicht ausreichend gewürdigt. Etwas „gut gemacht“ zu haben, wird von vielen Vorgesetzten scheinbar als selbstverständlich wahrgenommen. Tatsache ist: Lob bestätigt eine Person und wirkt außerordentlich motivierend. Die Person fühlt sich aufgewertet und in ihrem Selbstwertgefühl gestärkt. Ebenso wie Feedback muss Lob sich auf einen konkreten Anlass beziehen und muss ehrlich gemeint sein, sonst wird es als manipulativ aufgefasst („Der sagt das doch nur, damit …“). Floskelhafte Äußerungen („Sie machen das doch immer so schön.“) oder zu häufige Anerkennungen werden dagegen nicht ernst genommen.

Das Wort Kritik hat keineswegs negative Bedeutung, auch wenn wir landläufig davon ausgehen, dass „etwas nicht stimmt“. Es deutet vielmehr auf die präzise Unterscheidung von etwas hin. Mehr als ein gutes Urteilsvermögen setzt Kritisieren die Fähigkeit zur Beobachtung voraus. Kritikfähig zu sein schreiben wir gerne dem Empfänger zu

und meinen damit, er solle die Kritik akzeptieren können und zu kooperativem Verhalten bereit sein. Es sollte aber vielmehr eine Eigenschaft des Sprechers sein, seine Kritik so zu vermitteln, dass sie für den Empfänger eine Chance bietet. Die Auseinandersetzung mit Kritik und das notwendige Unterscheidungsvermögen gelten zuerst für den Sprecher, dann auch für den Empfänger.
Folgendes Beispiel lässt einige für das Kritikgespräch wichtige Regeln erkennen. Herr A., Studienleiter, hat erfahren, dass einer der Studierenden wiederholt seine Teilnahme am Unterricht verweigerte. Er bittet ihn zu einem Gespräch zu sich.

Herr A.: Guten Tag, Herr G., bitte nehmen Sie Platz.
Herr G: Danke.
Herr A.: Wie geht es Ihnen?
Herr G.: Gut, danke.
Herr A.: Wie läuft es momentan mit Ihren Studien? Erzählen Sie doch mal.
Herr G.: Na ja, kurz vor der Prüfung braucht man jede Minute zum Lernen.
Herr A.: Umso mehr freut es mich, dass Sie zu mir gekommen sind. Ich möchte gerne mit Ihnen über ein Thema sprechen, auf das Herr F. (der Dozent) mich aufmerksam gemacht hat. Er berichtete mir, dass Sie seinem Unterricht fernbleiben.
Herr G.: Mhm.
Herr A.: Würden Sie das bestätigen?
Herr G.: Ja.
Herr A.: Was macht es für Sie unattraktiv, am Unterricht von Herrn F. teilzunehmen?
Herr G.: Das Ganze ist mir zu ausufernd. Ich weiß nicht, was das bringen soll. Da wird mich in meinem Beruf niemand mehr danach fragen. Und dann spielt sich immer ein anderer Kollege in den Vordergrund und die beiden führen nur noch einen Dialog. Die anderen sind unbeteiligt und haben nichts davon.
Herr A.: Sie tun sich schwer, den von Herrn F. angebotenen Inhalt zu akzeptieren und fragen sich, was das mit Ihnen zu tun hat.
Herr G.: Ja, genau.
Herr A.: Was bedeutet Ihnen die Auseinandersetzung mit den Inhalten?
Herr G.: Wenn Herr K. sich nicht immer so in Szene setzen würde, hätte man ja vielleicht auch mal eine Chance, etwas dazu zu sagen. Ich würde es auch nicht so vertiefen, sondern alles zeitgemäßer einordnen. Das ist es doch, was die Menschen wissen wollen.
Herr A.: Die Themen sind für Sie durchaus von Interesse?

Herr G.: Ja, schon. Aber ich setze mich dann lieber alleine zu Hause hin und lese Bücher als mich mit irgendeiner Frage bedrängen zu lassen.

Herr A.: Würden Sie sich manchmal gerne mit jemandem darüber austauschen?

Herr G.: Ja, in so zwangloser Umgebung wäre das bestimmt spannender.

Herr A.: Vielleicht würden andere gerne auch im Unterricht mitdiskutieren und wären für etwas Anregung dankbar.

Herr G.: Ich weiß nicht, wie das klappen sollte.

Herr A.: Wenn Sie sich zu Hause mit den Themen beschäftigen, gibt es bestimmt auch Fragen, die Ihnen durch den Kopf gehen.

Herr G.: Ja, natürlich.

Herr A.: Können Sie sich vorstellen, einige Fragen auch im Unterricht zur Diskussion zu stellen?

Herr G.: Wenn es die anderen interessiert …

Herr A.: Ich bin sicher, dass Ihre Kollegen dankbar sein werden, wenn die Themen kritisch diskutiert und nicht einfach hingenommen werden.

Herr G.: Kann sein.

Herr A.: Wäre es dann interessant für Sie, wieder am Unterricht teilzunehmen?

Herr G.: Ich kann ja wohl nicht in die Rolle von Herrn F. schlüpfen.

Herr A.: Herr F. kann die Diskussion lenken und wird Ihnen sicher mit seinem Wissen und seiner Erfahrung wertvolle Impulse geben können.

Herr G.: Mhm.

Herr A.: Ich werde mir nach der nächsten Sitzung die Rückmeldung von Herrn F. über den Unterricht einholen. Von Ihnen möchte ich gerne in vier Wochen ein Feedback, wie die Situation sich für Sie verändert hat.

Herr G.: Dann muss ich also teilnehmen.

Herr A.: Ja. – Möchten Sie gerne noch etwas dazu sagen?

Herr G.: Nein, das ist schon in Ordnung.

Herr A.: Ich danke Ihnen, dass Sie sich für dieses wichtige Gespräch Zeit genommen haben. Ich wünsche Ihnen viel Erfolg.

Herr G.: Danke.

Ein Kritikgespräch folgt in seinen Grundzügen dem Muster, das auch für sonstige geplante Gespräche zu empfehlen ist, und lässt sich in fünf Phasen gliedern:

1. Positiver Gesprächseinstieg (= Eröffnungsphase)
2. Beschreiben des Fehlverhaltens (= Erarbeitungsphase)
3. Stellungnahme des Mitarbeiters (= Argumentationsphase)
4. Gemeinsame Lösungsfindung (= Vereinbarungsphase)
5. Positiver Gesprächsabschluss (= Abschlussphase)

Gerade beim Kritikgespräch empfiehlt es sich, für eine positive Gesprächsatmosphäre den Mitarbeiter freundlich zu empfangen, die Phase jedoch nicht künstlich auszudehnen. Dies unterstützt beide Beteiligten darin, sachlich zu bleiben und sich nicht – z.B. durch Ressentiments – auf die emotionale Ebene zu begeben. Mit der offenen Frage („Wie läuft es…?") gibt der Vorgesetzte Herrn G. die Chance, selbst etwas zu seiner Situation zu sagen. Die Phasen zwei und drei sind bedeutsam, weil der Gesprächspartner hier seine Gefühle, z.B. Ärger oder Frust, zum Ausdruck bringen kann. Herr A. kann ihn durch aktives Zuhören unterstützen. Es eröffnet sich eine neue Perspektive, die zur Lösungsfindung führt. Das unterschwellige Ziel von Herrn G., sich vom Unterricht suspendieren zu lassen, erhält eine Alternative. Den Gesprächsabschluss signalisiert Herr A. durch eine geschlossene Frage („Wäre es dann interessant für Sie…?"). Die knappe, solide Formulierung beendet das Kritikgespräch in einer freundlichen, angemessenen Atmosphäre.
Ein geläufiges Beispiel, das viele immer wieder in ähnlicher Form erleben, kaum aber als Kritikgespräch erkennen, stellt sich so dar:

Im Restaurant fragt der Kellner, als er den Tisch abräumt, ob das Essen geschmeckt habe. Die Antwort des Gastes lautet „Ja, sehr gut, für mich war es nur sehr scharf. Das habe ich nicht erwartet." Der Kellner schaut verdutzt, zuckt die Schultern, nimmt den Teller und geht. Der Gast wundert sich, warum der Kellner überhaupt gefragt hat und fühlt sich nicht ernst genommen, da seine Antwort ja offenbar überflüssig war. Die gleiche Antwort des Gastes kann auch zu einer ganz anderen Reaktion führen: „Oh, das tut mir leid. Vielen Dank für den Hinweis, ich werde es gleich in der Küche mitteilen. Was kann ich Ihnen anbieten, damit Sie trotzdem zufrieden unser Haus verlassen?" Hier ist der Gast seinerseits überrascht über das wertschätzende Verhalten. Als man ihm einen Café auf Kosten des Hauses anbietet, fühlt er sich aufgewertet und hat sogar das Gefühl, etwas zum Gelingen der Kundenfreundlichkeit beigetragen zu haben.

Viele, sowohl Bedienungspersonal als auch Kunden, gehen mit der Frage „Hat's geschmeckt?" wie mit einer Floskel um und nehmen damit weder eine mögliche Antwort noch den Kunden ernst. Hier gibt es zwar keine Rückmeldung oder Kritik zu Fehlverhalten, sondern zu einer „Sache". Wie viel mehr Aufmerksamkeit schenken Sie jedoch als Kunde dem Haus – und damit dem Personal und seinem Verhalten,

wenn Ihre Reaktion ernst genommen wird? Die offene Frage „Wie hat es Ihnen geschmeckt?“ lohnte sich auszuprobieren. Wird Ihrer Kritik mit einer offenen Frage zur Lösungsfindung begegnet („Wie können wir Sie zufrieden stellen?“), fühlen Sie sich aufgewertet und in Ihrem Verhalten bestätigt. Bei einer positiven Reaktion wäre ein ernst gemeinter Dank des Bedienungspersonals sinnvoll („Das freut uns.“).
Bei den meisten Menschen bestehen immer gewisse Ängste davor, sowohl Kritik zu äußern als auch sie zu empfangen. Weil uns an einer positiven Beziehung liegt, fürchten wir, uns Sympathien zu verscherzen, nicht anerkannt oder schlicht nicht gemocht zu werden. Beschämt zu sein, das Gesicht zu verlieren, unbeliebt zu sein, kann zu Wut auf den anderen oder sogar auf sich selbst führen. Prinzipiell setzen wir uns damit immer einem Angriff auf unser Selbstwertgefühl aus. Kritik vermeiden wir

- aus dem Bedürfnis nach Harmonie,
- aus Mitleid mit dem Gesprächspartner,
- aus Angst vor emotionalen Reaktionen, z.B. Weinen, Abwehr,
- aus Furcht, den anderen zu verletzen,
- weil uns das Thema unangenehm ist.

Reaktionen daraus sind:

- tendenziell emotionale Gespräche, die entweder mit viel Härte geführt werden, um den Gesprächspartner zu rügen, oder zu sanft, um ihn zu schonen.
- Die Gesprächspartner verfangen sich in möglichen Ursachen, Hintergründen und Rechtfertigungen, bis Wortklauberei schließlich die Sache „vernebelt“.
- Der Gesprächspartner sieht nicht die Ernsthaftigkeit der Kritik und das Gespräch führt nicht zu den gewünschten Konsequenzen.
- Das Gespräch wird auf die lange Bank geschoben oder ganz vermieden und ein Konflikt schwelt dauerhaft.

Ein notwendiges Kritikgespräch zu verdrängen stellt eine Scheinlösung dar. Festgefahrene Meinungen über eine Person können die Folge sein, die zu sich selbst erfüllenden Prophezeiungen führen. Wir erwarten ein bestimmtes Verhalten, weil wir eine negative Erfahrung gemacht haben und fühlen uns bestätigt. Eine ebenfalls scheinbare Lösung ist die Verschiebung, indem wir unsere Unzufriedenheit nicht dem Betroffenen, sondern einer anderen Person gegenüber äußern.

Sich mit scheinbarem oder wirklichem Fehlverhalten konfrontiert zu sehen, ist für viele schwer zu akzeptieren. Zugrunde liegen meist eigene Erfahrungen und Verhaltensmuster, die die Kritik dem Eltern-Ich zuschreiben und eine Abwehr- oder Verteidigungsreaktion aus dem Kind-Ich herausfordern. Selbst wenn Kritik sachlich und wertschätzend vermittelt wird, ist es möglich, dass der Empfänger mit Abwehr reagiert. Der Gesprächsführende sollte immer damit rechnen und derartige Reaktionen weder auf sich beziehen noch sie durch Abwehr seinerseits unterstützen. Nachfragen und reflektierende Fragen helfen, den Blick auf das Problem zu lenken und es zu präzisieren.
Vertraute Reaktionen bei Kritik und mögliche Entgegnungen können folgendermaßen aussehen:

Reaktion	Formulierungsbeispiele	Mögliche Entgegnung
Rechtfertigen; Verweisen auf Gesetzeslagen	„Das wusste ich nicht.“ „A. hat aber gesagt, ich soll …“ „In der Satzung steht aber …“	„Ich beobachte, dass …“ „Mir fällt auf, …“ „Mir liegt daran, …“ „Ich möchte, dass …“
Gegenangriffe	„Sie haben aber gesagt …“ „Sie waren bei der letzten Besprechung auch nicht pünktlich.“ „Müssen Sie gerade sagen.“	„Es fällt Ihnen schwer, …“
Verantwortung abgeben	„Das habe ich nicht gemacht.“ „Da fragen Sie besser mal X.“	„Wie stehen Sie selbst zu …?“
Verallgemeinern	„Kommen Sie mir doch nicht immer mit …“ „Sie verlangen immer drei Dinge auf einmal.“	„Ich habe … beobachtet. Ich möchte, dass …“
Andeutungen; Interpretationen	„Es ist ja nicht das erste Mal, dass …“ „Sie wollen wohl von mir verlangen, dass …“	„Wie verhält es sich Ihrer Meinung nach mit …?“
Ironie; Nicht ernst nehmen	„War ja wieder eine Glanzleistung.“ „Wie Sie meinen.“	„Ich habe … beobachtet. Es stört mich, wenn …“ „Ich möchte, dass …“

Regeln und Hinweise zum Vermitteln von Kritik:

- Bereiten Sie ein Kritikgespräch sorgfältig vor und überlegen Sie sich genau Ihre Zielsetzung. Machen Sie sich Ihre eigenen Emotionen bewusst. Dies hilft Ihnen, Distanz zu schaffen und das Gespräch nicht noch zusätzlich damit zu belasten. Bleiben Sie bei der Situation, auf die Sie sich beziehen. Lassen Sie sich nicht auf Nebenschauplätze lenken, weder selbst noch durch Ihren Gesprächspartner. Gehen Sie sachlich und lösungsorientiert vor.
- Wählen Sie eine positive, evtl. neutrale Umgebung für das Gespräch. Es sollten keine weiteren Mitarbeiter oder Kollegen anwesend sein. Auch ein Gespräch „zwischen Tür und Angel“ schafft nicht die nötige Ernsthaftigkeit. Nehmen Sie sich Zeit genug und sorgen Sie dafür, dass Sie während des Gesprächs nicht gestört werden.
- Leiten Sie Ihre Formulierungen mit „Ich beobachte …“ oder „Mir fällt auf, …“ ein. Damit stellen Sie sicher, dass es um Ihre Wahrnehmung oder Ihren Eindruck geht, nicht um eine unumstößliche Tatsache. Schicken Sie keine Erklärungen oder Vermutungen hinterher, sondern überlassen Sie nach dem Benennen des Fehlverhaltens dem Gesprächspartner das Wort.
- Achten Sie auf Ihr nonverbales Verhalten. Gesten, die zum Ausdruck bringen, wie schwer es Ihnen fällt (z.B. seufzen, schwer atmen), wecken eher Unverständnis oder Mitleid und wirken zusätzlich belastend. Sprechen Sie, wenn Ihnen daran liegt, Ihr eigenes Empfinden an, z.B. „Es fällt mir schwer, das Thema mit Ihnen zu besprechen.“ Dies drückt Ihre Sympathie zur Person aus und vermittelt Wertschätzung.
- Formulieren Sie Ihre Erwartungen konkret durch eine Ich-Botschaft:, z.B. „Ich möchte, dass …“, „Mir ist wichtig, dass …“, „Wir erwarten von Ihnen …“
- Achten Sie als Empfänger von Kritik auf Ihren spontanen Impuls nach Abwehr oder Verteidigung. Besser als „zurückzuschießen“ ist es, durch Nachfragen Ihrerseits das Gehörte zu präzisieren, z.B. wenn Sie unsicher sind, was der andere genau meint („Was habe ich Ihrer Meinung nach falsch gemacht?“, „Wie sollte es Ihrer Meinung nach laufen?“). Dies erleichtert die Verständigung.

- Nehmen Sie als Empfänger jede Art von Feedback ernst. Zynisch aufgenommene Kritik ist nicht konstruktiv und setzt den Gesprächspartner herab; ein nicht anerkanntes Lob kann verunsichern oder demotivieren. Mit einer ernsthaften und wertschätzenden Haltung unterstützen Sie eine positive Beziehung.

Reklamationen

Kaum jemand wird von sich behaupten können, stets mit allem, was ihm im Kontakt mit anderen widerfährt, zufrieden zu sein. Sich über etwas zu beschweren oder etwas zu beanstanden hat seinen Grund in einem Gefühl der Unzufriedenheit. Anders als bei Kritik geht es gerade nicht um ein Fehlverhalten, sondern um einen konkreten Sachverhalt oder ein Produkt. Vordergründig befinden wir uns auf der Sachebene. Indem wir feststellen, dass wir nicht einverstanden sind, rückt aber die Gefühlsebene in den Mittelpunkt. Mit Reklamationen konstruktiv umzugehen heißt, Gefühle bewusst zu machen, ohne sie im Gespräch dominieren zu lassen, denn zentral ist das Interesse, die Sache richtigzustellen. Dies mit Rücksicht auf die wahrgenommenen Gefühle zu tun ist für beide Gesprächspartner eine Herausforderung.
Was führt zu Reklamationen? Wenn wir uns für ein Produkt oder eine Leistung entschieden haben – wofür wir normalerweise als Ausgleich bezahlen, verknüpfen wir damit bestimmte Erwartungen. Wenn wir unsere Erwartungen nicht erfüllt sehen, fühlen wir uns vielleicht betrogen und um etwas getäuscht. Was uns an der Leistung missfällt, oder was unsere Erwartungen enttäuscht, wollen wir nun in einem Gespräch, oder manchmal auch schriftlich vermitteln. Auch wenn es eigentlich um die Sache geht, spielt sich kaum eine Kommunikationssituation so stark auf der Beziehungsebene ab wie Reklamationen. Es ist unerheblich, wie berechtigt eine Beschwerde ist oder nicht, wir befinden uns in einem Gemütszustand, den wir als negativ empfinden. Unsere Enttäuschung wollen wir dem Verursacher zurückgeben, denn gefühlsmäßig ist er für die Sache verantwortlich.
Erinnern Sie sich selbst einmal an ein Gespräch, in dem Sie etwas beanstandet haben. Fragen Sie sich zunächst, was genau vorgefallen ist: Sie schildern also den Sachverhalt, z.B. „Das neu gekaufte Fern-

sehgerät hat zu Hause nicht funktioniert." Vermutlich erleben Sie sofort wieder das damals wahrgenommene Gefühl: „Unmöglich, die haben das nicht einmal bemerkt." Vielleicht ärgern Sie sich über das Unternehmen oder den Verkäufer, über Ihre eigene Kaufentscheidung, über den Zeitaufwand und die Mühe, die Ihnen bevorstehen, um die Sache in Ordnung zu bringen, Sie sind wütend, weil Sie das Problem nicht alleine beheben können. Wenn Sie sich an eine Situation erinnern, in der Sie mit Ihrer Reklamation erfolgreich waren, haben Sie vielleicht Erleichterung oder Genugtuung empfunden, vielleicht aber auch Bestätigung, es richtig gemacht zu haben und dort gut aufgehoben zu sein. Nur dies ist entscheidend, denn es gleicht das empfundene Unbehagen aus und bindet Sie weiter an das Unternehmen. Wurden Sie mit Ihrer Reklamation abgelehnt, wurde Ihr Ärger wahrscheinlich noch größer und Sie nahmen sich vor, nie mehr dorthin zu gehen. All diese Erfahrungen und Erlebnisse spielen eine Rolle, wenn wir uns mit Beschwerden auseinandersetzen.

Im Gespräch haben Gefühle zwei kritische Eigenschaften: 1. die Sache, um die es geht, wird „vernebelt", 2. sie übertragen sich leicht auf den Gesprächspartner.

Wie gestalten wir unter diesen Voraussetzungen eine Reklamation? Die Gefühle sind meist so dominant, dass die Sache schon vernebelt ist, wenn eine Person mit der Beschwerde einem Gesprächspartner gegenübertritt. Das Gefühl, etwas Schlechtes bekommen zu haben, geht einher mit der Überzeugung, selbst schlecht behandelt worden zu sein. Mit entsprechendem nonverbalem Verhalten (z.B. breitbeiniges Auftreten, rechthaberische Gesten, barscher Tonfall) untermauern wir dies. Der Reklamierer erwartet, dass man sich sofort um ihn kümmert und das Problem sofort behebt. Ärger und Wut verursachen Misstrauen, das in Unterstellungen und böse Absichten mündet. Anklagen, Forderungen und Befehle, Drohungen, zynische Bemerkungen stehen nicht selten schon am Beginn des Gesprächs und nehmen den Gesprächspartner gleichsam in die Pflicht. Was für die Person, die sich ja im Recht fühlt, verständlich ist, ist für ein sachliches Gespräch destruktiv. Ihr Ziel ist die Behebung des Problems, ihr Kommunikationsverhalten oft kontraproduktiv, z.B.:

- „Wieso ist die Ware denn immer noch nicht da? Es hieß, sie sollte bis gestern geliefert werden."

- „Sie haben wohl was Besseres zu tun als sich um mich zu kümmern?"
- „Sie hätten doch wissen müssen, dass diese Hautcreme für mich nicht geeignet ist."
- „Ich habe das nicht bestellt. Da müssen Sie sich verhört haben."
- „Wenn Sie nicht in der Lage sind, mir das zu liefern, was ich bestellt habe, dann können Sie Ihren Laden gleich zumachen."

Wer sich bei solchen Äußerungen nicht angegriffen fühlt, braucht ein „dickes Fell" oder eine differenzierte Wahrnehmung. Der Verkäufer oder Berater ärgert sich über den „unmöglichen" Kunden, der Kunde ärgert sich, dass man ihn trotz eines vorausgegangenen Fehlers ein weiteres Mal falsch behandelt. Die Beziehungsebene ist oft irreparabel gestört. Wer sich selbst angegriffen fühlt, greift seinerseits an.

Wie sieht es auf der Seite des Gesprächspartners, beim Empfänger der Reklamation, aus? Die Wahrnehmung eines „Fehlers" – obendrein von einer anderen Person aufgezeigt und dafür zurechtgewiesen – löst bei vielen Menschen von vornherein Abwehrverhalten aus. Einen Fehler wollen wir nicht wahrhaben, denn er weist auf die eigene Unzulänglichkeit hin. Verständlich auch hier die Reaktion: Wir fühlen uns bloßgestellt. Ebenso wie ein Kunde sich *persönlich* schlecht behandelt fühlt, kann sich der Empfänger der Reklamation *persönlich* angegriffen fühlen. Für beide geht es also nicht um die Sache, sondern um das Selbstwertgefühl. Manche Empfänger wollen daher mit dem Problem nichts zu tun haben, distanzieren sich und bieten eine schnelle Lösung an. Die Äußerungen fallen dann oft sehr nüchtern aus, z.B.:

- „Wir werden dafür sorgen, dass sich jemand um die Lieferung kümmert."
- „Ich faxe das jetzt noch mal ins Lager. Dann müssten die das eigentlich machen."
- „Die Creme wird aber normalerweise gut vertragen. Hier, nehmen Sie eine Probe von dieser da mit."
- „Schicken Sie uns die Ware einfach wieder zurück."
- „Wenn Sie das nicht wollen, nehme ich es wieder mit."

Auch Empfänger einer Reklamation verknüpfen ihre Reaktionen manchmal mit wenig konstruktivem nonverbalem Verhalten: Sie vermeiden Blickkontakt, zucken hilflos die Schultern oder lassen den Sprecher nach einer scheinbar entschuldigenden Bemerkung einfach

stehen. Aus Angst, die Situation eskalieren zu lassen oder um den lästigen Kunden loszuwerden, reagieren sie damit, ihn nicht weiter zu beachten und entziehen ihm Aufmerksamkeit.
Neben der „schnellen Lösung“ sind gängige Reaktionen verschiedene Formen der Entschuldigung. Typische Beispiele hören sich so an:

Reaktion des Empfängers:	**Für den Kunden bedeutet dies:**
„Wir haben heute sehr viel zu tun. Tut mir leid.“	Dem Kunden wird die Berechtigung für seine Reklamation abgesprochen.
„Sie sehen doch, was gerade los ist. Ich habe auch nur zwei Hände.“	Dem Kunden wird die Verantwortung für die schlechte Organisation übertragen und das Verständnis dafür abverlangt.
„Ich mach’ die Preise nicht.“	Andere Schuldige – an die heranzukommen der Kunde kaum eine Chance hat – werden vorgeschoben.
„Das müssen Sie dem Chef sagen. Wir sind auch die Leidtragenden.“	Vom Kunden wird Verständnis erwartet und sein Bedauern eingefordert. Die Wahrscheinlichkeit, dass er zum Chef geht, ist gering und für ihn wenig erfolgversprechend.
„Wir finden Ihren Brief nicht. Der muss wohl nicht angekommen sein.“	Der Kunde wird für dumm verkauft; es wird ihm unterstellt, den Brief vielleicht gar nicht geschrieben oder abgeschickt zu haben. Die Verantwortung wird auf ihn zurückgeworfen.
„Die haben ja noch mehr zu tun als nur Ihre Bestellung zu bearbeiten.“	Die Verantwortung liegt bei anderen und der Kunde wird nicht so wichtig genommen.
„Ich bin nicht dafür zuständig. Ich muss erst klären, wer sich damit beschäftigt.“	Es werden andere „Schuldige“ gesucht. Der Kunde wird in eine Warteschleife gestellt, womöglich in der Hoffnung, dass seine Reklamation sich dann erübrigt.

Daraus können wir schließen: Erstens: Auch die so beliebte Praxis, sich für etwas zu entschuldigen, ist keine angemessene Reaktion, um die Gefühle des Gesprächspartners ernst zu nehmen. Wertschätzung erreichen wir damit nicht. Wenn wir uns entschuldigen, sprechen wir uns von Schuld frei und schieben dem Gesprächspartner die Verant-

wortung für ein Ereignis zu. Es ist ein Unterschied in der Wirkung, ob wir uns entschuldigen oder unser Bedauern zum Ausdruck bringen. Eine ehrlichere Reaktion ist deshalb die Äußerung „Es tut mir leid." Verwenden Sie sie aber nur, wenn Sie es tatsächlich so meinen. Als dahin geworfene Floskel wird sich niemand damit wertgeschätzt fühlen.
Zweitens: Es bringt kaum etwas, sich im Gespräch mit den Ursachen und Hintergründen für die Fehler auseinanderzusetzen. Mit einem nicht funktionstüchtigen Gerät muss das Unternehmen sich beschäftigen, nicht der Kunde; zu viel „Betrieb" = zu wenig Personal ist ebenfalls eine Sache des Unternehmens. Warum Sie ein unpassendes oder fehlerhaftes Produkt gekauft haben, kann unzählige Gründe haben. Für beide Gesprächspartner ist es daher sehr viel gewinnbringender, zielgerichtet vorzugehen. Dies bedeutet, den Blick in die Zukunft und auf die Absicht unseres Handelns zu richten. Also nicht: Warum ist die Situation so, ist dieser Fehler passiert?, sondern „Ich sehe, dass es so ist. Worauf können wir uns verständigen?" Damit rückt der finale Aspekt, das „Wozu …?", in den Vordergrund, und die Beteiligten sind zur Verantwortlichkeit für ihr eigenes Handeln herausgefordert.

Worin liegen die Chancen einer Reklamation?
Bei all dem, was wir von reklamierenden Kunden und den Empfängern der Reklamation erfahren, scheint es schwer zu glauben, dass man einer Beschwerde etwas Positives abgewinnen kann. Weil sich ein solches Gespräch fast ausschließlich auf der Beziehungsebene abspielt, liegt genau darin eine Chance. Wo sie wertschätzend behandelt werden, fühlen sich Kunden einem Unternehmen verbunden, pflegen den Kontakt und empfehlen es weiter. Da ein Kunde immer etwas über das Produkt oder die Leistung mitteilt, mit dem oder der er ja unzufrieden war, erhält das Unternehmen unaufgefordert Feedback. Wer hier genau zuhört, dem gelingt es, kundenorientierter zu arbeiten, ebenso kundenorientiert aufzutreten und Qualitätsmerkmale zu optimieren. Als Unternehmen erhöhen Sie Ihre Außenwirkung und verbessern Ihr Image. Der Kunde fühlt sich bestätigt, hat er doch aktiv zur Behebung eines Problems beigetragen und sogar weitere Schritte initiiert. So können beide nur gewinnen.

Um ein Beschwerdegespräch für den Kunden positiv zu gestalten, beachten Sie folgende Schritte:

1. *Zeigen Sie Verständnis*: Hören Sie aufmerksam zu und zeigen Sie Verständnis für den berechtigten Unmut des Kunden. Sie bestätigen ihn, indem Sie auch seine verletzten Gefühle respektieren, z.B. Ärger, verlorenes Vertrauen. Unterstützen Sie ihn in seiner Wahrnehmung, z.B. „Das ist sicher sehr unangenehm für Sie." Damit nehmen Sie ihn ernst und erleichtern den Schritt, sich auf die Sache zu konzentrieren.
2. *Grenzen Sie den Sachverhalt ein*: Hören Sie aktiv zu, indem Sie das Gehörte zusammenfassen und paraphrasieren. Fragen Sie nach, wenn Ihnen etwas nicht ganz klar ist. Bringen Sie durch präzisierende Fragen den Sachverhalt auf den Punkt. Damit fokussieren Sie die Sache und nehmen das Ziel, z.B. die Fehlerbehebung, in den Blick.
3. *Suchen Sie gemeinsam eine Lösung*: Arbeiten Sie mit dem Kunden konstruktiv an einer Lösung, z.B.: „Wie könnten wir Sie zufrieden stellen?" Auch ein Vorschlag ist in Form einer Frage möglich: „Würde es Ihnen nützen, wenn ...?" Um die negativen Gefühle des Kunden aufzufangen, können Sie ihm ein Angebot machen, z.B. „Ich kann mir vorstellen, wie unangenehm das für Sie gewesen sein muss. Sie bekommen erst einmal ..."

Empfehlungen, wenn Sie eine Reklamation entgegennehmen müssen:

- *Ausreden lassen.* Auch wenn die Äußerungen eines Kunden wie Angriffe oder Appelle wirken, sind sie lediglich Selbstoffenbarungen. Warten Sie ab, bis der Ärger verraucht ist, ohne ihm ins Wort zu fallen. Geben Sie kurze Rückmeldungen und signalisieren Sie Verständnis. Bestätigen Sie seine Wahrnehmungen und Gefühle, bewerten Sie aber nicht.
- *Nicht voreilig Lösungen anbieten.* Es ist verständlich, dass eine Beschwerde uns herausfordert, sofort zu reagieren. Lassen Sie sich durch das Auftreten des Kunden nicht unter Druck setzen und brechen Sie seinen Redefluss nicht ab, indem Sie ihm vorschnell eine Lösung präsentieren. Solange der Kunde noch mit seinem Ärger beschäftigt ist, nimmt er eine aus der Not angebotene Lösung nicht wahr.
- *Nicht abwimmeln.* Aus mangelnder Fähigkeit oder Bereitschaft, sich mit dem Fehler oder dem Unmut des Kunden auseinanderzu-

setzen, ignorieren oder übergehen viele die Reklamation oder den Kunden. Der Ärger des Kunden wird sich jedoch nicht in Wohlgefallen auflösen, auch wenn noch so viel Zeit vergeht. Die Gefahr ist immer eine negative Beziehung

- *Erklärungen, Rechtfertigungen und Widerspruch vermeiden.* Eine Erklärung oder Rechtfertigung mag zwar manchen Kunden besänftigen, hilft aber nicht, eine individuelle Lösung zu finden. Im Gegenteil wird die Reklamation des Kunden damit in Frage gestellt. Dem Kunden zu widersprechen spricht ihm das Recht ab, sich zu beschweren und wird den Unmut nur fördern. Konzentrieren Sie sich stattdessen auf das gemeinsame Ziel.

Empfehlungen, wenn Sie selbst reklamieren:

- *Das Ziel im Auge behalten.* Machen Sie sich vor einer Beschwerde Ihr Ziel klar. Was Sie wollen, ist die Behebung eines Fehlers oder Problems. Dazu brauchen Sie die Kooperation des anderen. Niemand reagiert gerne auf rechthaberische, fordernde Gesprächspartner. Im Gegensatz zu Ihrem Ansprechpartner haben Sie den Vorteil und die Zeit, sich auf das Gespräch einzustellen.
- *Auf die Sache konzentrieren.* Schildern Sie sachlich, was Sie zu beanstanden haben. Damit sichern Sie die gegenseitige Wertschätzung und die Beziehung ist nicht schon zu Beginn gestört.
- *Die emotionale Wahrnehmung ansprechen.* Drücken Sie Ihre emotionale Wahrnehmung durch eine Ich-Botschaft aus, z.B.: „Das ärgert mich sehr", „Ich bin erstaunt darüber, dass ...", „Ich wundere mich, dass ..." Dies erleichtert für beide Parteien die Distanz zu den Gefühlen und stellt die Sache in den Vordergrund.
- *Die Reaktion vorweg nehmen.* Sie können eine erwartete Reaktion durch eine reflektierende Frage vorwegnehmen, z.B.: „Ich bin mir nicht sicher, ob ich Sie damit vor den Kopf stoße ...", „Ich frage mich, ob Sie sich vorstellen können, was mir das für Umstände macht." Damit geben Sie dem Ansprechpartner, der ja auf einen Fehler und damit etwas Unangenehmes aufmerksam gemacht wird, das Gefühl, sich in seine Situation versetzen zu können.
- *Sprechen Sie in Ich-Botschaften.* Damit vermeiden Sie es, Ihren Gesprächspartner anzuklagen oder ihm etwas zu unterstellen. Vermeiden Sie jedoch rechthaberische Forderungen wie etwa „Ich

erwarte von Ihnen, dass Sie mir sofort ein neues Gerät zur Verfügung stellen.“ Durch Ich-Botschaften lenken Sie die Konzentration auf die Sache und es lässt sich leichter und schneller eine Lösung finden.

4.3 Gespräche am Telefon

Kaum etwas ist in den letzten Jahrzehnten leichter und selbstverständlicher geworden als das Telefonieren. Entsprechend gering ist die Hemmschwelle, fast an jedem Ort und zu jeder Zeit Gespräche entgegenzunehmen und zu führen. Dies fördert einerseits den Kontakt und die Kommunikation untereinander und ermöglicht den raschen Austausch von Informationen. Andererseits empfinden wir Telefongespräche als störend, ob wir selbst der Adressat sind oder jemand anders. Welche Ursachen hat dies?

1. Wir können uns einem ankommenden Gespräch nicht entziehen. Wenn wir es nicht sofort entgegennehmen, werden wir uns zu einem späteren Zeitpunkt dem Anrufer und seinem Anliegen in irgendeiner Form stellen müssen.
2. Wir sind unmittelbar gefordert, zu reagieren, indem wir uns entweder sofort auf das Gespräch einlassen oder uns dafür entscheiden, es zu vertagen.
3. Wir sind neugierig.

Werden wir als Anwesende Zeugen eines Gesprächs, an dem wir nicht beteiligt sind, können wir uns seiner Wirkung ebenso wenig entziehen, denn wir können nicht einfach weghören. Warum aber hören wir zu? Wir erfahren nur eine Seite des Gesprächs. Zum einen haben wir den Impuls, das Gehörte zu ergänzen. Auch durch Teilinformationen erfahren wir etwas über die Welt der Person, die spricht. Offenbar wird unsere Aufmerksamkeit gebunden durch unsere Bereitschaft zur Identifikation oder Abgrenzung mit dem Gehörten oder der Person. Zum anderen wollen wir, was wir hören, auch einordnen, indem wir Vergleiche ziehen und Assoziationen herstellen. Schließlich spielt auch unsere Neugier eine Rolle. Obwohl wir manchmal gerne weghören würden, gelingt es uns nicht immer.

Sich prinzipiell mit allem auseinandersetzen zu können, gehört sicherlich auch zum gegenwärtigen Zeitgeist. Als Adressat eines Telefongesprächs sind wir herausgefordert, Aufmerksamkeit zu schenken. Der Anrufer weiß im Regelfall nicht, wo wir uns gerade aufhalten und womit wir gerade beschäftigt sind. Nur durch eine Frage könnte er herausfinden, ob uns ein Gespräch gerade „passt". Damit tragen wir selbst die Verantwortung für unsere Entscheidung, zu telefonieren oder nicht.

Welche Motive haben wir, zu telefonieren? Einige davon lauten:

- um schnell und unmittelbar eine gewünschte Information zu bekommen,
- um eine wichtige oder dringende Sache mitzuteilen,
- um eine unmissverständliche Information zu bekommen,
- um Verständigung über einen Sachverhalt herzustellen,
- um eine Beziehung aufzubauen oder zu pflegen.

So einfach das Telefonieren auf den ersten Blick erscheint, so ergeben sich im Vergleich zum persönlichen Gespräch erhebliche Unterschiede. Es verlangt von beiden Gesprächspartnern eine höhere Aufmerksamkeit, um sich und dem Anliegen gerecht zu werden.

- Der wichtigste Unterschied besteht bezüglich der *Körpersprache*. Nonverbale Elemente wie Mimik, Gestik und Blickkontakt enthalten zusätzliche, jedoch keineswegs nebensächliche Informationen zu dem Gesagten. Wenn wir den Gesprächspartner nicht sehen, können wir schlechter einschätzen, wann etwas verstanden wurde. Auch was wir selbst nonverbal ausdrücken, sieht der andere nicht. Dies kann einen Unsicherheitsfaktor darstellen, der sich nur bedingt verbal ausgleichen lässt.
- Ist uns der Gesprächspartner nicht persönlich bekannt, entsteht ein *Gefühl der Anonymität*. Auf viele wirkt dies so, als hätte der andere „keinen Namen" oder „kein Gesicht", und sie fühlen sich unbehaglich. Auch dies kann einen Unsicherheitsfaktor oder eine Hemmschwelle im eigenen Kommunikationsverhalten oder der Überzeugungskraft darstellen. Andererseits kann gerade dadurch für manche ein Gefühl besonderer Nähe entstehen.
- In Telefongesprächen wird ein *anderes sprachliches Verhalten* als unser eigenes besonders deutlich. Personen, die viel und schnell reden oder eher schweigsame, zurückhaltende Menschen fallen

uns am Telefon stärker auf als im direkten Gespräch. Bei noch unbekannten Gesprächspartnern kann Unsicherheit darüber bestehen, wie eine Äußerung gemeint war.

- Wir nehmen am Telefon stets nonverbale (sog. paralinguistische) Reaktionen wahr (*Pausen, Seufzen, Lachen, tief atmen*), und neigen dazu, sie zu interpretieren. Ohne nachzufragen, erfahren wir jedoch selten, was der andere damit zum Ausdruck bringen will. Bei einer Pause warten wir kaum Zeit ab und haben schnell den Impuls, weiterzusprechen. „Tiefes Atmen" interpretieren wir schnell als Widerstand, Seufzen als Ablehnung.
- Besonders schwerwiegend, wenn auch scheinbar trivial, verhält es sich mit der *Verständlichkeit*. Technische Einflüsse (Nebengeräusche, Schallübertragung) ebenso wie persönliche Eigenheiten (Dialekt, Wortschatz, Fachjargon) können beeinträchtigend wirken. Nicht wenigen ist es unangenehm, auch nur den Namen des Gesprächspartners oder Unternehmens erfragen zu müssen, weil sie ihn nicht verstanden hatten.
- Was besonders von jenen vermisst wird, die Produkte, Gegenstände, Modelle oder Bilder vorstellen, ist die Möglichkeit, etwas zeigen zu können. Wer etwas anschaulich vermitteln will und dafür das notwendige Material zur Verfügung hat, macht es sich und seinem Gesprächspartner leichter, zu verstehen. Fehlt diese Möglichkeit, ist intensive Kommunikation erforderlich, die das *Anschauungsmaterial* jedoch nicht unbedingt ersetzen kann.

Welchen Einfluss haben wir darauf, dass ein Telefongespräch für beide Seiten befriedigend abläuft? Wie können wir Verständigung sicherstellen und Missverständnisse vermeiden?

Erwartungen in Telefongesprächen

Ein Großteil privater Telefongespräche dürfte primär mit dem Zweck geführt werden, sich zu unterhalten. Doch besteht jede Unterhaltung auch darin, Informationen, Meinungen und Gedanken auszutauschen. Alleine die räumliche Distanz zwischen den Gesprächspartnern schafft Anknüpfungspunkte, sich mitzuteilen. Im Mittelpunkt steht das Interesse am Gesprächspartner.

Weder beruflich noch privat können Telefongespräche den persönlichen Kontakt ersetzen. Die Äußerung „Wir müssen uns unbedingt mal wieder treffen“ hat so oder ähnlich jeder schon einmal gehört oder selbst zum Ausdruck gebracht. Sprechen wir mit bekannten Personen, steht die persönliche Begegnung über dem telefonischen Kontakt und Telefonieren ist oft nur ein Notbehelf. Bei einer uns unbekannten Person ist schnell unsere Neugier geweckt, was für einen Menschen wir vor uns haben. Wir wissen automatisch, dass wir bei einer persönlichen Begegnung sehr viel mehr vom anderen erfahren. Beim Telefonieren erscheint es am unmissverständlichsten, wenn Dinge auf der Sachebene besprochen werden. Je mehr Äußerungen jedoch fallen, desto mehr zusätzliche Informationen erhalten wir, die wir auch auf der Beziehungsebene interpretieren und so die Beziehung zu dem Gesprächspartner definieren.

Auf nonverbale Informationen verzichten zu müssen kann manchmal ein Vorteil sein. Für unangenehme Mitteilungen nutzen wir gerne die Anonymität des Telefons und fühlen uns geschützter, wenn wir auf emotionale Wahrnehmungen nicht reagieren müssen und sie selbst leichter verbergen können als im Vier-Augen-Gespräch.

Was auch immer wir als Ziel eines Telefongespräches haben, es setzt bei dem Adressaten eines entscheidend voraus: die Bereitschaft, zuzuhören. Die Vertrautheit von Gesprächspartnern lässt sich oft daran messen, wie intensiv jemand seine Fähigkeit und Bereitschaft, zuzuhören, signalisiert. Manchmal entsteht die paradoxe Situation, dass wir einer unbekannten Person persönliche Dinge mitteilen und das Gespräch viel länger dauert als geplant, weil die Person zuhörte.

Welche Phasen durchlaufen wir bei Telefongesprächen? Ähnlich wie in einem persönlichen Gespräch haben wir es auch hier mit verschiedenen Phasen zu tun, die wir meist unbewusst „abwickeln“.

1. Gesprächseröffnung: Im Gegensatz zu persönlichen Gesprächen wird beim Telefonieren bei der Einleitung explizit ausgedrückt, ob ein Gespräch überhaupt zustande kommt. Da der Anrufer nicht weiß, in welcher Situation er den Adressaten antrifft, muss er sich sensibel darauf einstellen und manchmal auch nachfragen, ob die Möglichkeit zum Gespräch vorhanden und gewünscht ist.

Frau K.: Ja, hallo ..., ich wollte doch mal hören, wie es dir geht. Ich dachte, ich rufe um diese Zeit an, denn da hast du ja ein bisschen mehr Zeit.
Frau A.: Ja, gut geht's. Alles in Ordnung hier.

Die Äußerung „Ich wollte ... hören, wie es dir geht" sorgt als Ich-Botschaft für eine positive Gesprächseröffnung und vermittelt gleichzeitig das Ziel des Anrufs. Steckt kein wichtigeres Anliegen dahinter, weiß der Gesprächspartner, dass es um die Beziehung und die Pflege des Kontaktes geht. Im genannten Beispiel setzt Frau K. mit ihrer Bemerkung „da hast du ja ein bisschen Zeit" voraus, dass ihre Gesprächspartnerin auch gesprächsbereit und interessiert ist. Wäre dies nicht der Fall, könnte Frau A. einen Grund angeben oder durch eine Ich-Botschaft deutlich machen, dass sie das Gespräch abbrechen will. Beide regeln durch das Maß ihrer Vertrautheit den Umgang miteinander.
Im nächsten Beispiel reagiert der Adressat direkter. Er lehnt das Gespräch ab und nennt dem Anrufer einen konkreten Grund, der für ihn selbst von Bedeutung ist.

Herr B.: Hallo C. Ich wollte mich mal wieder bei dir melden.
Herr C.: Ah, du bist's. He, du erwischst mich gerade auf dem Sprung zu einer Verabredung. Weißt du was, ich rufe dich morgen an. Ok?

Die Vertrautheit erlaubt die Reaktion. Eine freundliche, aber klare Botschaft zu Beginn eines Gesprächs ist ehrlich und signalisiert gegenseitiges Vertrauen. Viele Anrufer fühlen sich verunsichert, wenn sie den Eindruck haben, ihr Gesprächspartner telefoniert, obwohl er das Gespräch lieber abgelehnt hätte. Doch gerade wenn ein Gespräch „vertagt" werden muss, akzeptieren wir eine eindeutige Aussage eher (z.B. „Ich würde Sie gerne später zurückrufen, oder morgen Vormittag. Wie passt Ihnen das?") als jede unwillige Ablehnung oder ein halbherziges Gespräch, bei dem der Adressat nebenbei Dinge erledigt. Es versteht sich, dass für eine positive Beziehung ein Gespräch nicht jedes Mal zurückgewiesen werden kann.
Die Einleitung bestimmt die Gesprächsatmosphäre. So wie wir jemanden persönlich begrüßen, empfiehlt es sich, auch den Beginn eines Telefongesprächs positiv zu gestalten. Viele meiner Seminarteil-

nehmer berichten, gerade hier mit irritierenden oder manchmal sogar persönlich verletzenden Äußerungen konfrontiert zu werden. Dies zeigt: 1. Wir wollen am Telefon ebenso freundlich und wertschätzend behandelt werden wie im direkten Gespräch. 2. Wir brauchen Zeit, uns auf einen Gesprächspartner einzustellen und eine Vorstellung von ihm und seiner Sache zu bekommen. Gerade bei unbekannten Personen und geschäftlichen Gesprächen dürfen wir als Anrufer weder voraussetzen, der Adressat wüsste, wer wir sind und wovon wir reden noch sollten wir „mit der Tür ins Haus fallen" und sofort alles loswerden, was wir sagen wollen.
Folgende Beispiele stammen von Seminarteilnehmern in der Rolle als Anrufer. Sie zeigen symptomatisch Reaktionen der angerufenen Person und welche Gefühle sie beim Anrufer auslösen.

Reaktion des Adressaten	**Wirkung auf den Anrufer**
„Ach, du bist's."	Der Anrufer kann in Zweifel ziehen, ob sein Anruf erwünscht ist. Vielleicht wurde jemand anderes erwartet. Die Äußerung ist wenig einladend. Ausnahme: Der Tonfall ist freudig überrascht.
„Ich habe schon mehrmals angerufen, aber du warst nicht da."	Die Bemerkung kann bevormundend wirken. Besser als rückblickend nach einer Erklärung zu suchen oder sich zu rechtfertigen ist es, sich auf das Ziel zu konzentrieren.
„Endlich meldest du dich mal wieder."	Die Äußerung wirkt wie ein Vorwurf oder eine Bevormundung und nicht partnerschaftlich. Der Anrufer kann sich weniger wertgeschätzt fühlen.
„Ich dachte mir schon, dass du das bist."	Der Tonfall ist hier mit entscheidend. Die Äußerung kann ablehnend oder einladend sein und fordert den Anrufer zur Interpretation heraus. Eine Nachfrage kann klären, wie sie gemeint ist.
„Oh, mit dir habe ich ja gar nicht gerechnet."	Auch hier entscheidet der Tonfall und fordert zur Interpretation heraus. Nachfragen dient zur Klärung.
„Ich habe schon oft an dich gedacht."	Bietet dem Anrufer eine positive Gesprächsgrundlage, bestätigt die positive Beziehung und wirkt einladend.
„Und?" („Na?")	Die an sich harmlose Frage kann sehr herausfordernd wirken. Sie scheint ein Anliegen für das

	Gespräch zu fordern. Auf viele wirkt ein „Und?“ oder „Na?“ so, als müssten sie sich rechtfertigen, weshalb sie anrufen und ein Gespräch suchen. Gibt es ein konkretes Ereignis, auf das beide sich beziehen, soll die Beantwortung der Frage die Neugier befriedigen.
„Was gibt’s?“	Mit der Frage wird der Anrufer positiv gestimmt und die Beziehung der beiden Gesprächspartner bestätigt. Die Frage zeigt Interesse und Neugier am anderen. Sie kann auch fordernd wirken, wenn der Anrufer kein konkretes Anliegen hat. Auch hier kann der Tonfall ablehnend wirken.

Viele ähnliche Äußerungen werden floskelhaft verwendet und sind auf der Beziehungsebene angesiedelt, können aber durchaus eine unbeabsichtigte Wirkung auslösen. Ob wir in einem Telefongespräch unser Ziel erreichen, hängt bereits von der Gesprächseröffnung ab.

2. Erarbeitungsphase: Besonders in geschäftlichen Gesprächen und bei unbekannten Personen wird das Anliegen fast immer explizit genannt oder mit einer entsprechenden Formulierung eingeleitet, z.B. „Weshalb ich anrufe ...“, „Ich wollte mal fragen ...“, „Ich rufe an wegen ...“ Sofort „drauf los“ zu reden wird von vielen, auch unter bekannten Personen, als unangenehm empfunden. Eine einleitende Bemerkung auf der Beziehungsebene respektiert den anderen in seiner Situation und schafft eine positive Überleitung zum eigentlichen Gesprächsthema.

3. Argumentationsphase: Wenn das Gesprächsziel die Pflege der Beziehung ist, stellt häufig der persönliche Alltag den Gesprächsgegenstand dar. Je nach Situation, Thema und der Beziehung der beiden sind die Redeanteile etwa gleich. Hat einer der Gesprächspartner ein Anliegen, können sie jedoch auch unterschiedlich ausfallen, indem der andere mehr zuhört.

4. Vereinbarungsphase: Ob etwas vereinbart werden soll, hängt davon ab, welches Ziel die Gesprächspartner haben. Konkrete Vereinbarungen, Verabredungen oder Maßnahmen, die getroffen werden sollen und auf einen bestimmten Zeitpunkt festgelegt werden, sollten hier für beide Seiten verständlich formuliert werden. In einem Gespräch, das der Pflege der Beziehung dient, wird hier oft explizit der Gesprächs-

abschluss angekündigt. Dies ist notwendig, weil uns die Informationen der Körpersprache fehlen.
5. Der Gesprächsabschluss dient der Atmosphäre und ist vom Grad der Vertrautheit abhängig. Hier steht die Verbindlichkeit im Vordergrund. Dennoch nutzen wir häufig auch unverbindlich wirkende Äusserungen, z.B. „Wir hören voneinander“, „Bis demnächst“, „Mach’s gut.“ Verbindlich gestalten sich Formulierungen, die ein Ziel in den Blick nehmen, z.B. den Zeitpunkt für ein Treffen. Wie für direkte Gespräche ist es auch am Telefon sinnvoll, nicht in vorherige Phasen zurückzukehren und beispielsweise erneut ein Thema anzusprechen.

Empfehlungen für einen positiven Gesprächsablauf am Telefon:
- Nehmen Sie sich Zeit für die Gesprächseröffnung. Sie ist manchmal ausschlaggebend für die Atmosphäre des gesamten Gesprächs. Fragen Sie nach, ob der Zeitpunkt für Ihr Gespräch passt. Wechseln Sie ein paar Worte im Smalltalk, bevor Sie das eigentliche Gesprächsthema nennen.
- Wenn Sie ein Gesprächsziel oder Anliegen haben, reden Sie nicht zu lange „um den heißen Brei“. Der Gesprächspartner schenkt Ihnen Zeit und seine Bereitschaft, zuzuhören. Hat er das Gefühl, etwas Wichtiges lässt zu lange auf sich warten, verliert er die Motivation oder sogar das Interesse an der Sache.
- Wenn Sie ein Gespräch „vertagen“ wollen oder müssen, sagen Sie dies zu Beginn klar und deutlich. Ob Sie den Grund nennen, hängt von Ihrer Beziehung ab. Bringen Sie Ihr Bedauern zum Ausdruck und bieten Sie einen Rückruf an oder vereinbaren Sie einen anderen Gesprächszeitpunkt.
- Legen Sie nicht jedes Wort auf die Goldwaage. Ohne nonverbale Informationen verstehen wir manches anders. Da wir die Reaktion des Gegenübers auch bei unseren eigenen Äußerungen nicht sehen, sollten wir durch Fragen das Verständnis sicherstellen. Signalisieren Sie Ihre Aufmerksamkeit („ja“, „mhm“) und pflegen Sie das aktive Zuhören, indem Sie nachfragen, zusammenfassen und umschreibend erwidern.
- Falls Sie etwas vereinbaren, stellen Sie sicher, dass beide genau wissen, was bis wann von wem erfolgen soll. So vermeiden Sie

Missverständnisse und nachträglichen Unmut. Vergewissern Sie sich durch Nachfragen und Zusammenfassen.

Verhandeln am Telefon

Wer an seinem Arbeitsplatz viel oder gar vorwiegend telefoniert, weiß, wie anspruchsvoll es sein kann, sich mit unterschiedlichen Personen und Situationen auseinanderzusetzen. In vielen Unternehmen sind Mitarbeiter am Telefon für Serviceaufgaben verantwortlich und repräsentieren es nach außen. Sich jedes Mal auf einen neuen Sachverhalt einzulassen, sich auf die Sachebene zu konzentrieren und den Gesprächspartner wertschätzend zu behandeln, fordert professionelles Gesprächsverhalten.
In meinen Seminaren berichten Teilnehmer oft, Anrufer verhielten sich direkter und fordernder als sie es aus persönlichen Gesprächen gewohnt sind. Sie hören beispielsweise:

- vorwurfsvolle Fragen („Wieso haben Sie mir das denn noch nicht geschickt?“, „Wieso steht das nicht auf Ihrer Homepage?“)
- Aufforderungen („Geben Sie mir mal den zuständigen Mitarbeiter“, „Sagen Sie ihm, er soll mich zurückrufen.“)
- Anschuldigungen („Ihre Kollegin hat mir gesagt, Sie können mir das schicken“, „Ich habe Ihnen doch gesagt, es ist dringend.“)
- Unterstellungen („Sie müssen das doch wissen“, „Über die Berichte in der Presse sind Sie ja wohl informiert.“)

Vereinzelt werden sogar Drohungen geäußert („Wenn das nicht bis morgen erledigt ist, sehe ich mich gezwungen, den Auftrag zu stornieren.“) oder Warnungen ausgesprochen („Wenn ..., dann werde ich mich an den Geschäftsführer wenden.“). Die Beispiele mögen im Kontakt mit Kunden oder unbekannten Personen häufiger vorkommen als unter Mitarbeitern, sind jedoch generell denkbar. Anstatt auf der Sachebene zu bleiben, formulieren viele ihr Anliegen als Appell und sind sich des fordernden Charakters ihrer Äußerung gar nicht bewusst. Die betroffenen Teilnehmer benötigen für diesen „Verhandlungsstil“ stets eine hohe Konzentration, um ein Gespräch nicht mit eigenen emotionalen Reaktionen zu belasten. Alle waren davon überzeugt, dass sich die Anrufer im persönlichen Gespräch freundlicher und respektvoller äußern würden. Wie kommt es zu solchem Verhalten?

1. Für den Sprecher schafft die räumliche Distanz zum Adressaten offenbar auch eine persönliche Distanz, die es ihrerseits paradoxerweise erlaubt, ihm gerade mit einer geringeren Distanz zu begegnen als der Sprecher es bei direkter Konfrontation wagen würde. Diese Distanz bezieht sich auf die innere Haltung. Wir sind offenbar stärker geneigt, unsere Meinung dem anderen unüberlegt mitzuteilen, wenn wir uns mit dessen Betroffenheit nicht auseinandersetzen müssen. Zudem können wir sehr leicht und mühelos ein Gespräch beenden, ohne uns weiter mit dem Gesprächspartner zu beschäftigen. Haben wir keinen ständigen Kontakt mit der betreffenden Person, brauchen wir uns um ein konstruktives Miteinander nicht zu kümmern.
2. Was wir gehört haben, können wir leichter und schneller vergessen als was wir gesehen haben; das Bild einer Person, bei der wir eine unangenehme Wirkung ausgelöst haben, bleibt länger haften und wirkt unerschütterlicher. Da wir die Betroffenheit und Reaktion des Gegenübers am Telefon nicht sehen, kümmern wir uns auch nicht um die Wirkung. Dieser Zusammenhang lässt uns im Hinblick auf die Wirkung unserer Äußerungen womöglich sorgloser vorgehen.

Die genannten Beobachtungen stehen im Gegensatz zu jenen, bei denen Anrufer scheinbar nicht wissen, worauf sie hinaus wollen oder Schwierigkeiten haben, ihr Anliegen zu formulieren. Sie reden „um den heißen Brei", wiederholen sich und fordern damit die Geduld des Adressaten heraus. Nicht wenige Anrufer haben im professionellen Rahmen eines Telefongesprächs das Problem, sich „richtig" und verständlich auszudrücken. Auf der Seite des Adressaten hilft oft nur eine konstruktive Fragetechnik weiter.

Machen wir uns die Informationsverarbeitung bewusst: Beim Telefonieren befindet sich jeder in seiner persönlichen Umgebung. Auf jeden strömen unterschiedliche Eindrücke ein, d.h. auch wenn wir telefonieren, nehmen wir vieles wahr, was uns vom Gesprächsthema ablenken kann. Da wir als Anrufer nicht wissen, in welcher Umgebung der andere sitzt, können wir uns nur bedingt in seine Situation versetzen. Jemand, der viel Zeit und Ruhe hat, macht sich kaum ein Bild von der hektischen Umgebung eines Mitarbeiters im Großraumbüro. Umgekehrt bringt ein gestresster Mitarbeiter nicht immer die Geduld auf, einem umständlich erklärenden Kunden lange zuzuhören. Berücksichtigen wir darüber hinaus, dass wir nicht einmal ein Viertel (ca. 20%) von dem behalten, was wir nur hören, allerdings fast drei Viertel (ca. 70%) von dem, worüber wir selbst sprechen, müssen wir immer damit rechnen, dass Informationen anders ankommen als beabsichtigt. Wie oft erleben wir, dass Dinge falsch verstanden oder vergessen wurden und sind verwundert, wenn der andere etwas fragt, was wir eben erklärt hatten. Im Grunde können wir uns erst dann darauf verlassen, dass der Gesprächspartner uns verstanden hat, wenn er in eigenen Worten den Sachverhalt oder eine Zielvorstellung beschreiben kann. Das aktive Zuhören mit umschreibendem Erwidern, Zusammenfassen und Nachfragen ist gerade auch am Telefon ein wirkungsvolles Mittel zur Verständigung.

Es ist sinnvoll, sich vor jedem Telefongespräch einige Charakteristika bewusst zu machen, die es gegenüber einem persönlichen Gespräch auszeichnen. Ob als Anrufer oder als Adressat, stellen Sie sich daher folgende Fragen:

1. *Wer führt das Gespräch*? Sind Sie der Anrufer oder werden Sie angerufen? Wenn Sie selbst anrufen, machen Sie sich Ihr Ziel oder Anliegen klar. Überlegen Sie sich, wie Sie Ihren Adressaten ansprechen wollen. Wenn Sie, z.B. als Servicemitarbeiter, angerufen werden, lenken Sie das Gespräch durch Fragen. Halten Sie sich dafür ein vorbereitetes Konzept (Fragenkatalog) bereit.
2. Ist Ihnen Ihr Gesprächspartner *bekannt* oder *unbekannt*? Setzen Sie auch bei einer bekannten und vertrauten Person nicht deren sofortige uneingeschränkte Aufmerksamkeit voraus. Erkundigen Sie sich freundlich, ob der Gesprächszeitpunkt passt. Dies erhöht die Bereitschaft, Ihnen zuzuhören. Wählen Sie bei einer unbekannten Person eine formelle, freundliche Einleitung.
3. In welcher *Beziehung* stehen Sie zu der Person, mit der Sie sprechen? Ist die Beziehung geschäftlich, wählen Sie eine formelle Begrüßung. Bereiten Sie einen Gesprächsleitfaden vor und legen Sie ihn bereit, um sich auf Ihr Ziel hin zu orientieren.
4. Wie gut ermöglicht Ihnen die *Umgebung*, in der Sie sich befinden, ein Telefonat? Achten Sie darauf, möglichst ungestört zu sein. Sie

brauchen Ihre Aufmerksamkeit für die Sache, für Ihren Gesprächspartner und für Ihre eigene Kommunikation. Ablenkende Einflüsse wirken sich auch auf das Gespräch aus.

5. Wie passt Ihnen der *Gesprächszeitpunkt*? Je besser Sie über die Arbeitszeit oder Verfügbarkeit Ihres Gesprächspartners Bescheid wissen, desto leichter können Sie sich daran orientieren. Für geschäftliche Gespräche gelten bestimmte Zeiten als Orientierungsrahmen, z.B. zwischen neun und siebzehn Uhr. Wann Sie wen anrufen, ist auch abhängig von der Beziehung.
6. Was ist der Gegenstand oder das *Ziel* Ihres Gespräches? Im Allgemeinen ist ein Telefongespräch durch ein konkretes Anliegen motiviert. Dehnen Sie Gespräche nicht zu lange aus, überfallen Sie Ihren Gesprächspartner aber auch nicht mit Ihrer Nachricht. Um etwas ausführlich zu besprechen, vereinbaren Sie dies vorher oder klären Sie es bei der Gesprächseröffnung ab.

Das Verhandeln am Telefon können wir als besondere „Gesprächsgattung“ betrachten. Während manche Gespräche routiniert ablaufen, gestalten sich andere als Herausforderung. Dies bezieht sich auf den Ablauf, sogenannte schwierige Kunden, den Umgang mit Einwänden sowie mit Emotionen.

Der Gesprächsablauf: Sowohl bei eingehenden Gesprächen als auch wenn wir selbst anrufen gibt es beim Telefonieren Formalismen und standardisierte Abläufe, vor allem bei der Gesprächseröffnung. Je weniger vertraut der Gesprächspartner, desto formeller der Beginn. Dieser besteht aus dem Firmennamen, dem eigenen Namen und einer Begrüßung. Bsp.: „Firma XY, Friederike Maier, guten Tag.“ Ob Sie „Sie sprechen mit ...“ oder „Mein Name ist ...“ sowie am Ende ein „Was kann ich für Sie tun?“ hinzufügen, hängt vor allem von der Länge der Namen ab. Dem Kunden genügt es in der Regel, zu wissen, dass er an der richtigen Adresse ist.

Wählen Sie auch bei bekannten Gesprächspartnern eine freundliche Eröffnung. Ein lockeres „Ja, hallo, sagen Sie mal, wie ist das eigentlich mit ...?“ kündigt zwar ein kurzes Gespräch an, vielleicht wird der Adressat sich aber nur ungern darauf einlassen. Besser ist es, in Form einer Ich-Botschaft zu formulieren, z.B. „Ich bräuchte dringend eine Information von Ihnen. Haben Sie zwei Minuten Zeit?“ Formulierungen wie „Stör’ ich?“ oder „Ich will ja nicht stören, ich möchte nur kurz ..." vermitteln zwar scheinbar Wertschätzung, lassen dem Gesprächspartner aber kaum Spielraum bei der Antwort, denn die meisten werden sich auf ein Gespräch einlassen, auch wenn es ihnen gerade nicht passt. Eine ablehnende Reaktion sollte wertschätzend formuliert sein, z.B. „Es tut mir leid, bitte melden Sie sich in zehn Minuten noch einmal."

Der weitere Gesprächsverlauf orientiert sich an der Zielsetzung. Terminvereinbarungen gestalten sich naturgemäß kurz, wohingegen telefonische Besprechungen oder Konferenzen so sorgfältig geplant sein müssen wie ein persönliches Gespräch. Wenn Sie selbst anrufen und Ihr Ziel im Auge behalten wollen, formulieren Sie vorher schriftlich ein Konzept, anhand dessen Sie sich im Gespräch orientieren, und legen Sie sich dieses bereit.

Die Verabschiedung kann mehr oder weniger standardisiert erfolgen durch ein schlichtes „Auf Wiederhören". Freundlich und verbindlich wirkt hier die Namensnennung des Gesprächspartners, ebenso weitere wertschätzende Bemerkungen, z.B. „Ich danke Ihnen für Ihren Anruf", „Ich freue mich auf unseren Termin."

Nachgeschobene Fragen haben den Charakter eines Postskriptums in schriftlichen Mitteilungen und müssen einer kurzen Botschaft entsprechen, z.B. „Meine Adresse haben Sie?", „Ich bräuchte noch eine kurze Wegbeschreibung von Ihnen" und ähnliches.

Die befriedigende Kommunikation mit sogenannten schwierigen Kunden: Je mehr wir uns das eigene Gesprächsverhalten bewusst machen, desto weniger werden wir Anrufer oder Kunden als „schwierig" einstufen. Der Begriff bedeutet in diesem Zusammenhang, dass Anrufer vielleicht nicht so bequem zu handhaben sind, wie wir uns dies wünschen. Wir benötigen mehr Aufmerksamkeit und Konzentration, als es vielleicht für den Durchschnitt der Gespräche der Fall ist. Die Anrufer zeichnen sich durch ein bestimmtes Kommunikationsverhalten aus, z.B. indem sie besonders viel reden, nicht wissen, was sie wollen, besonders hartnäckig sind, sich unkooperativ zeigen oder unverschämte Forderungen stellen. Anrufer, die wir als schwierig bezeichnen, stecken meist in einem „Gefühlsnebel", der sie die Sache nicht klar sehen lässt. Dadurch agieren sie auf der persönlichen Ebene. Je mehr Sie Äußerungen auf sich persönlich beziehen, desto schwieriger wird es, die Sache in den Fokus zu nehmen. Genau genommen sind Sie auf

die Kooperation des Anrufers angewiesen, denn Sie selbst wissen weniger über die Sache als er. Wenden Sie die Elemente des aktiven Zuhörens an: Fassen Sie zusammen, paraphrasieren Sie das Gehörte und fragen Sie nach. Mit weiterführenden Fragen erhalten Sie weitere Informationen. So können Sie den Sachverhalt eingrenzen und auf die Sachebene kommen. Verletzende Äußerungen können wir am Telefon auch einmal bewusst überhören, denn selten sind sie persönlich gemeint. Ihre eigene Emotion können Sie jedoch immer als Ich-Botschaft ansprechen und dem Anrufer damit Ihre Betroffenheit zeigen.
Unterstützen Sie unsichere Anrufer und jene, die sich mit präzisen Formulierungen schwer tun, indem Sie den Blickwinkel eingrenzen, z.B. „Ich bin mir nicht sicher, ob ich Sie richtig verstanden habe", „Könnte es sein, dass Sie damit … meinen?"
Bei „Vielrednern" hilft meist nur, in einer noch so kleinen Gesprächspause das Gehörte zusammenzufassen. Setzen Sie mit Fragen fort, um den Anrufer zu kürzeren Äußerungen zu bringen.
Einwände von Anrufern: Anrufer können mit Einwänden manchmal sehr hartnäckig wirken und unsere Geduld strapazieren. Bereiten Sie selbst mögliche Einwände vor und überlegen Sie sich eine passende Antwort. Halten Sie sich dies schriftlich fest und halten Sie sich die Unterlage griffbereit. Im Zweifelsfall führt eine Rückfrage weiter, die den Anrufer mit sich selbst und seinen Forderungen konfrontiert. Er muss dann präzisieren, was er genau meint.
Wenn Sie den Eindruck haben, der Anrufer will nur recht behalten und hat kein Interesse an einer Kooperation, beenden Sie das Gespräch freundlich, ohne weiter zu insistieren. Machen Sie sich vor allem bei werbenden Gesprächen immer bewusst: Telefongespräche müssen kurz sein. Sie sparen sowohl Ihre Zeit als auch die des Gesprächspartners, wenn Sie merken, dass Sie nicht auf eine gemeinsame Basis kommen. Sind die Einwände berechtigt, gehen Sie darauf ein. Bieten Sie ein persönliches Gespräch an. Mit dem Hinweis, dort die Fragen viel besser besprechen zu können, werden Sie kaum abgewiesen. (Bsp.: „Ich merke, Sie interessieren sich sehr für … Was halten Sie davon, wenn wir uns einmal persönlich kennenlernen?" oder „Sie haben sehr detaillierte Fragen, die ich Ihnen am besten persönlich beantworten könnte.") Machen Sie sich hierbei jedoch den Aufwand

eines persönlichen Besuches klar und überlegen Sie, ob Sie im Hinblick auf Ihre Zielsetzung dazu bereit sind.
Der Umgang mit Emotionen: Wichtige Zielsetzungen sind immer mit Emotionen verbunden. Am Telefon lassen wir uns schneller zu emotionalen Äußerungen hinreißen. Treten Widerstände auf, reagieren wir schneller abweisend oder machen Zugeständnisse, je nachdem, welche Betroffenheit ausgelöst wird. Bereits eine Rückfrage zur Klärung oder eine Ich-Botschaft, die die eigene Wahrnehmung anspricht, kann dem Gespräch eine konstruktive Wendung geben, weil sie Respekt vermittelt.
Spielt bei bedeutsamen Gesprächen Lampenfieber eine Rolle, kann dies auch zum Ausdruck bringen, wie ernst der Gesprächspartner die Sache nimmt. Durch eine wohlwollende Atmosphäre schon zu Beginn kann dem entgegen gewirkt und Wertschätzung vermittelt werden.
Gegenwärtig wird, bedingt durch größere Entfernungen zwischen den Geschäftspartnern, immer mehr in *Telefonkonferenzen* verhandelt. Sie erfordern mindestens ebenso viel Sorgfalt bei der Planung wie eine Besprechung, bei der alle im gleichen Raum anwesend sind. Weil der Zeitrahmen meistens enger gefasst ist, müssen manchmal vorher schon Absprachen getroffen werden. Formulieren Sie kurze Sätze, lassen Sie Pausen für Nachfragen und sichern Sie unbedingt das Verständnis durch aktives Zuhören. Legen Sie besonderen Wert auf die technische Übertragungsqualität, vor allem, wenn für manche Beteiligte nicht die Muttersprache gewählt wird. Wenn auf Video-Leinwand projiziert wird, sorgen Sie dafür, dass alle gute Sicht haben.

Empfehlungen für eine konstruktive Gesprächsführung am Telefon:

- Beginnen und beenden Sie ein Gespräch freundlich und äußern Sie sich verbindlich, z.B. „Es freut mich, von Ihnen zu hören“, „Gut, dass Sie darauf hinweisen“, „Das ist sehr freundlich von Ihnen“, „Danke, gern geschehen.“ Dies *verbindet*, vermittelt Respekt, motiviert und regt in der Entscheidungsfindung an. Sprechen Sie Ihren Gesprächspartner namentlich an, überschütten Sie ihn jedoch nicht mit Höflichkeitsfloskeln.
- Entscheiden Sie grundsätzlich, ob Sie sich auf ein ankommendes Gespräch einlassen wollen oder nicht. Es gibt immer Gründe, warum wir vielleicht einmal keine Lust oder keine Zeit haben zu te-

lefonieren, und Sie müssen sich bei Ihrem Gesprächspartner dafür nicht rechtfertigen. Wenn Sie das Gespräch trotzdem annehmen, bieten Sie dem Anrufer Ihren Rückruf zu einem für beide passenden Zeitpunkt an.

- Wenn Sie ein für Sie sehr bedeutsames Gespräch führen, notieren Sie sich vorher einen Gesprächsleitfaden. Führen Sie nach dem Gespräch ein Protokoll, in dem Sie die Vereinbarungen festhalten. Notieren Sie sich das Datum und die Namen der Personen, mit denen Sie gesprochen haben. Dies erleichtert Ihnen nicht nur die Ansprache bei einem weiteren Kontakt, sondern Sie werden durch Ihre Notizen sicherer und treten professioneller auf.
- Verlieren Sie durch Emotionen nicht Ihr Ziel aus dem Auge. Auch wenn Sie Betroffenheit empfinden, beziehen sich emotionale Äusserungen selten auf Sie persönlich. Stellen Sie Fragen und konzentrieren Sie sich durch aktives Zuhören auf die Sachebene. Achten Sie darauf, emotionale Wahrnehmungen als Ich-Botschaft zu formulieren, um nicht Ihrerseits beim Gesprächspartner Betroffenheit auszulösen.

Werbegespräche

Wenn wir für etwas werben, müssen wir über unsere Sache – ein Produkt, eine Dienstleistung oder die eigene Person – informieren und den Gesprächspartner am Telefon möglichst davon überzeugen, sich auf den Kontakt mit uns einzulassen. Aus der Rhetorik ist bekannt, dass sich über die Körpersprache vieles mitteilt, was unsere Worte unterstützt und für eine persönliche Beziehung förderlich sein kann. Umso mehr müssen wir am Telefon deshalb auf ein positives Auftreten, klare und eindeutige Informationen, kurze und prägnante Botschaften und bildhafte Stimuli Wert legen. Ob durch eigene Akquisition, im Kontakt mit Servicemitarbeitern oder als Teamassistentin im Unternehmen, Kundenpflege bedeutet Verbindlichkeit und Bindung durch gemeinsame Interessen. Wie werden diese hergestellt?
Bei der eigenen Akquisition liegt eine große Herausforderung bereits darin, den Kontakt zu potentiellen Kunden überhaupt aufzunehmen. Weil Sie nicht wissen können, wie der Adressat reagiert, ist es fast

unabdingbar, sich einen Gesprächsleitfaden bereitzuhalten. Wenn Sie diesen als Ablaufdiagramm gestalten, wird es Ihnen leicht fallen, sich auf die Gesprächssituation einzustellen. Stellen Sie sich immer die Frage, wie Sie weiter verfahren, je nachdem, ob der Adressat mit Zustimmung oder Ablehnung reagiert. Ja bedeutet, Sie gehen weiter zur nächsten Information, Nein heißt, Sie stellen eine Rückfrage, Kontrollfrage oder fassen zusammen. Durch Fragen grenzen Sie die Bedürfnisse Ihres Kunden ein und bringen in Erfahrung, inwieweit Sie eine möglichst optimale Übereinstimmung mit Ihrem Angebot erreichen können. Wie in persönlichen Gesprächen arbeiten Sie sich von offenen Fragen, die Spielraum bei der Antwort lassen, zu geschlossenen Fragen, vor.

Sobald Sie „Ihren“ Ansprechpartner haben, empfiehlt es sich, mit einer Frage einzuleiten, z.B. „Haben Sie zwei Minuten Zeit für mich?“ Damit geben Sie ihm einen überschaubaren Rahmen vor und bringen Ihren Respekt zum Ausdruck. Schätzen Sie diese Zeit jedoch unbedingt realistisch ein und beschränken Sie sich auch darauf. Auch wer nicht unbedingt bereit ist, sich auf eine unbekannte Person und ein ihm unbekanntes Thema einzulassen, wird mit großer Wahrscheinlichkeit und aus Neugier bereit sein, diese Zeit zu investieren. Eine Sache, die für den Gesprächspartner keine Relevanz hat, ist dann abgehandelt. Signalisiert er dagegen Interesse, wird er auch einverstanden sein, wenn das Gespräch länger dauert. Nennen Sie nach dieser Einleitung Ihr Anliegen so knapp wie möglich. Der Gesprächspartner muss wissen, worum es geht und warum Sie ihm etwas anbieten. Sie können Ihr Anliegen mit einer Frage abschließen, z.B. „Wie wäre das für Sie?“ Vermeiden Sie, es von Anfang auf eine Terminvereinbarung für einen persönlichen Besuch anzulegen, z.B. „Was ich Ihnen erklären möchte, lässt sich schlecht am Telefon machen.“ Dies könnte aufdringlich wirken. Unterstreichen Sie nach einem positiven Gesprächsverlauf die Beziehung, indem Sie sich für das Interesse bedanken oder Ihre Freude über den Kontakt und die bevorstehende Kooperation zum Ausdruck bringen.

Vermeiden Sie ein überzogenes Kommunikationsgebaren. Mit übertriebenem Modulieren der Stimme, steter Namensnennung, dem Wiederholen von Argumenten, wenn mangelndes Interesse signalisiert wurde, sorgen Sie schlimmstenfalls für mehr Distanz als für Bindung

und wirken unglaubwürdig. Ein sensibler Umgang miteinander bewegt sich zwischen Freundlichkeit auf der persönlichen Ebene und Stringenz auf der Sachebene.
Folgende Beispiele von Seminarteilnehmern, jeweils in der Rolle des Adressaten, zeigen die Wirkung unterschiedlicher Eröffnungen bei Akquisegesprächen. Die unzureichenden oder verwirrenden Informationen der Anrufer gestalteten sich nicht positiv für die Gesprächsatmosphäre.
1. „Guten Tag, mein Name ist … von der Firma … Wir möchten Ihnen gerne einen Katalog mit unseren neuen Produkten anbieten." Der Adressat fühlte sich gezwungen, mehrere wichtige Informationen zu erfragen, und war zunächst ablehnend eingestellt.
2. „Guten Tag, Peters von der Firma … Wir stellen Klemmverbindungen her und möchten Ihnen die anbieten." Der Adressat konnte die Information ohne technisches Spezialwissen nicht einordnen und fühlte sich überfordert.
3. „Es gibt jetzt eine neue Creme mit Extrakten aus …, die Sie nur in Apotheken bekommen. Wir bieten Ihnen diese vorab im Versand an. Wir haben das Gesichtstonikum, die Tagescreme und die Körperlotion zum Eröffnungspreis von 35 Euro 79. Soll ich Ihnen das einmal zuschicken?" Der Adressat war mit der Menge an Informationen überfordert und war nun herausgefordert, spontan mit Ja oder Nein zu antworten. Dies löste Ablehnung aus.
Um nicht zu viele oder zu spezielle Informationen zu nennen, bereiten Sie Gespräche, die Sie selbst initiieren, gründlich vor und versetzen Sie sich immer in die Situation Ihres Gesprächspartners. Wenn Sie mit einem Effekt der Überraschung oder Überrumpelung arbeiten wollen, kann dies erfolgreich sein. Ob der Kunde positiv reagiert und Sie eine befriedigende persönliche Beziehung erreichen, ist individuell verschieden und schwer vorhersehbar.
Im Gegensatz zu selbst initiierten Anrufen zeichnen sich eingehende Anrufe durch eine scheinbar passive Rolle aus und fordern unsere Aufmerksamkeit und unsere Bereitschaft zuzuhören. Dies bedeutet ein defensives, aber nicht weniger zielführendes Gesprächsverhalten. Je mehr Sie durch die Elemente des aktiven Zuhörens erreichen, desto mehr Wertschätzung erfährt der Anrufer und gewinnt das Gefühl, etwas durch seine eigene Initiative in Erfahrung gebracht zu haben.

Begegnen Sie fordernden oder aufgebrachten Anrufern mit Geduld, zeigen Sie Verständnis und lassen Sie die Emotionen verebben. Es geht nicht um Sie persönlich, sondern um die Sache, auch wenn ein Anrufer aggressiv auftritt. Dämmen Sie den Impuls ein, umgehend reagieren zu müssen. Die Zeit und Geduld, die Sie aufbringen, wirkt sich positiv auf die Kundenzufriedenheit aus.

Eine Anruferin forderte „Wissen Sie, ich bin schon seit so vielen Jahren Mitglied, Sie müssen mich doch bevorzugt behandeln." Eine gängige Reaktion darauf wäre „Das geht nicht. Bei den Anmeldungen gilt für alle der gleiche Status." Ein umschreibendes Erwidern lohnte sich auszuprobieren „Sie sind der Ansicht, Ihre Situation erfordert eine Sonderstellung."

Wenn ein Anrufer dauerhaft spricht, sich unklar ausdrückt oder von sich persönlich „erzählt", signalisieren Sie Verständnis, grenzen Sie durch Fragen den Sachverhalt ein und fassen Sie zusammen. Kommen Sie mit geschlossenen Fragen allmählich zu einer Vereinbarung.
Bei eingehenden Gesprächen geht es auch darum, ob der Anrufer mit seinem Anliegen an der richtigen Adresse ist. Für niemanden ist es erfreulich, wenn er sein Anliegen mehrfach wiederholen muss. Allein dies kann für Reaktanz, d.h. negative Gefühle und damit eine unbefriedigende Atmosphäre sorgen. Der endgültige Gesprächspartner sieht sich dann mit der angestauten Emotion konfrontiert. Je präziser das Anliegen formuliert ist, desto leichter ist es möglich, die richtige Person ausfindig zu machen. Nennen Sie dazu den Namen und die Telefonnummer, damit der Anrufer sich dies notieren kann. Besonders freundlich ist es, wenn Sie dann weiter verbinden. Es kann sinnvoll sein, dem Kollegen den Namen des Anrufers und ein Stichwort zur Sache zu liefern, wenn dies in kurzer Zeit möglich ist. Der Kollege, der dann das Gespräch mit dem Anrufer fortsetzt, kann für Erleichterung und Akzeptanz sorgen, wenn er entsprechend beginnt, z.B. „Guten Tag, Herr …, ich bin über den Sachverhalt informiert" oder „… Sie erkundigen sich bezüglich …" Ist der Ansprechpartner nicht verfügbar, teilen Sie dies dem Anrufer ggf. mit und bieten Sie mit einer Alternativfrage eine Entscheidung an, z.B. „Wollen Sie sich morgen noch einmal melden oder soll er Sie zurückrufen?" oder „Herr … wird am Nachmittag wieder zu erreichen sein. Möchten Sie, dass ich für

Sie eine Nachricht an ihn leite?“ Vermeiden Sie dagegen die etwas unbeholfene Frage „Kann ich etwas ausrichten?“ Sorgen Sie dafür, den Anrufer nicht zu lange warten zu lassen. Wenn Sie selbst noch eine Information einholen müssen, bieten Sie Ihren Rückruf an. Dieser sollte unbedingt zeitnah erfolgen, z.B. innerhalb der nächsten zehn Minuten.
Achten Sie darauf, den Namen des Anrufers korrekt aufzunehmen. Dies ist wichtig, falls Sie noch einmal miteinander telefonieren. Fragen Sie nach, wenn Sie nicht sicher sind, wie Sie den Namen auszusprechen oder zu schreiben haben, z.B. „Würden Sie mir Ihren Namen noch einmal buchstabieren?“ Auch wenn Sie selbst weitergeleitet werden, fragen Sie nach, z.B. „Darf ich Ihren Namen notieren, um mich auf das Gespräch mit Ihnen zu beziehen?“ Gespräche und ihre Inhalte werden konkreter und präziser, wenn Sie wissen, wer daran beteiligt war.
Als Kunden, die eine Leistung in Anspruch nehmen oder etwas in Erfahrung bringen wollen, stehen wir auf der anderen Seite. Oft setzen wir es als selbstverständlich voraus, als Kunde der König zu sein und verlassen uns auf das Gefühl, das Unternehmen stehe uns gegenüber in der Pflicht und müsse uneingeschränkt für uns da sein. Auch wenn wir erwarten können, freundlich und wertschätzend behandelt zu werden, können wir durch unser eigenes Gesprächsverhalten sehr viel Positives dazu beitragen. Berücksichtigen Sie deshalb einige wesentliche Details schon im Vorfeld des Gesprächs: 1. Überlegen Sie sich genau, was Ihr Ziel ist. 2. Erfragen Sie, ob Sie mit der für Ihr Anliegen zuständigen Person sprechen. 3. Formulieren Sie Ihre Sache kurz und prägnant, z.B. „Ich rufe an wegen … An wen müsste ich mich damit wenden?“ oder „Ich benötige eine Information über … Wie können Sie mir weiterhelfen?“ oder manchmal auch eine Alternativfrage „Können Sie mir zu … etwas sagen oder brauchen Sie meine Kundennummer?“) Bedanken Sie sich für das Gespräch oder für die Informationen, die Sie bekommen haben, auch wenn Sie zunächst einmal weitergeleitet werden. Auch wenn Freundlichkeit selbstverständlich scheint, hinterlässt ein ernst gemeinter Dank bei jedem ein gutes Gefühl. Dies gilt auch für Angebote, die Ihnen am Telefon unterbreitet werden. Eine freundliche Ablehnung ist für den Anrufer angenehmer als ein unwirsches „Brauch’ ich nicht“ oder „Interessiert mich nicht.“

Haben Sie jedoch das Gefühl, der Anrufer überschüttet Sie mit Informationen, die Sie am Telefon nicht verarbeiten und nicht behalten können, fragen Sie nach, z.B. „Was meinen Sie mit …?“ Wenn ein Gespräch Ihre Zeit oder Geduld überstrapaziert, lehnen Sie freundlich aber bestimmt ab, z.B. „Ich fühle mich damit überfordert und möchte mich nicht darauf einlassen“ oder „Die vielen Informationen verunsichern mich und ich möchte … nicht in Anspruch nehmen.“ Beenden Sie das Gespräch mit einem Dank für die Informationen.

Empfehlungen für erfolgreiche Werbegespräche:

- Nennen Sie bei Akquisegesprächen zuerst Ihren Namen, dann den des Unternehmens und eine Begrüßung und eröffnen Sie das Gespräch mit Ihrem Anliegen und ggf. der Frage nach dem richtigen Ansprechpartner, z.B. „An wen kann ich mich damit bei Ihnen wenden?“
- Telefongespräche müssen kurz sein. Der Adressat ist selten motiviert, lange zuzuhören, gerade wenn es um eine ihm unbekannte Sache geht. Nennen Sie Ihr Anliegen, loten Sie das Interesse aus und vereinbaren Sie nach Möglichkeit einen Termin zu einem persönlichen Gespräch.
- Notieren Sie sich einen Leitfaden für den Gesprächsablauf (u.U. auch eine standardisierte Einleitung) und halten Sie ein Konzept für Fragen und Einwände griffbereit. Dies gibt Ihnen Sicherheit und die Gewissheit, produktiv vorzugehen. Die Gefahr, vom Thema abzukommen oder sich ablenken zu lassen, ist so gebannt.
- Halten Sie sich ein Blatt für Ihre eigenen Notizen während des Gesprächs bereit, auf dem Sie Name, Datum und was Ihnen bei dem Gespräch wichtig erscheint, notieren können. Protokollieren Sie die wichtigsten Dinge im Anschluss an das Gespräch.
- Wenn Sie angerufen werden: Ist der Ansprechpartner nicht anwesend oder verfügbar, teilen Sie dies dem Anrufer freundlich mit (z.B. „Herr/Frau … ist heute/momentan nicht zu erreichen.“). Zeigen Sie trotzdem Interesse und bieten Sie dem Anrufer Ihre Hilfe an, z.B.: „Was kann *ich* denn für Sie tun?“ oder alternativ „Wollen Sie morgen noch einmal anrufen oder soll Herr/Frau … sich bei Ihnen melden?“

- Wenn Sie angerufen werden: Mit der Begrüßung folgen wir einem Trend, der sich stets leicht verändert. Ein kurzes „Maier“ ist für einen Kunden irritierend, wenn er in einem Unternehmen anruft. Eine ausgedehnte Begrüßung ist freundlich, kann aber für manchen Kunden schon zu lang sein. In der Regel reicht nach dem Firmennamen der Nachname; selbst dieser wird leicht vergessen oder – ohnehin bei Eigennamen – nicht verstanden.
- Wenn Sie angerufen werden: Vermeiden Sie die Frage „Um was geht's denn?“ Sie zwingt den Anrufer, seine Sache mehr oder weniger ausführlich darzulegen und gibt ihm das Gefühl, Sie entscheiden aufgrund dessen, ob Sie das Gespräch annehmen oder ablehnen. Will er sein Anliegen nicht nennen (z.B. „Das möchte ich gerne dem Geschäftsführer persönlich mitteilen.“), haben Sie Zeit verloren. Zielführender ist z.B. „Wie kann ich Ihnen helfen?“

Stimme und Sprache

Wie der berühmte erste Eindruck bei einer persönlichen Begegnung ist es am Telefon die Stimme, die uns in Sekunden einen Eindruck verschafft, dessen Wirkung geradezu unerschütterlich ist. Überlegen Sie selbst einmal, welche der folgenden Eigenschaften Sie unbewusst mit einer fremden Stimme am Telefon assoziiert haben: angenehm, sympathisch, monoton, lustlos, einsilbig, arrogant, etc. Intuitiv empfinden wir die Person als freundlich und hilfsbereit, oder als unmotiviert und unkooperativ, und insgesamt eher einladend oder eher ablehnend. Interessant ist, dass wir *auf der Beziehungsebene* unsere Schlüsse ziehen, und beispielsweise sagen: „Er/Sie hat sich überhaupt nicht für mich interessiert“, „Er/Sie hatte überhaupt keine Zeit für mich.“ Entsprechend fühlen wir uns im positiven Fall ernst genommen und akzeptiert, im negativen Fall stehen wir der Person gleichgültig gegenüber oder empfinden Reaktanz, je nachdem, welchen Stellenwert eine Sache für uns hat.
Bekanntlich schenken wir der Körpersprache mehr Glauben als der verbalen Information. Überdies heißt es, „der Ton macht die Musik“. Je nachdem, ob eine Stimme angenehm auf uns wirkt oder nicht, stufen wir die Sache ein. Gerade weil wir unterschiedlich sensibel für die

Stimme und die sachliche Information sind, manifestiert sich der Höreindruck unbewusst und wirkt auf der emotionalen Ebene. Je auffälliger eine Stimme auf uns wirkt, desto stärker spielt dies eine Rolle. Möglicherweise besteht sogar ein kausaler Zusammenhang zwischen der stimmlichen Wirkung und der Entscheidung auf der Sachebene, d.h. *weil* jemand „so" spricht, entscheiden wir uns für oder gegen einen Kauf, und manchmal sogar umgekehrt, d.h. weil wir Stammkunden sind, verhält sich der andere besonders freundlich und spricht mit stark modulierter Stimme, und wir fühlen uns wiederum zuvorkommend behandelt. Den meisten von uns wird es nicht schwer fallen, sich an Telefongespräche zu erinnern, nach denen sie sich besonders motiviert und angeregt, oder hingegen missgestimmt fühlten. Über die Stimme wird buchstäblich eine Stimmung ausgelöst.
Die meisten werden sich fragen, wie ihre Stimme klingen muss, um sympathisch, kompetent und professionell zu wirken. Wie können wir gerade am Telefon durch unsere Stimme eine positive Beziehung begünstigen und das Interesse an einer Kooperation erhöhen?
Lächeln, eine freundliche Mimik, ausgeprägte Gestik transportieren Emotionen nach außen. Wir haben erfahren, dass nonverbale und verbale Elemente beim Sprechen in steter Wechselwirkung stehen. Auch wenn beim Telefonieren die Körpersprache für den anderen nicht sichtbar ist, heißt dies nicht, dass wir nur sprechen und sonst gleichsam starr verharren. Im Gegenteil, je lebendiger die Mimik und Gestik, desto dynamischer, variations- und spannungsreicher ist auch die stimmliche Bandbreite. Ausdrucksstarkes Sprechen geht immer einher mit ausgeprägter Mimik und unterstützender Gestik.
Am Telefon haben Sie immer repräsentative Funktion, denn für jeden Kunden und Anrufer sind Sie die erste Kontaktperson. Investieren Sie in diese Verbindung, denn nur so entsteht Kundenbindung und, buchstäblich, Verbindlichkeit. Was sich mitteilt, ist die Stimmung und innere Einstellung. Je mehr Sie mit Ernsthaftigkeit und Interesse an der Sache wie auch am Gesprächspartner auftreten, desto dynamischer wird die Stimme. Eine Mitarbeiterin, die mit dünner, hoher Stimme spricht, läuft Gefahr, als junges Mädchen angesehen und nicht ernst genommen zu werden; wer in unwirschem Tonfall und mit tiefer, rauer Stimme spricht, wirkt nicht einladend. Eine möglichst große stimmliche Variationsbreite wird gerne automatisch mit Freundlichkeit

gleichgesetzt. Wenn daraus zu viele Betonungen und eine völlig überzogene Melodieführung resultieren, wirkt dies aber irritierend und im Extremfall wie ein Sprechautomat.

Um eine positive Wirkung zu erreichen, bietet sich bei der Gesprächseröffnung mit der Melodieführung eine interessante Möglichkeit. Üblicherweise gehen wir mit der Stimme nach oben, um den fragenden und interessierten Charakter unserer Botschaft zum Ausdruck zu bringen. Überprüfen Sie dies selbst: Wenn Sie sich am Telefon auch nur mit Ihrem Nachnamen melden, tun Sie dies mit einer Frageintonation, d.h. die Stimme geht nach oben. Wenn Sie jemandem die Frage stellen „Was kann ich für Sie tun?“, geht die Stimme nach unten, wie dies bei sogenannten w-Fragen normalerweise der Fall ist. Am Telefon behalten wir aber automatisch die fragende Intonation bei. Probieren Sie einmal aus, die Stimme nach unten zu führen. Es wird Ihnen ungewohnt vorkommen, wirkt aber professionell. Sicher wird der Unterschied nur unterschwellig wahrgenommen, kann aber die positive Wirkung unterstützen.

Versuchen Sie nicht krampfhaft, Ihre Sprechweise zu manipulieren. Alles, was Sie „machen“ müssen, wirkt schnell aufgesetzt und nicht mehr natürlich. Ob die Stimmlage erhöht oder zu tief ist, der Stimmklang brillant oder stattdessen rau, dumpf oder nasal ist, vermögen wir ohne professionelle Überprüfung nur schwer einzuschätzen. Vielmehr verleihen Ihnen ein kluges Gesprächskonzept und eine souveräne Gesprächsführung zunehmend Routine und Sicherheit, die in Wechselwirkung mit einer stabilen Stimme stehen.

Mehr Möglichkeiten der Selbstkontrolle als beim Klang unserer Stimme haben wir beim Sprechtempo. Dies zu beeinflussen ist jedoch komplex, denn es ist sowohl individuell als auch regional geprägt und ist an Pausen gekoppelt. Da wir in Telefongesprächen im Allgemeinen keine längeren Passagen sprechen, beeinflusst auch der Dialog mit dem Partner das Sprechtempo. Es gestaltet sich daher auch abhängig vom Gesprächsablauf. Vor allem für Anbieter von Produkten oder Dienstleistungen ist es entscheidend, zu Beginn den Hörer nicht mit Informationen zu überfrachten. Gerne wird die Gesprächseröffnung „heruntergerattert“, um möglichst alles unterzubringen. Für den Adressaten ist es schlicht zu schnell zu viel. Nach der Begrüßung ein

kurzes Stichwort, verbunden mit einer Frage nach dem Interesse oder dem Ansprechpartner ist wirkungsvoller.
Pausen werden manchmal als unangenehm empfunden, wenn wir uns genötigt fühlen, weiterzusprechen und dies gleichzeitig mit dem Gesprächspartner tun. Machen Sie sich bei der Vorbereitung des Gesprächs bewusst, in welcher Rolle Sie sich befinden. Als Gesprächsführender können Sie initiativer und offensiver auftreten. Nutzen Sie eine Gesprächspause dann für eine offene Frage, z.B. „Welche Informationen brauchen Sie noch?“, „Was wäre Ihnen sonst noch wichtig?“ Damit spielen Sie den Ball wieder dem Gesprächspartner zu. Nehmen Sie dagegen eine Leistung in Anspruch, nutzen Sie eine Pause, um das Gesagte zusammenzufassen oder eine Vereinbarung noch einmal zu wiederholen, z.B. „Gut, dann warte ich auf Ihre …“, „Ich habe mir jetzt … notiert. Ist das so in Ordnung?“
Ebenso wie der Stimmklang hat die Sprache eine nicht minder starke Wirkung am Telefon. Das sprachliche Verhalten ist so individuell wie die Stimme und zudem regional sehr verschieden. Eigenheiten wie etwa Lispeln oder Stottern gehören in fachkundige Behandlung. Was die Verständlichkeit beeinträchtigt, kann auch Antipathie und Ablehnung auslösen. Achten Sie deshalb unbedingt auf eine gepflegte Artikulation. Auch wenn es lästig für Sie ist, bei jedem Anruf den Namen des Unternehmens ausführlich zu nennen, nuscheln Sie ihn nicht vor sich hin. Für einen Kunden ist es irritierend, wenn er sich nicht sicher ist, ob er auch an der richtigen Adresse gelandet ist. Auch ein gelangweiltes Herunterleiern wirkt nicht einladend. Jemand, der bei der Gesprächseröffnung lautstark ins Telefon „bellt“, schreckt seine Kunden eher ab und demonstriert bestenfalls, wie beschäftigt er ist. Für den Kunden ist das Gespräch schließlich einmalig.
Prinzipiell können wir vom sprachlichen Verhalten einer Person Rückschlüsse auf die Persönlichkeit ziehen; je weniger uns jemand bekannt ist, desto weniger ist dies aber möglich. Bilden Sie sich kein zu schnelles Urteil und schließen Sie nicht automatisch von Ihrem Höreindruck auf das Verhalten der Person oder ihre fachliche Kompetenz. Sprache sowie ein regionaler Akzent oder Dialekt bedeuten für das Ohr auch eine Frage der Gewöhnung. Wenn uns bei häufigerem Telefonieren eine Stimme bekannter und vertrauter wird, kann sich auch Sympathie einstellen, wo uns die Sprache ursprünglich fremd

erschien. Zwar werden scheinbar objektiv manche Sprachvarianten und Dialekte anderen gegenüber bevorzugt, wie wir sie selbst aber empfinden, ist eine Frage des persönlichen Geschmacks und der eigenen Erfahrungen. Vielleicht haben Sie schon einmal erlebt, dass Sie jemanden aufgrund seiner Sprache zunächst nicht ernst genug nahmen und allmählich Ihren Eindruck korrigierten. Für jemanden aus Süddeutschland mag ein korrektes Hochdeutsch arrogant und unpersönlich wirken. Umgekehrt kann ein süddeutscher Akzent auf jemanden im Norden gemütlich und gelassen, vielleicht auch langsam und behäbig wirken. Ehe Sie der Person diese Attribute gleichsam als Etikette verpassen, geben Sie sich und Ihrem Gesprächspartner Zeit, um auch einen Eindruck auf der Sachebene zu gewinnen. Nicht jede Person verhält sich und ist so, wie sie sich anhört und auf uns wirkt. Dialekt wird von vielen als etwas sehr Persönliches, das einen auszeichnet, empfunden. Dies gilt aber sowohl für die Seite des Sprechers als auch für die des Hörers. Da Sie nicht wissen können, ob Sie jemand aufgrund Ihrer Sprache sympathisch findet oder ablehnt, müssen Sie die Konsequenzen berücksichtigen, wenn Sie Ihrem Gesprächspartner am Telefon mit Hochdeutsch oder Dialekt begegnen. Hochdeutsch ist im Zweifelsfall neutraler, denn Dialekt oder Akzent weckt Emotionen (vgl. Kap. 3.4).

Je mehr Sie überregional telefonieren, desto wichtiger ist es, möglichst hochdeutsch zu sprechen, weil Sie nur so eine allgemeine Verständlichkeit erreichen und möglichst wenig Ablehnung erfahren. Missverständnisse, die sich aufgrund von unterschiedlicher Aussprache ergeben, lösen bestenfalls Heiterkeit aus, kosten jedoch Zeit und Mühe, bis geklärt ist, was gemeint ist. Wer ist schon zufrieden, wenn der Gesprächspartner in der angegebenen Liste vergeblich unter dem Buchstaben „d“ sucht, und es ist „t“ gemeint (für viele Süddeutsche „hartes d“)? Falsch und schlecht verstandene Namen können hier ihre Ursache haben. Je nach Kontext erschließen sich auch Abkürzungen nicht auf Anhieb, wenn einzelne Buchstaben schlecht verständlich artikuliert werden. (Bsp.: WDR kann auch als BDR oder WDA verstanden werden; IHK als IAK oder IRK). Verwenden Sie Abkürzungen daher nicht bei der Gesprächseinleitung. Auch wenn sie sehr geläufig sind, muss der Kunde sich erst bewusst machen, was er gehört hat und was dies bedeutet. Eine besonders präzise Artikulation ist

auch für Zahlenfolgen ratsam. Sprechen Sie diese möglichst einzeln in Ziffern.
Stimme und Sprache wären nicht so eindrucksvoll, würden wir sie nicht auch bei Männern und Frauen unterschiedlich empfinden. Die Wirkung ist sehr subjektiv und hängt von den Erfahrungen und Erwartungen ab, die wir an eine männliche oder weibliche Person knüpfen. Ob die von Frauen naturgemäß höhere Stimmlage generell auf mehr Akzeptanz stößt als eine tiefere Männerstimme, ist fraglich. Mit dem Stimmklang mischen sich auch die Attribute, die wir Männern oder Frauen zuschreiben. Mit Männerstimmen verbinden wir eher Kompetenz und Seriosität, von Frauen erwarten wir, dass sie freundlich und einfühlsam sind und verknüpfen dies mit der Stimme. Gesellschaftliche und wirtschaftliche Entwicklungen lassen dies beobachten: Navigationssysteme werden zur Zeit im Allgemeinen mit Frauenstimmen ausgestattet, basierend auf der Vermutung, ihre Akzeptanz sei höher. Frauen übernehmen in vielen Unternehmen die telefonische Rezeption, weil Dienstleistungen dieser Art schlichtweg vorwiegend von Frauen ausgeübt werden, ohne dass gesagt werden kann, sie „könnten“ dies besser. Weder lässt sich sagen, wer die angenehmere Stimme noch das „bessere“ Kommunikationsverhalten hat. Männer wie Frauen sollten es sich zur Regel machen, generell auf ihre Stimmlage zu achten, sich eine präzise, gepflegte Aussprache zur Gewohnheit zu machen und sich dem Gesprächspartner gegenüber freundlich zugewandt und wertschätzend zu verhalten.

Empfehlungen für eine positive Wirkung am Telefon:

- Sorgen Sie für optimale Bedingungen beim Telefonieren: 1. eine geräuschfreie/-arme Umgebung, 2. frische, saubere und nicht zu trockene Luft (lüften Sie, machen Sie Pausen an der frischen Luft, vermeiden Sie Nikotin), 3. ausreichend Flüssigkeit (trinken Sie genügend Wasser), 4. lockere Sprechwerkzeuge (ein leistungsorientiertes „Beiß’ die Zähne zusammen“ bewirkt eine verkrampfte Kiefermuskulatur).
- Eine aufrechte Sitzhaltung oder Telefonieren im Stehen ist sowohl dem Stimmklang als auch Ihrem sprachlichen Verhalten förderlich. Es ist einem Gespräch vergleichbar, bei dem der Gesprächs-

partner Ihnen gegenüber sitzt. Eine zu lässige Haltung könnte die Ernsthaftigkeit einschränken.

- Einen lebendigen Ausdruck beim Sprechen erreichen Sie durch eine positive und am Gesprächspartner interessierte innere Haltung. Üben Sie lautes Lesen mit einem lächelnden Gesicht. Lesen und kommentieren Sie eine Textpassage laut, um Ihre Mimik und Gestik zu aktivieren. Zeichnen Sie Ihre Sprache auf und gewöhnen Sie sich an den Sprechausdruck.
- Vermeiden Sie, während Ihrer Kundengespräche Bonbons zu lutschen oder Kaugummi zu kauen. Dies beeinträchtigt Artikulation und Stimmklang.
- Besteht beim Telefonieren über Funk die Gefahr, in ein „Übertragungsloch" zu geraten, hilft es nicht, besonders laut oder langsam zu sprechen. Machen Sie Ihren Gesprächspartner darauf aufmerksam, vertagen Sie notfalls das Gespräch und fragen Sie ausreichend nach, um die Verständigung sicherzustellen.

Literatur

Barth, F.: Telefonieren mit Erfolg. Beck-Wirtschaftsberater im dtv. München 2000.
Bilgri, Pater A./Stadler, K.: Finde das rechte Maß. Piper-Verlag. München 2004.
Bühler, K.: Sprachtheorie. G. Fischer-Verlag. Jena [2]1965.
Eckert, H./Laver. J.: Menschen und ihre Stimmen. Beltz PVU, Weinheim 1994.
Hainbuch, F.: Muskelentspannung nach Jacobson. Gräfe und Unzer Verlag. München 2004.
Lemmermann, H.: Lehrbuch der Rhetorik. Redetraining mit Übungen. Moderne Verlagsgesellschaft. München 2000.
Oppermann, K./Weber, E.: Frauensprache – Männersprache. mvg-Verlag. Landsberg [2]1998.
Rossié, M.: Sprechertraining. List-Verlag, München [2]2002.
Schulz von Thun, F.: Miteinander Reden 2. Rowohlt. Hamburg 1990.
Seifert, J.: Visualisieren, Präsentieren, Moderieren. Gabal Verlag. Offenbach 2004.
Wachtel, S.: Sprechen und Moderieren in Hörfunk und Fernsehen. UVK Verlagsgesellschaft. Konstanz [5]2003.
Weisbach, Ch.-R.: Professionelle Gesprächsführung. Beck-Wirtschaftsberater im dtv. München [6]2003.

Anhang

Kurzanalyse zum eigenen Sprechverhalten bei Vorträgen

Bitte füllen Sie den Fragebogen Ihrer momentanen Überzeugung gemäß aus. Die Kurzanalyse soll Ihnen helfen, sich eigene Stärken bewusst zu machen und mögliche Schwächen gezielt anzugehen. Es wird Ihnen damit leichter fallen, die Kriterien herauszufinden, anhand derer Sie Ihre Ausdrucksfähigkeit optimieren und Ihr Potential ausschöpfen können.

	Trifft zu	Trifft weitestgehend zu	Trifft überwiegend zu	Trifft manchmal zu	Trifft äußerst selten zu	Trifft weniger zu	Trifft nicht zu
Ich bin mit meiner Stimmlage zufrieden.	o	o	o	o	o	o	o
Ich treffe immer die richtige Lautstärke.	o	o	o	o	o	o	o
Ich muss mich räuspern, um meine Stimme „frei“ zu bekommen.	o	o	o	o	o	o	o
Meine Stimme klingt klar und angenehm.	o	o	o	o	o	o	o
Ich spreche in angemessenem Tempo, gut verständlich für meine Zuhörer.	o	o	o	o	o	o	o
Ich setze regelmäßig Pausen, um nicht außer Atem zu kommen und meine Zuhörer nicht zu überfordern.	o	o	o	o	o	o	o
Ich verspüre beim/vor dem Vortragen Lampenfieber.	o	o	o	o	o	o	o
Ich halte mit meinen Zuhörern ständigen Blickkontakt.	o	o	o	o	o	o	o

	Trifft zu	Trifft weitestgehend zu	Trifft überwiegend zu	Trifft manchmal zu	Trifft äußerst selten zu	Trifft weniger zu	Trifft nicht zu
Ich formuliere frei nach wenigen Stichpunkten, die ich mir notiert habe.	o	o	o	o	o	o	o
Ich kann meine Ausführungen mimisch und gestisch sinnvoll unterstützen.	o	o	o	o	o	o	o
Ich stehe und bewege mich sicher vor meinen Zuhörern.	o	o	o	o	o	o	o
Ich habe meine Inhalte klar und übersichtlich gegliedert.	o	o	o	o	o	o	o
Der Aufbau meiner Argumente ist sinnvoll und logisch strukturiert.	o	o	o	o	o	o	o
Ich setze Bildvorlagen adäquat ein, um meine Ausführungen zu unterstützen.	o	o	o	o	o	o	o
Ich halte mich genau an den vorgegebenen Zeitrahmen.	o	o	o	o	o	o	o
Mit Einwänden und Diskussionsbeiträgen kann ich souverän umgehen.	o	o	o	o	o	o	o
Ich fühle mich „rundum sicher“ bei einer Präsentation vor Fachpublikum.	o	o	o	o	o	o	o
Ich erhalte regelmäßig Rückmeldungen nach einem Vortrag.	o	o	o	o	o	o	o

Lampenfieber: Checkliste und Übungen

Machen Sie sich bewusst, dass die Ursachen für Lampenfieber in der eigenen Vorstellungswelt liegen. Die Reaktionen darauf sind eine logische „Antwort" des Körpers, der auf eine bedrohliche Situation durch die Ausschüttung von Hormonen mit erhöhter Leistung reagiert. Wirken Sie durch mentale Arbeit (positive Leitsätze), Entspannungs- oder Körperübungen (progressive Muskelentspannung, Yoga, Meditation) diesem Mechanismus entgegen.

Reflektieren Sie Ihren Umgang mit Lampenfieber:

1. Fragen Sie sich: Was verursacht bei mir Lampenfieber, wenn ich vortrage? Notieren Sie alle Wahrnehmungen und Gedanken, die Ihnen einfallen. Bsp.: Perfektionsdruck, die Angst, etwas nicht zu wissen, Angst vor Zwischenfragen etc.
2. Fragen Sie sich dann: Wie äußert sich das Lampenfieber? Notieren Sie auch hier alle Wahrnehmungen, die Sie bei sich beobachten. Bsp.: zittrige Hände, weiche Knie, rot werden, etc.
3. Zeichnen Sie Ihren persönlichen „Teufelskreis", z.B.: Ich verliere den Faden. – Alle starren mich an. – Ich werde als unfähig angesehen. – Ich werde den Auftrag/die Stelle/das Projekt nicht bekommen. – Alle merken, dass ich keine Ahnung von dem Thema habe. – Ich verliere den Faden. etc.
4. Zeichnen Sie nun Ihren persönlichen „Erfolgskreis" mit positiven Formulierungen, z.B.: Ich bin optimal vorbereitet. – Ich habe mir alle wesentlichen Stichpunkte notiert. – Meine Argumentation ist schlüssig und gut aufgebaut. – Ich werde als kompetent angesehen. – Meine Ausführungen werden auf positive Resonanz stoßen. – Ich bin optimal vorbereitet. etc.

Übungen für einen festen Stand und guten Bodenkontakt

Wippe: Stehen Sie mit beiden Füßen hüftbreit auf dem Boden. Heben Sie die Fersen leicht vom Boden an und wippen Sie auf den Zehenballen. Es entsteht eine gleichmäßig federnde Bewegung, die im ganzen Körper spürbar ist.

Verwurzeln: Beginnen Sie mit der Wipp-Übung. Wenn Sie dann langsam die Füße wieder mit der ganzen Fußsohle aufsetzen, atmen Sie hörbar aus, am besten auf ein langgezogenes „f" oder „s" (ffff, sss). Warten Sie einen Augenblick und wiederholen Sie die Übung noch 2-3 Mal.

Manuskriptgestaltung

Kurzvortrag als Beispiel mit Manuskriptgestaltung Sie drehen den Wasserhahn auf, und heraus kommt angenehm frisches, sauberes Wasser. Ist Ihnen bewusst, dass dies auf der Welt ein Privileg ist? Unzählige Menschen auf der Welt haben keinen Zugang zu sauberem Wasser, geschweige denn Trinkwasser. Viele müssen lange, mühevolle Wege auf sich nehmen, um Wasser zu bekommen. Wir haben eine Familie in Tansania begleitet und den Weg des Wassers von der Beschaffung bis zum Verbrauch verfolgt. (= Einleitung) Erstens: Die Wasserqualität in dem Land ist eine Ursache für die hohe Kindersterblichkeit. Es gibt Infektionskrankheiten wie z.B. Cholera, die auf Bakterien im Trinkwasser zurückzuführen sind. Die schlechtere medizinische Versorgung kann dies nicht auffangen (= Argument 1, Fakt) Zweitens: Während die Beschaffung des Wassers bei den Familien zwar beschwerlich und aufwendig, aber unproblematisch ist, beginnen die Schwierigkeiten im Haus. Das Wasser wird verschmutzt, weil es nicht sauber aufbewahrt werden kann. Kinder spielen, haben schmutzige Hände und fassen in den Krug mit dem Wasser. Das Wasser wird dann für die Zubereitung von Nahrung benutzt. (= Argument 2, Erfahrung/Fakt) Drittens: Die Familien können lernen, sorgfältiger mit dem Wasser umzugehen. Mit unserer Forschungsgruppe haben wir die Bevölkerung aufgeklärt. Wir haben erreicht, dass das Wasser bei der Aufbewahrung nicht durch Unachtsamkeit verunreinigt wurde. Ein einfaches Mittel ist es schon, die Krüge abzudecken. Schon nach drei Monaten konnten wir nachweisen, dass sich die Bakterien X reduzierten und die Infektionskrankheiten um den Faktor Y zurückgegangen sind. (= Argument 3, Beispiel/Fakt) Deshalb fordere ich Sie auf: Stimmen Sie dem Projekt zur Verbesserung der Wasserqualität in Tansania zu! (= Kernaussage)

Manuskript mit fünf Stichwortkarten:

- Wasserhahn
  - Wasser: Privileg
  - Beschaffung von Wasser
  - Familie in Tansania
- Wasserqualität
  - Infektionskrankheiten
  - medizinische Versorgung
- Probleme im Haus
  - Wasserbeschaffung aufwendig, aber ok.
  - Nahrungszubereitung mit verunreinigtem Wasser

- Sorgfältiger Umgang
  - überzeugende Erfolge
  - weniger Bakterien
  - weniger Krankheiten
- Stimmen Sie deshalb unserem Projekt zu.

Ein Stichwortzettel kann, wenn er übersichtlich gestaltet ist, durchaus mehr als ein Stichwort enthalten. Das freie Sprechen mit gelungener Satzplanung kann sich dennoch schwierig gestalten, wenn z.B. keine Verben enthalten sind oder das sinntragende Wort fehlt. Sinnvoller ist daher eine stufenartige Gliederung mit eingerückten Satzteilen, denen ein Stichwort übergeordnet ist. Zum unmittelbaren Erfassen beim Vortrag kann das Wort, das den Sinn trägt, markiert werden. Bsp.:

Frisches, sauberes Wasser
    aus dem Wasserhahn *Privileg*
    Wasser mühevoll zu *beschaffen*
    Familie in Tansania *begleitet*

Wasserqualität macht *krank*   Bakterien, Infektionen, Kindersterblichkeit

Wege zum Wasser *beschwerlich*
    Wasser wird *im Haus* verschmutzt
    für *Nahrung* verwendet

Familien lernen *Sorgfalt*
    Bevölkerung *aufgeklärt*
    Wasserkrüge *abgedeckt*
    Nachweislich weniger *Bakterien*

Stimmen Sie unserem Projekt *zu*!

Der *Hauptteil* des folgenden Vortrags ist ebenfalls in dieser Form auf Stichwortkarten erfasst:

„Erstens: Sie werden in die Klinik eingeliefert. Ein Arzt nimmt Ihnen Blut ab. Sie wissen, dass er bereits den ganzen Tag und fast die ganze Nacht gearbeitet hat. Wieviel Vertrauen können Sie ihm entgegen bringen? (= Beispiel)
Zum Zweiten: Es ist nachgewiesen, dass die Konzentration nachlässt und sich die Fehlerquote erhöht, je länger jemand im Einsatz ist. Bei einer internen Umfrage gaben 42% an, sich nach einer Nacht im Dienst weniger leistungsfähig zu fühlen. (= Fakt)

Drittens: Eine Patientin klagte mir gegenüber, wie überrumpelt sie sich durch die raue Behandlung eines Arztes am Sonntagmorgen gefühlt habe. Darauf angesprochen erwiderte er, er sei bereits seit Samstagmittag im Dienst, und wenn er sich nicht beeile, könne er frühestens am Nachmittag die Klinik verlassen. (= Erfahrung)“

Arzt *überarbeitet* nimmt *Blut* ab V*ertrauen*?
Nachtdienst Personal *übermüdet* schlechtere *Konzentration* weniger *leistungsfähig*
Arzt behandelt *unsanft* arbeitet schon *lange* will bald in den *Feierabend*

Beispiel für die Manuskriptgestaltung eines zu lesenden Textes

Wie ein Manuskript zum Lesen gestaltet werden kann, findet sich beispielhaft im Lektionar der katholischen Kirche. Hier zeigt sich besonders gut, dass die Sinnerfassung oft unabhängig von Satzzeichen erfolgt. Lange Sätze, wie wir sie in eigenen Texten manchmal selbst verfassen, lassen sich nur so für das Hörverstehen gliedern. Ist die Sinneinheit zu Ende, beginnt die nächste Zeile linksbündig. Geht sie weiter, bleibt die Stimme oben und die nächste Zeile ist eingerückt. (Zur Veranschaulichung der Betonungen habe ich das nebenbetonte Wort unterstrichen, die *hauptbetonte* Silbe kursiv gedruckt und unterstrichen.)

Darum hat Gott ihn über alle er*höht*
und ihm den Namen verliehen,
der *größ*er ist als alle Namen,
damit alle im Himmel, auf der Erde und unter der Erde
ihre Knie beugen vor dem Namen *Jesu*
und jeder Mund bekennt:
„Jesus Christus ist der *Herr*“
zur Ehre Gottes, des *Vaters*.